平成都市計画史

転換期の30年間が
残したもの・受け継ぐもの

饗庭 伸

花伝社

平成都市計画史——転換期の30年間が残したもの・受け継ぐもの◆目次

序章 地の歴史を描く 5
1 4つの都市の平成 5／2 図と地 16／3 地の歴史の描きかた 18／4 本書の構成 20

第1章 都市にかけられた呪い 23
1 3つの時代区分 24／2 権力とビジョン 27／3 権力の構成：法と制度 28／4 ビジョンの構成：設計と規制 31／5 構成の変化 34／6 成熟期の呪い 36／7 呪いの解き方 39

第2章 バブルの終わり 43
1 バブル経済期の終焉 44／2 バブルの風景 45／3 バブルの仕掛け 55／4 作ったものと壊したもの 60／5 都市計画の役割 63／6 終わらせたもの 66／7 残されたもの 67

第3章 民主化の4つの仕掛け 71
1 4つの仕掛け 72／2 規制緩和 74／3 地方分権 75／4 緩和と分権の手綱さばき 76／5 特区 78／6 コミュニティ 80／7 民主化に向けて 81

第4章 都市計画の地方分権 83
1 地方分権の流れ 84／2 24年ぶりの大改正 85／3 都市計画の目標を描く 88／4 住民が参加するマスタープラン 91／5 目標と実現手段 93／6 言葉と絵の表現 96／7 第1次・第2次地方分権改革 98／8 権限の移譲とプロセスの充実 100／9 お金の分権 105／10 市町村の自由 108

第5章　コミュニティの発達と解体　111
1　コミュニティというプロトコル　112／2　トップダウンとボトムアップ　112／3　公聴会　115／4　コミュニティの登場　116／5　住区協議会　120／6　地区まちづくり　122／7　ワークショップ　126／8　NPOモデル　129／9　NPO法人　132／10　中間支援組織　135／11　NPOと行政の協働　137／12　中心市街地の再生　140／13　エリアマネジメント　144／14　コミュニティの解体　146

第6章　図の規制緩和と地の規制緩和　155
1　図の規制緩和と地の規制緩和　156／2　市場の制度の修復　157／3　地の規制緩和　161／4　地の風景　166／5　図の規制緩和　169／6　都市再生　172／7　図の規制緩和のプロトコル　177／8　図の風景　182／9　成長の偏り　184

第7章　市場とセーフティネット――住宅の都市計画　191
1　都市の地と住宅政策　192／2　住宅政策の三本柱　193／3　三本柱がつくった都市　196／4　市場とセーフティネット　199／5　二つのギャップ　203／6　市場による調整　206／7　セーフティネットによる調整　208／8　ストックのマッチング　210

第8章　美しい都市はつくれるか――景観の都市計画　215
1　景観の都市計画と権力　216／2　問いと式　218／3　美の実践　223／4　景観法　234／5　住民の制度と景観利益　239／6　増える空間、減る制度　242

第9章　災害とストック社会——災害の都市計画　249

1　来るはずだった成熟　250／2　再統合と再定義　252／3　阪神・淡路大震災による再統合　255／4　阪神・淡路大震災の復興　259／5　近代復興の体系　262／6　防災の都市計画　264／7　都市の耐震化　269／8　東日本大震災　271／9　最後の近代復興　273／10　減災の都市計画　281／11　都市構造を変える　283／12　円環を意識する　287

第10章　せめぎ合いの調停——土地利用の都市計画　293

1　頂点の風景　294／2　4つの空間と自然　297／3　土地利用の法　303／4　用途地域の充実化　310／5　まちづくり三法　314／6　線引きの改革　316／7　集約型都市構造へ　322／8　立地適正化計画　326／9　農地のモラトリアムの終わり　331／10　工業地の法の解体　337／11　調停の民主化　339

終　章　都市計画の民主化　349

1　民主化の到達点　349／2　これからの都市計画　352

あとがき　355

序章　地の歴史を描く

1　4つの都市の平成

30年という時間は、途方もない長さではなく、かといってすぐに過ぎ去る長さでもない。振り返るのにちょうどよい、手頃な、手応えのある長さの時間である。

あなたはこの30年の間、どこでどのように過ごしてきただろうか。暮らしと仕事のために、どのように都市をつくり、使ってきただろうか。

筆者は30年の間に7つの都市に住み、20ほどの都市で仕事をしてきた。住む都市の変化は進学や結婚や就職にともなうものだったし、都市計画という仕事柄、仕事をする都市はどうしても多くなるので、この数はとりたてて多いわけではない。4つの都市を選んで、そこがどのように変化してきたのかを振り返り、30年という時間の長さを考えてみることにしよう。

（1）北関東の小さな都市

平成元年に大学に入学した筆者にとって昭和最後と平成最初の都市は、高校の3年間を過ごした北関東の小さな都市、埼玉県本庄市であった。まじめな高校生だったので、下宿と高校の校舎の間の20分ほどの往復が、都市の体験の大半と言ってよいものだった。冬になると赤城颪（あかぎおろし）とよばれる冷たい風が吹く。それまで海と山の間にある阪神間で暮らしていた筆者にとって、関東平野のだだっ広さはよく理解できないものであり、遠くの山から吹き降ろしてくる赤城颪はその象徴だった。

高校は都市の外れにあったので、市街地が途切れ田圃の中を横切る10分間が赤城颪を最も実感する時間だった。風除けに田圃をつぶして市街地ができないかなあと夢想したこともあったが、残念なことに市街地と農地の関係は3年間でほとんど変わらなかった。景気がよく東京ではどんどん大きな建物が建っているらしい、という噂は聞いていたけれども、北関東の小さな都市で暮らす高校生が実感できるほどにはその景気は伝わってこなかった。

その都市は、中山道という古い街道沿いの町から始まったという歴史を持っていた。街道の軸に重ねるように明治16（1883）年に鉄道が敷かれたため、都市の重心は永らく変化しなかったが、昭和57（1982）年に街道の軸から離れたところに敷かれた新幹線がその都市構造を変化させつつあった。新幹線側に作られたものの一つが筆者の高校であり、古くからの都市に下宿があった筆者は二つの重心の間にある無重力地帯のようなところを毎日往復していたことになる。

同じ道をその後何人の高校生が往復したのだろう。平成16（2004）年に新幹線の駅が開業し、平成25（2013）年には二つの重心の間にある農地に道路が整備され、市街地が作られはじめた。

平成元年

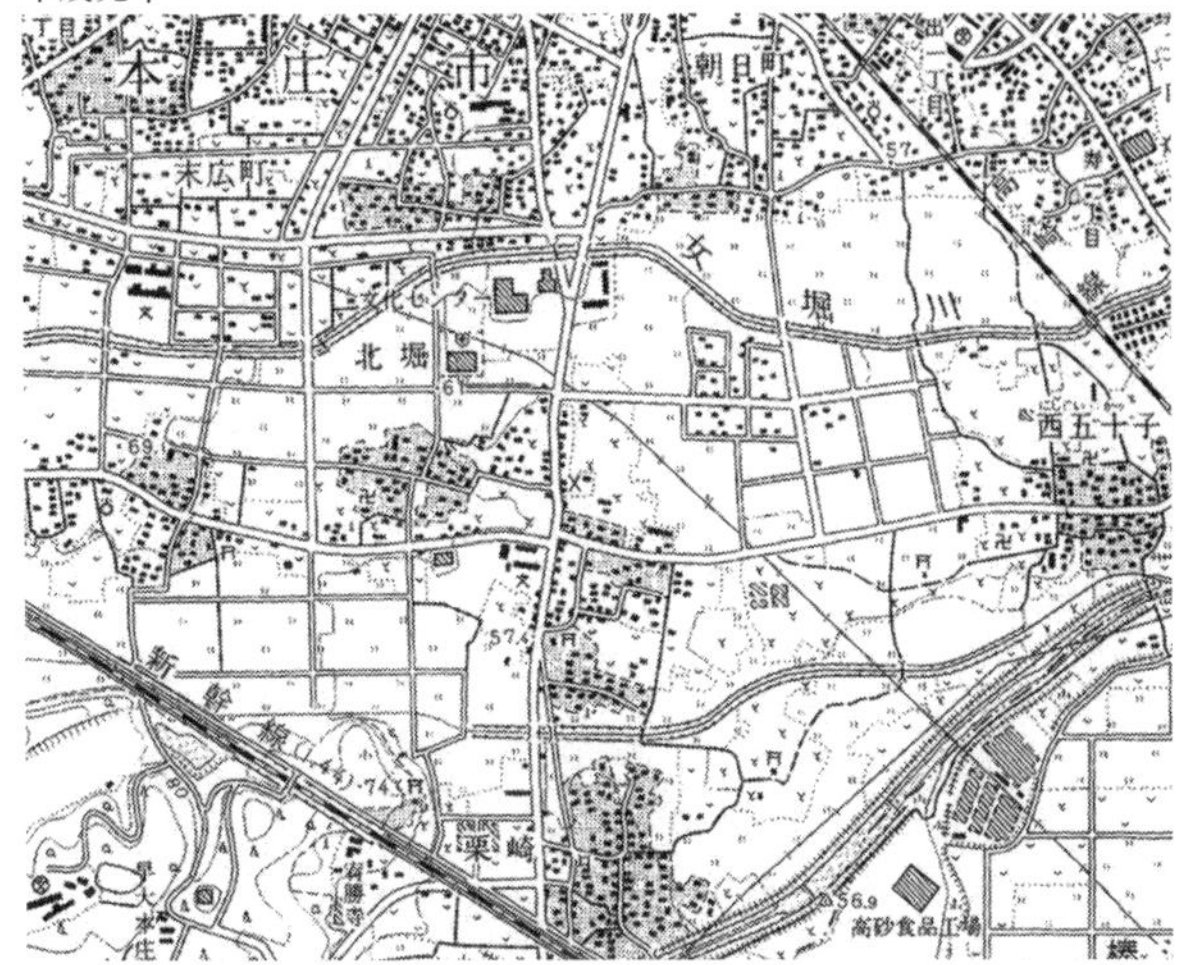

平成 30 年

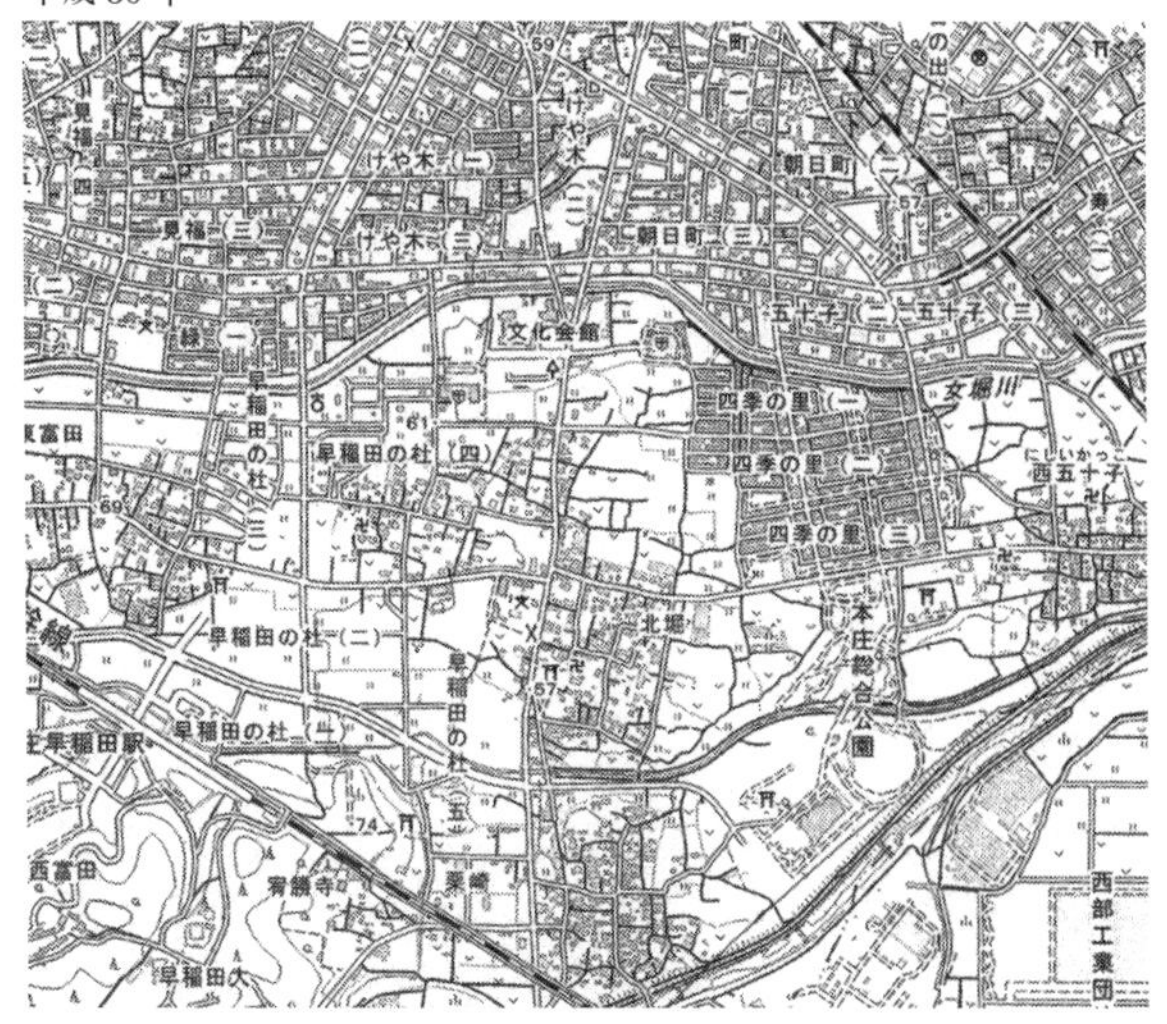

図 0-1　埼玉県本庄市　本庄早稲田駅周辺
出典：国土地理院発行 1 /2.5 万地形図

しかし道路が整備されても、すぐに建物が建ち並ぶわけではないし、新幹線の駅前という優位性がそれほど強くはたらいたわけではなさそうである。平成が終わるころの航空写真を見ると、小さな地方の都市らしい、やや大ぶりの住宅地と、巨大な駐車場を持った商業施設、そしてこれからの開発を待つ空き地で構成された空間が広がっている。平成の30年間、ゆっくりした速さで、市街地が形成されていったのである。

(2) 超高層たち

平成期が始まり大学入学と同時に、東京に住んでいた父と弟と同居することになった。新しいものが好きな父が見つけてきた住居は、東京の都心にある大きな川沿いの造船所の跡地が開発されつつあるエリア、中央区佃島にあった。40階建てという、あまりない高さの集合住宅が毎日少しずつ建ち上がっているのを横目に、自転車で大学へと通う毎日が始まった。平成元年から3年までの間である。40階という高さに最初は驚いたが、そこにあったのは「大きいなあ」という感慨であり、感動ではなかった。建築を学び始めていた筆者は、誰かから聞かされた「大きな建物には人は感動しないが、大きな空間に人は感動する」という格言を思い出して、こういうことなんだなあ、と納得していた。

超高層の住宅に住んでいたのは特別な人ではなかった。家庭教師先の家で、いつも作業着を着ていた父親は近所の工務店か電気工事店で働いていたのだろう。その家には池田大作の『人間革命』が百科事典のように鎮座していたが、あまりめくられたような気配もなく、それほど信心深い人たちではないようだった。近くには商店街があり、その裏には2~3mほどの路地に沿って小さな住宅が高い

平成元年

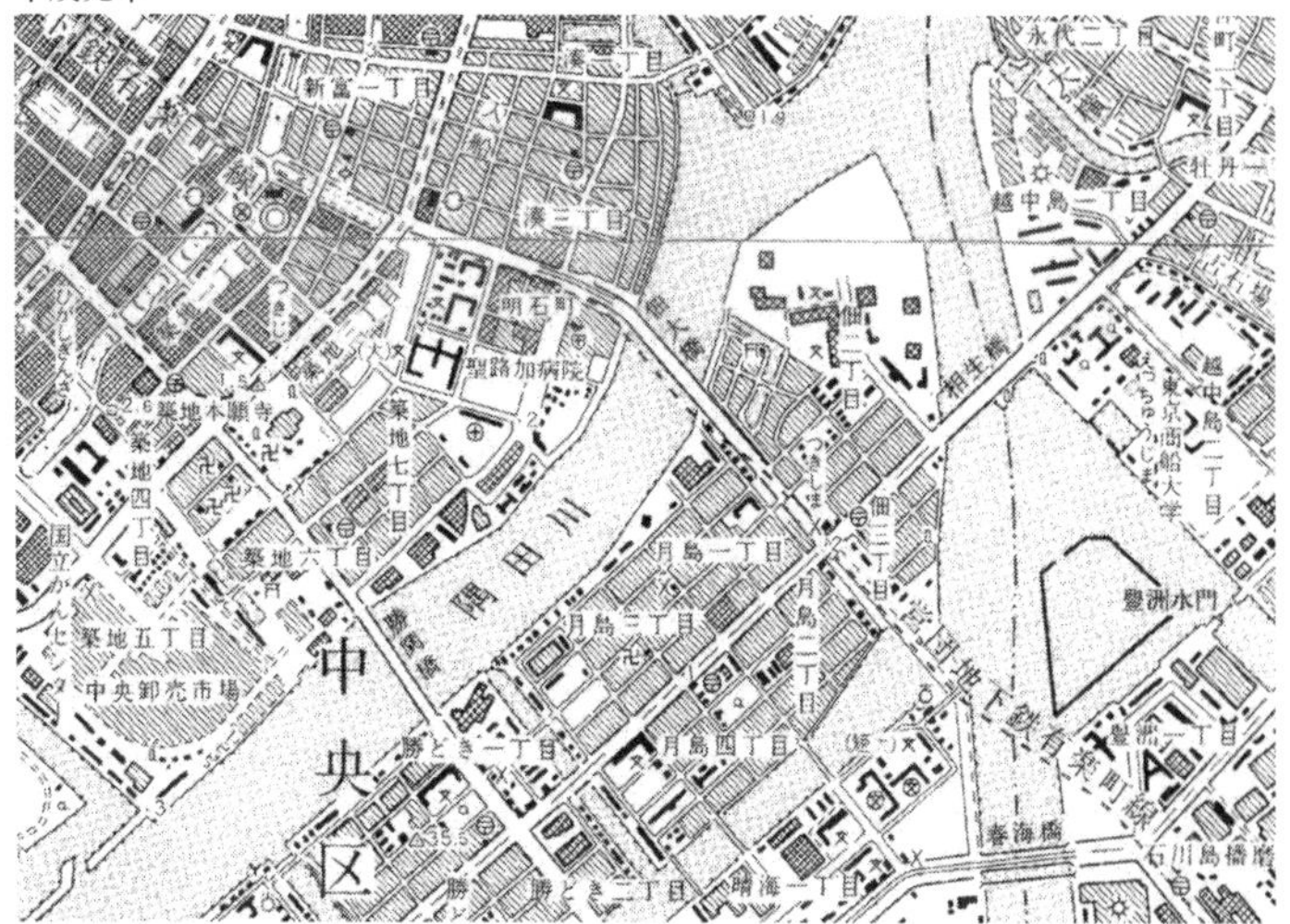

平成 30 年

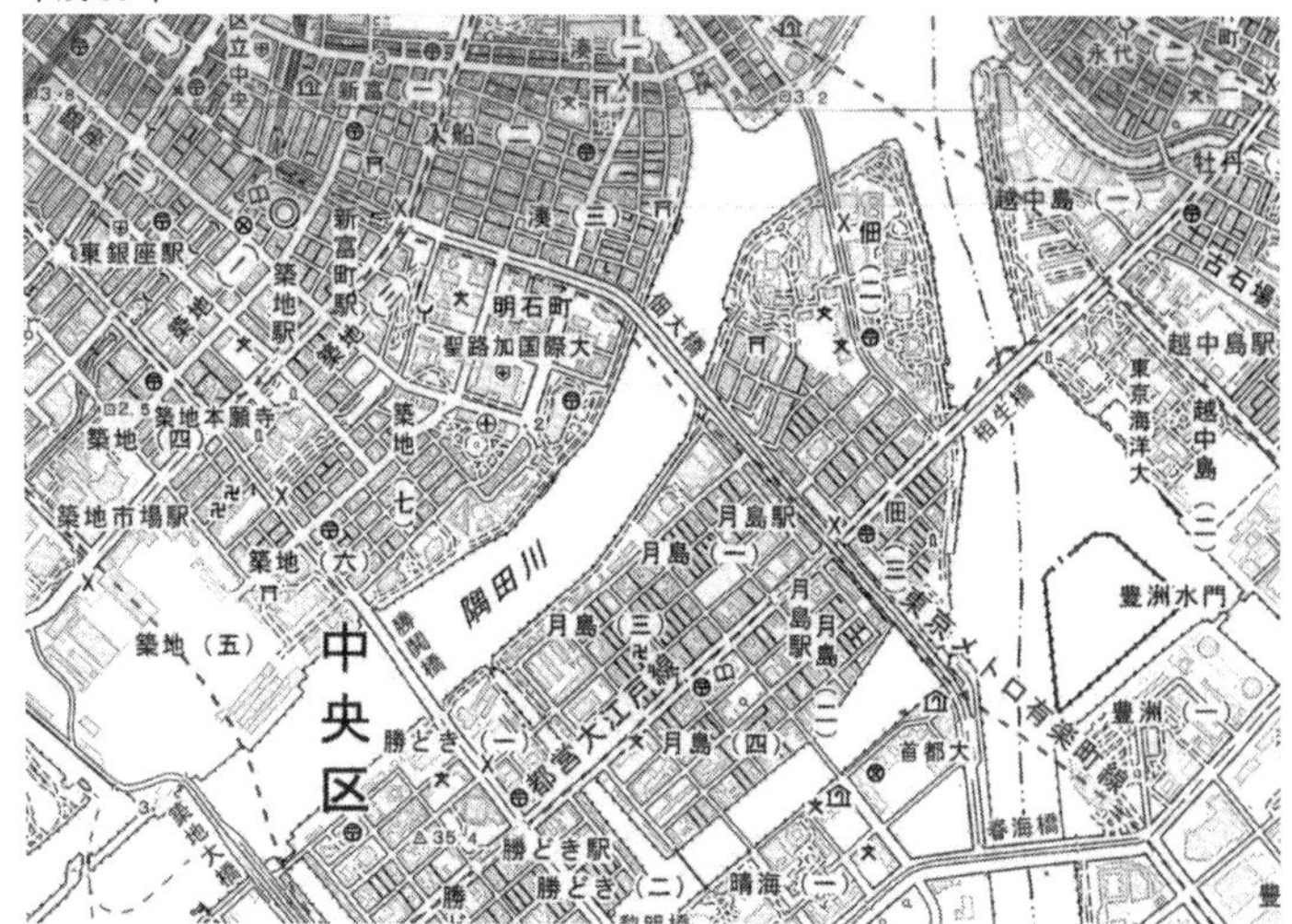

図 0-2　東京都中央区　佃島周辺
出典：国土地理院発行 1 /2.5 万地形図

密度で建ち並んでいた。路地は植木鉢がたくさん置かれた、住民の息遣いが聞こえるほどの濃密な空間だったが、これはこれで、感慨はあるけど感動しないなあ、なんてことを考えていた。超高層だろうが路地だろうが、そこにあったのは普通の人たちが高い密度で暮らす普通の空間だったのである。

一方で北関東に比べると、東京の都心の槌音は騒がしかった。筆者が暮らしていた3年ほどの間にも、40階建ての住宅はどんどん増えていったし、川には新しい橋が、地面の下には新しい地下鉄が作られようとしていた。

その騒がしさは平成が終わるまで、30年の間続いたようである。橋と地下鉄が完成し、小さなエリアの中に、10棟以上の超高層の住宅が建ち上がった。人口流出に悩まされていた東京都心において、住宅建設を促進する政策がとられたことが開発を後押しした。超高層住宅の建設は、当初は造船所の跡地という大きな土地で始まったが、やがて小さな土地が集約された再開発が行われるようになり、路地の街は超高層住宅に置き換わっていった。

改めて訪れてみても、そこにはやはり感慨こそあれ感動は無い。日本全国で人口は減り始めているというのに、そこではあいかわらずあちこちで槌音が聞こえ、落ち着くとか成熟といったものとは無縁の状態のようである。常に普請中の都市は、落ち着くことなくたくさんの人たちの普通の空間を飲み込んで再編成し、さらにたくさんの人たちの普通の空間を高い密度でつくりつづけているのである。

（3）工業地帯と下町

大学院に進学してしばらく東京の隣にある神奈川県川崎市で公務員として働いた。平成6年から9

年のことである。市の政府が新しい市民参加のプログラムを始めており、その効果を検証し、改善策を提案することが仕事だった。川崎は東京のエッジを画す大きな川の西岸の長い部分を市域にする細長い都市であり、工業地帯を抱えた区から、高級住宅地を抱える区まで、7つの区にわけられていた。一つの都市というよりは、個性が違う小さな都市の連邦といったほうが分かりやすいかもしれない。

その最南端にある工業地帯を抱えた区において、靴底をすり減らすように住民にインタビューをして回ったことがある。当時は都市について貧弱な感性しか持っていなかったのだが、そこは庶民が暮らす「下町」の雰囲気があるところのように感じられた。東京の神田のような、浅草のような、全ての土地に建物がぴったりと建ち並び、庶民がつましく暮らしと仕事を営んでいるような。しかし、インタビューを重ねても、「下町」から連想される、格別な人情や、濃厚な人々のつながりにたどり着くことはなかった。インタビューに立ち寄ったコミュニティセンターの職員の一言がその疑問を解いてくれた。大規模な工業地帯に隣接するこのあたりは工員が多く住むところだったが、彼らは地域に居着かず、戦後の経済成長期において、住民はどんどん入れ替わっていったそうである。人情やつながりは、地域でずっと長く生業を続ける人や、伝統的な祭礼を運営するつながり、そういったものが核にならないと形成されない、というのがその職員の説明だった。

しかし、出会った人たちは普通の人たちだったし、市が仕掛けた市民参加のプログラムも、ある程度功を奏しているようだった。そこには在日コリアンの人たちが多く暮らしていたが、彼らが抱える問題についても当事者と市がプログラムを組み立てつつあった。これから大きな開発が起きそうにもなく、今ある都市空間の新陳代謝がゆっくりと進む中で、都市は成熟していき、そこではそれなりの

平成元年

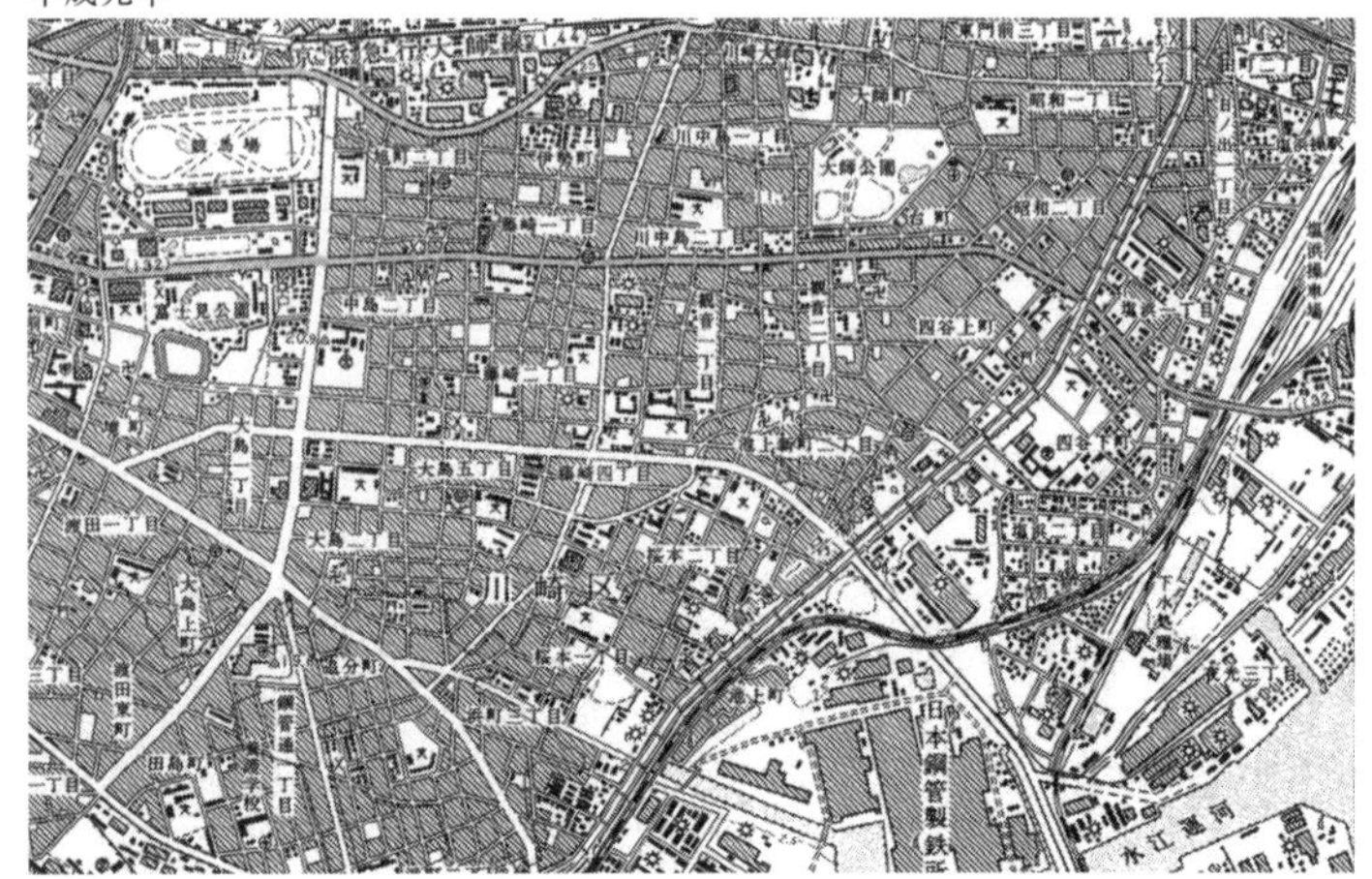

平成 30 年

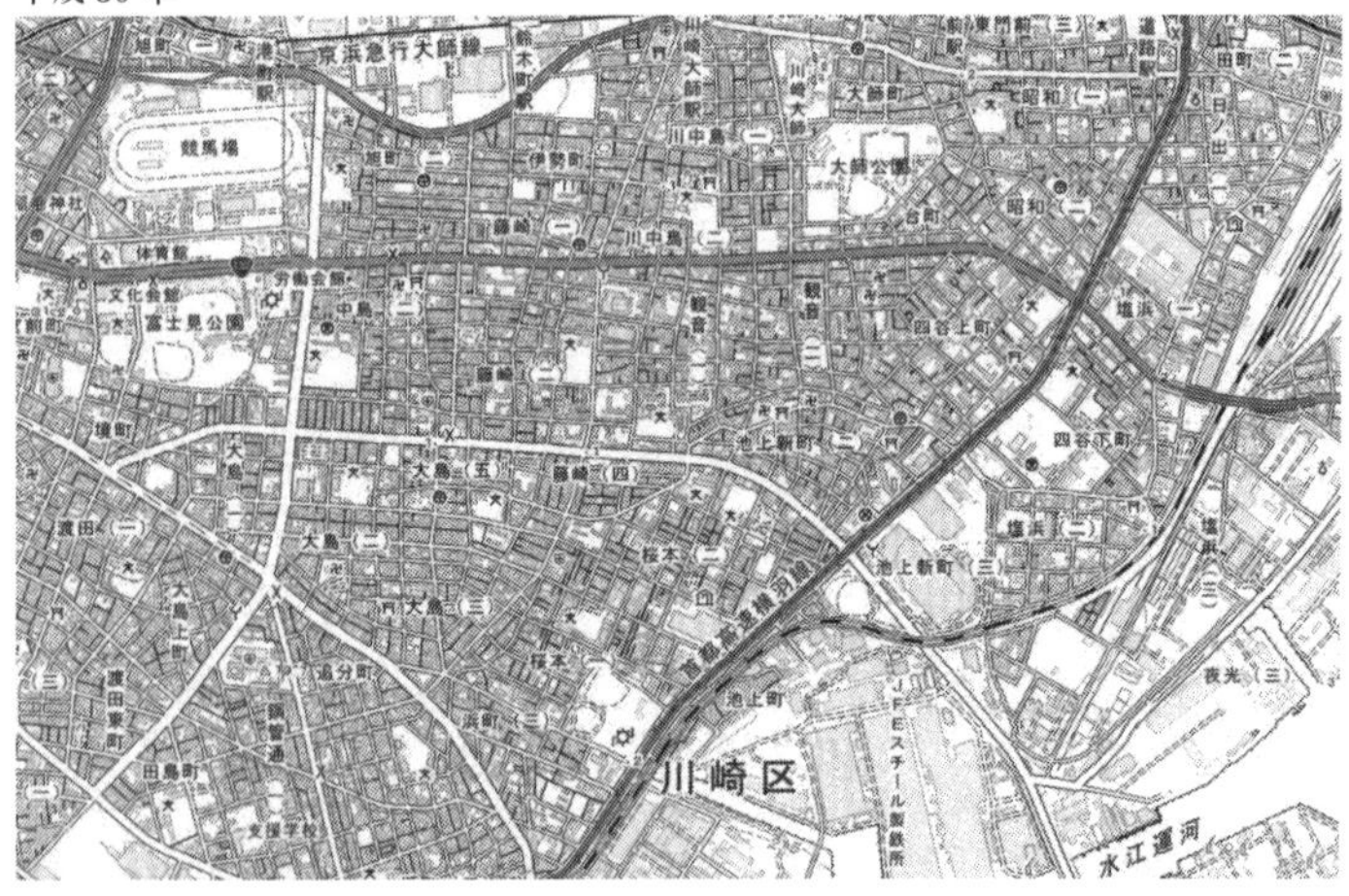

図 0-3　神奈川県川崎市　川崎区周辺
出典：国土地理院発行 1 /2.5 万地形図

人のつながりが成熟していくだろう。そして市民参加型で、道路や公園を綺麗にしたり、素敵なコミュニティセンターをつくったりする都市計画をゆっくりとやっていけばよいだろう、と考えていた。

その後20年の間、この都市で起きたことは「成熟」というものではなかったようだ。平成27（2015）年にこの町に住む平成生まれの少年たちによる大きな事件が起きた。そのことがきっかけとなって流布された断片的なニュースと、いくつかのルポルタージュ、そしてヒップホップのリリックで知る限り、都市にはその後も沢山の人たちが変わらず流れ込んできていたようだった。流れ込んだ人たちがつくりだす「あぶく」のようなつながりが、外から見えにくい人間関係をつくりあげ、そのなかの小さな権力闘争が事件のきっかけになった、ということのようだった。

時間の中で都市は勝手に成熟していく、という筆者の読みが間違えていたのであろう。同じくらいの時間があれば、地域社会の中に小さな別の社会が生まれてしまうこともあったのだ。もしそのことが分かっていたら、何か違ったプログラムを始めることができたかもしれないし、それがうまくはたらけば、万に一つくらいの可能性で少年たちの事件を防ぐことができたかもしれない。

（4）ニュータウン

就職にともなって、職場のある東京郊外の多摩ニュータウンに暮らすことになった。平成12（2000）年のことである。少し都心に近い普通の町に住んで、そこから通うという考えもあったが、ニュータウンには広々とした歩道や、緑豊かな公園がふんだんにある。都市計画を専門とするからにはいっぺんくらい住んでみたい、と考えて住宅を念入りに探し、職場から自転車の距離にある住宅公団が開発した団地に入居することにした。近くの谷戸の上にある橋に立つと、自分の家と、子供たちの保育園と、職場が一つの視界に入る。送迎は私の役割だったので、まだ小さかった子供たちを自転車に乗せ、その三点をつなぐルートをぐるぐると回ることで毎日は過ぎていった。ニュータウンには寄り道もしっかり設計されているので、時々はその設計をなぞるように寄り道をして蜘蛛に虫をあげたり、食べきれないほどの土筆を摘んだりした。

大学も、ニュータウンも、都市に集中しすぎた人口を外側に分散させるための仕掛けとして郊外に作られたものであり、筆者はまんまとその仕掛けに乗ってしまった。大都市への大学立地を制限する法律は平成14（2002）年に廃止になり、ニュータウンの建設も平成18（2006）年に終了したので、ちょうどその最後の時期だったのである。

ニュータウンは1960年代から段階的に建設されてきたが、筆者が暮らす街の建設は平成とともに始まり、およそ15年ほどで完成した。ニュータウンでは、鉄道や大学や店舗や住宅が、計画に沿ってパズルのピースのように埋め込まれて都市がつくられる。小さな土地が切り売りされて徐々にできていく日本の典型的な都市形成と比べると、それは時計の針をはやめに回すようなものであるが、はやく作ったからといって、成熟の速さが変わるわけではない。それを成熟させるのは、そこで暮らす人たちの、繰り返しの日々の生活でしかない。筆者の送迎は10年間続き、それが終わってからさらに10年が過ぎた。ニュータウンの「ニュー」は、いまだに取れそうにもなく、成熟したなあと感じるのは、もう少し先のことになるかもしれない。

平成元年

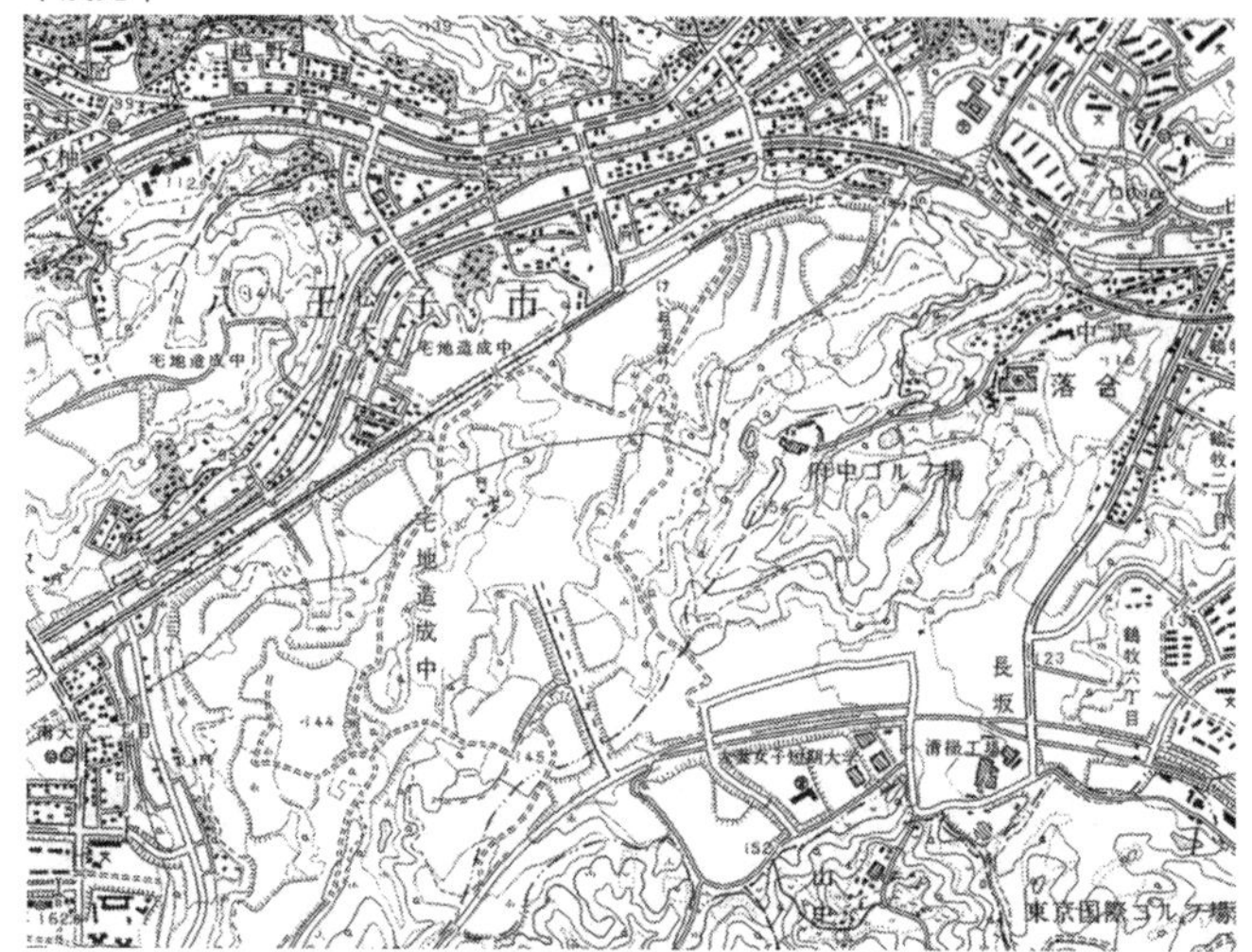

平成 30 年

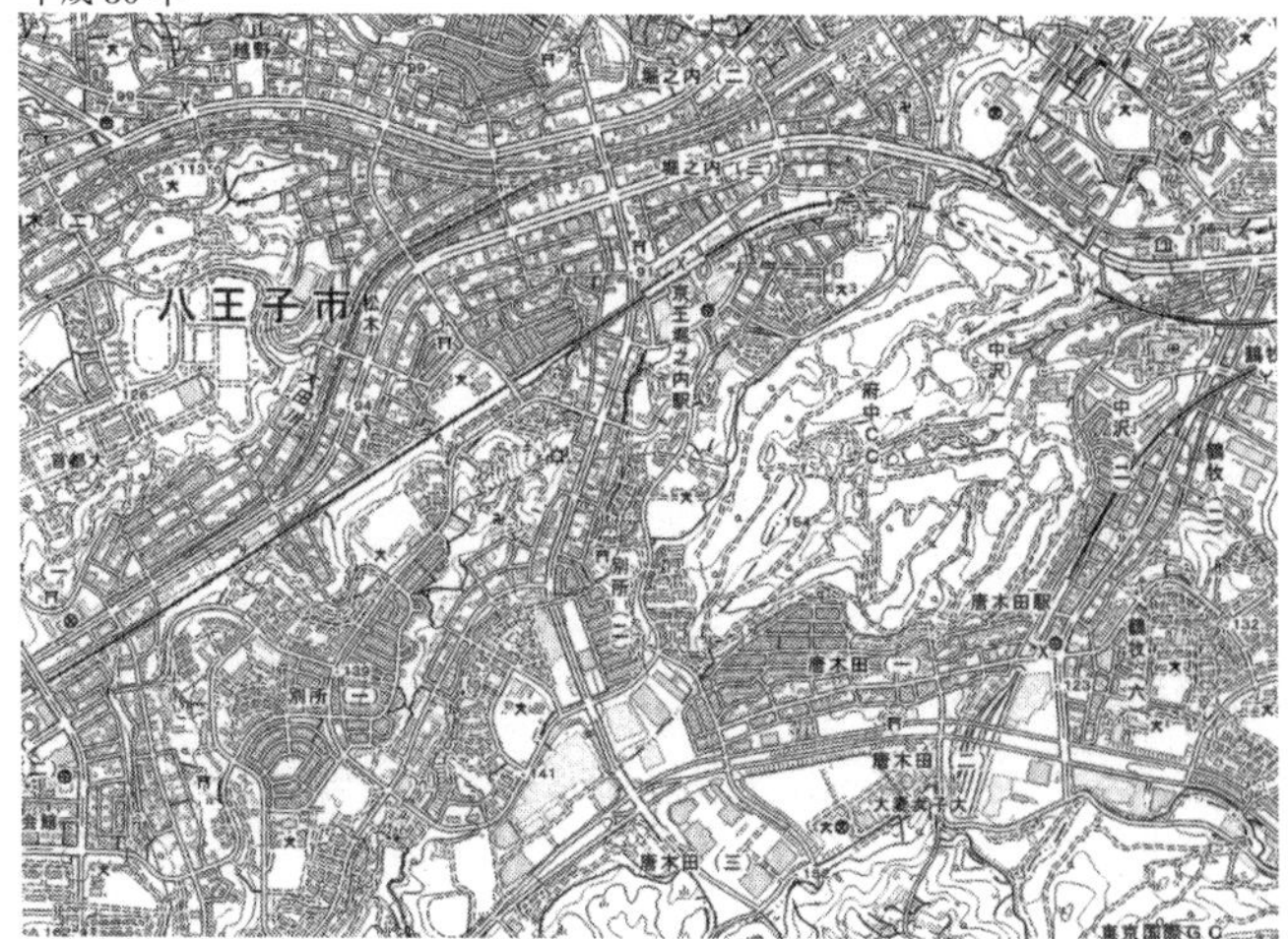

図 0-4　東京都八王子市　多摩ニュータウン周辺

出典：国土地理院発行 1 /2.5 万地形図

2　図と地

つまらない思い出話をくどくどと書いてしまった。ほとんどの人にとって、筆者の思い出話はつまらないものであったはずであるし、おそらくほとんどの人の都市についての思い出話は他人にとってつまらないもののはずである。都市計画の物語は、たくさんの摩天楼がおりなす華麗なオペラではないし、そこに常にジェイコブスとモーゼスのような英雄と悪漢がいるわけでもない。[1] 演劇にたとえると、都市は主役ではなく、脇役ですらなく、舞台の背景の書割のようなものであり、都市計画の役割はその書割を整える程度のものである。その歴史をどのように描くことができるだろうか。

心理学の言葉に「図と地」という言葉がある。ある物が他の物を背景として全体の中から浮き上がって明瞭に知覚されるとき、「ある物」が「図」とよばれ、背景に退く「他の物」が地とよばれる。このように、図と地はあくまでも相対的なものであり、図が知覚されたときに、はじめて知覚されないものとしての地も定義される、という関係にある。そして、図と地の関係の混乱が心理的な混乱であるとされ、図と地が区別されて成立していることが、混乱のない状態とされる。

都市について私たちが何かをするとき、つまり都市を能動的につくったり、つかったり、語ったりするときに、都市が部分的に取り出されて「図」となり、あとのものは反転的に「地」へと退く。そして図がつくられたり、つかいつくされたり、語りつくされたあとに、図と地の区別がゆっくりとなくなり、以前と少し違った都市が、書割のようにそこに残る。そしてその書割は再び誰かの図になることを待ち受けることになる。こういった図と地の絶え間ない往復運動のようなものが、都市が発展するプロセスであり、都市計画はその往復運動の動きを整えるものである。

平成期を通じて、どれほどの図が描かれ、それがどれほどの地を作り込んでいったのだろうか。都市の歴史を図だけで描くことができないわけではない。東京タワーがいつできた、万国博覧会がどのように影響を与えたのか、新幹線がいつ開通した、そういった歴史である。平成期の主役は東京スカイツリー、名古屋の愛・地球博、東京ディズニーランドといったものだろうか。

しかし、筆者は「地の歴史」を描きたい、その地味なものを明らかにしておきたいと考えた。「地」は私たちの気づかぬうちに、私たちの日常の動きを規定しているかもしれないし、そこから部分的に取り出された「図」のありようも「地」に規定されているからだ。NHKの大河ドラマのように、あまり知られていない無名の事象に焦点をあて、そこに新しい群像劇を描きたいというわけでもない。この試みは、血も湧かない、肉も躍らない、大変にたいくつな物語をみなさんに提供するものである。

都市計画は地を作り、図と地の絶え間ない往復運動を整えるものである。北関東のまちでは、都市計画は地を整えたが、そこには図としての市街地がなかなかできなかった。路地裏の密集した地からすっくと建ち上がった超高層住宅には、池田大作を読む拍子抜けするほど普通の人たちが暮らしており、それはあっというまに新しい地になった。代わり映えのしない地のなかで中学生が荒れ狂うのを、都市計画が地を整えることによっておさめることは、かなり難題であった。丁寧な都市計画でつくられた図としてのニュータウンを地として成熟させていくのは、ただの時間である。

しかし一方で、都市計画は地をつかって、わずかに人々の背中を押し、そこで起きることを方向づけることはできる。北関東でゆっくりとつくられた市街地はそれまでより少しだけ豊かな暮らしを提供するだろうし、路地で暮らす普通の人々と超高層住宅で暮らす普通の人々の暮らしは、間違いなく異なるものになるだろう。工業地帯の市民参加は、地のわずかな荒れを整え、何人かの人たちの暮らしを整えていたかもしれない。ニュータウンの土筆摘みは、土筆が生えやすい土の横に歩道が無いと経験することができない。それはまぎれもなく誰かが都市計画を使って設計したものであり、はっきりした意図があったかはともかくとして、都市計画がなければ体験することはできなかった。

であるから、この本では、都市計画が、地をつくり、図と地の絶え間無い往復運動を支えるなかで、それが少しはベターな都市をつくるという可能性を信じておきたい。そしてそのベターな方向に向けていくための、都市計画の使い方を少しでも明らかにしておきたい。平成という長くも短くもない、ちょうどいい長さの30年間を語り部のようにして、筆者が明らかにしたいことはそういうことである。そして使い方を知り、今よりはうまく使っていくことができれば、それはもしかしたら、万に一つくらいの可能性で、将来のひどい事件を防ぐことができるかもしれない。

3　地の歴史の描きかた

筆者は平成のはじまりとともに都市計画を学び、東京を拠点として都市計画の仕事をしてきた。都市計画の仕事は一つの場所に長い時間関わることが多いので、全国を広く眺めることは難しい。したがってどうしても本書は、この30年間、筆者が東京で経験したことが中心になる。バブル経済崩壊のあと、東京の不動産市場は真っ先に不況を抜け出したし、人口もまだ増え続けている。どうしても事実の認識がずれてしまうことはご理解いただきたい。そういった偏りを出来るだけなくすために、意識的に東京以外の都市を見ていくようにしたいが、どちらにせよ全国の都市を等しく扱うことは不可能である。

柳田國男の「蝸牛考」は、カタツムリの呼び方が京都を中心に同心円状に分布していることを示し、言葉が京都から外側へと伝わっていったという説を述べたものであるが、都市の現象はそれほど単純なものではない。例えば地価の高騰のように、東京で先行して起きていたことが他の都市に波及していったこともあるし、カテゴリーキラーと呼ばれる大規模な専門商店のように、地方都市で先行して起きていたことが大都市に波及していったこともある。一方で、２０００年代の都心への人口回帰のように、特定の都市で起きたが全国では起きなかった現象もある。本書では歴史を語る以上「～年は」という言い方をせざるを得ないが、その「～年」は場所によってやや幅があることを理解しておいていただきたい。

法律による変化も同様である。多くの法律は、成立してからしばらくの周知や準備期間を経て施行されるが、成立と施行の間には半年ほどの時間差があることが多い。そして、実際にそれが現場で使われるにはさらに時間がかかる。特に都市計画の場合、新しい仕組みが法改正によってできたとしても、それぞれの都市の都市計画にそれを組み込むためには、実態を調べたり、計画案を作成するという手順が必要である。都市計画法が変わってから都市計画に反映されるのには2年や3年がかかることがあり、その都市計画が効力を発揮して空間がつくられるにはさらに10年以上がかかる。やはり本書では歴史を語る以上、「〜年は」という言い方をせざるを得ないが、その「〜年」につくられた法律が、読者が住む町で実際に適用され、その効果が実感されるには、ずいぶんと時間差があることも留意していただきたい。

4　本書の構成

本書は序章と終章を除き、10章で構成されている。第1章では、筆者が本書において都市計画の歴史を見る視点、いわゆる「史観」を述べる。「歴史とは、史実と史観で構成される」とは、私淑する都市計画史家の渡辺俊一の口癖であるが、史実に入る前に、まずは本書に通底する史観を最初に述べる、ということである。そして第2章では昭和期の終わりから平成期の頭にかけてのバブル経済期についてまとめる。バブル経済期の失敗が、その後の日本の「失われた20年」と呼ばれる長い停滞を引き起こしたと言われており、都市計画の変化もバブル経済期の失敗と反省に規定されている。一つの章をさいて、それがどういうものであったのかを述べておきたい。

続く第3章から第10章までは、ポストバブルの平成期の変化を見ていく。例えば時代を5年ごとに区切って一つの章をあて、時間の流れに沿った構成とすることも考えたが、ここまで述べてきたように、都市計画は図と地の絶え間ない往復運動を支えるものであり、はっきりとした事件として描けることが少ない。都市の変化には時間差があり、さらには変化の地域差もある。例えば「織田信長が倒れたから豊臣秀吉が台頭した」というように、時間軸に沿ってわかりやすく変化を描くことはそもそも難しい。そこで第3章から第10章までは都市計画の主題ごとにその平成史を描くことにした。つまり章が変わるたびに、再び平成元年に戻り31年間を過ごすことになる。無精な読者は自分の読みたい主題の歴史だけをつまみ喰いすることは可能である。

しかし、これらは完全に並列ではなく、もちろんそれぞれが関連している。あることを先に知っておいた方が、別のことの理解が深まることがあるので、各章の順番には意味がある。本書でも最初から通して読んだ方が理解が深まりやすいようにと考え、第3章から第6章までは、都市計画の変化のうち、PCでいうところのOS（オペレーションシステム）の変化に関わることをまとめ、第7章から第10章は個別分野の課題解決に特化した都市計画、PCでいうところのアプリケーションの変化に関わることをまとめた。都市計画のOSを構成するのは政府、市場、住民の3者であり、第3章でそれぞれの関係の変化の見取り図を描いた上で、第4章では主に政府の変化を、第5章では主に住民の変化を、第6章では主に市場の変化を述べた。第7章以降は、住宅、景観、災害、土地利用の4つの分野について、それに取り組む都市計画がどのように変化したのかをまとめた。交通、緑地、水道、環境といった重要な分野が抜けているが、白状すると、筆者があまり得意としない分野であり、手が出せなかっただけのことである。終章には全体をうけての簡単なまとめが書いてある。

本書全体を通じて、都市計画の変化の後ろにある時代背景の記述は最小限にとどめた。平成期の終わりから令和の始まりにかけて、平成期を扱う書物が増え、それらで補うことが十分に可能であると考えたからである。

また、各章の図版はすでに公表されているものを下地にしているが、本書の記述にあわせて全て筆者が再作成し、写真も全て再撮影した。そして各章の扉にはその章で扱うことの小年表もつけてある。理解の助けにしてもらえればと考えている。

では、ここまでで準備体操は終わりである。いよいよ、平成期の都市計画をめぐる旅に入っていくことにしよう。

〈補注〉

1　ジェイン・ジェイコブス（1916-2006）はアメリカのジャーナリスト。ロバート・モーゼス（1888-1981）はアメリカの都市計画家・政治家で20世紀前半のニューヨークの都市改造の責任者。１９６０年代のニューヨークで二人は都市計画をめぐって徹底的な戦いを繰り広げた。

〈参考文献・資料〉

磯部涼（2017）『ルポ 川崎』サイゾー
フリント・アンソニー（2011）『ジェイコブズ対モーゼス：ニューヨーク都市計画をめぐる闘い』鹿島出版会
柳田國男（1930）『蝸牛考』刀江書院
UR都市再生機構（2003）「本庄早稲田駅周辺土地区画整理事業」（パンフレット）

第1章

都市にかけられた呪い

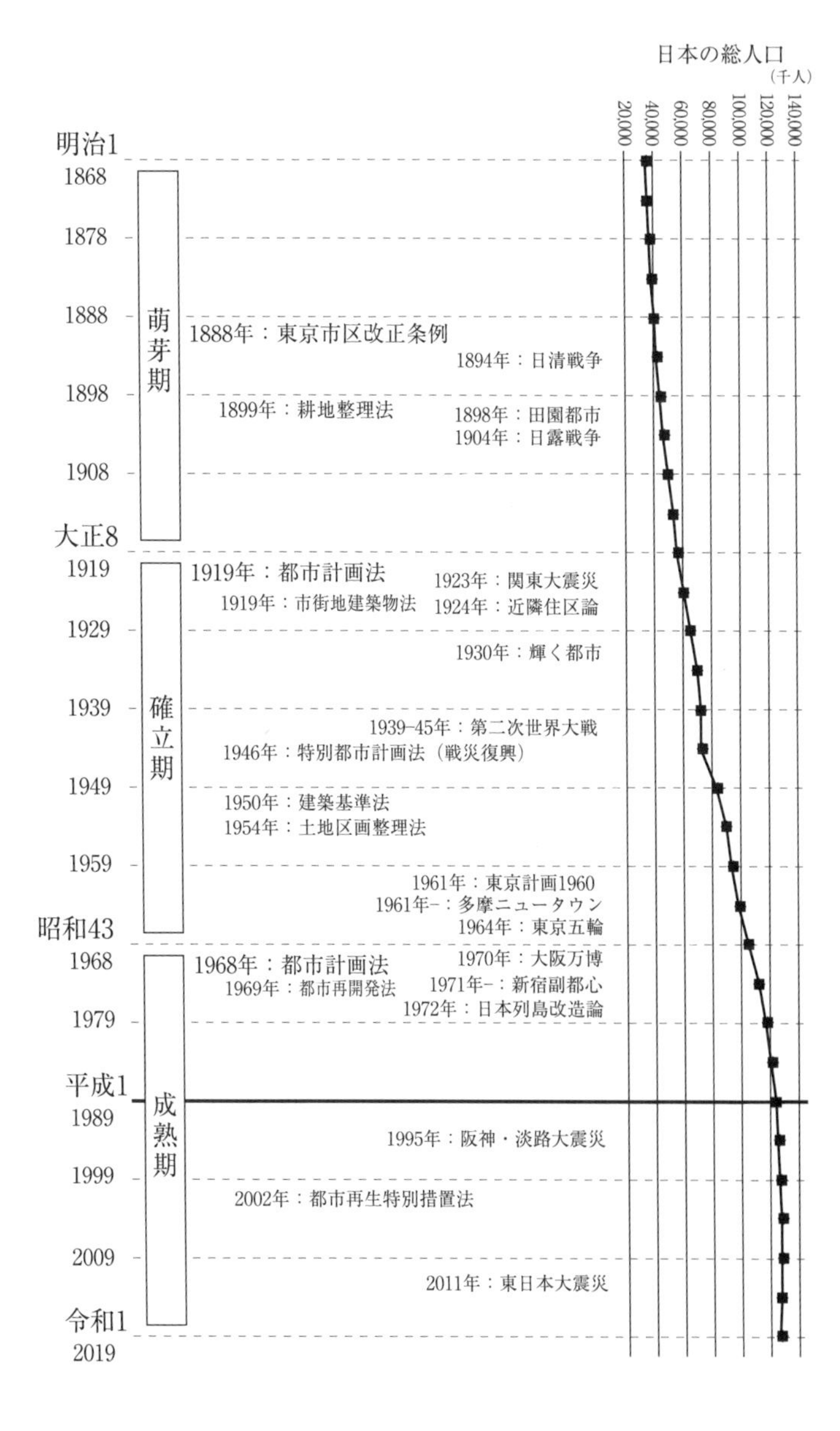

1　3つの時代区分

江戸時代後半の日本の人口は3000万人だった。江戸時代は鎖国をしていたので、3000万人という人数は、ちょうど全員が日本の国土を使って働き、暮らしていける人数だったのだろう。そして明治維新から150年がたち、日本の人口は平成20（2008）年に最大の1億3000万人となった。単純な計算であるが、私たちは150年間で新たに1億人が働き、暮らしていける都市を作り上げてきたことになる。

平成期が終わり令和期がはじまった現在、あなたの周りを見回して、そこにどのような都市があるか見てみよう。住宅と住宅の距離、都心の超高層の街並みの密度、都心と郊外の関係、都市と田舎の関係などである。人口はもうこれ以上増えることはないので、そこには空前絶後の、おそらくは世界でも稀に見る高密度な空間が広がっているはずだ。

しかしそこには、子供のころに夢見た未来都市も、科学者が予言した高度な技術を使った都市も存在していない。おそらくは、うんざりするほどの、日常的な、普通な、使い込まれた、ややくたびれた都市が広がっているに違いない。小さな開発の積み重ねで現在の都市はできている。そしてそこで暮らし働く人々の、小さな日常が積み重ねられて現在の都市はできている。あなたの周りの都市は、小さな開発と小さな暮らしの積み上げによって、誰にも気づかれないうちに最大になり、誰にも気づかれないうちに縮小を始めているのである。

この都市空間を覚えておくとよいだろう。それはこれから10年後、20年後、30年後、あなたがそれだけの年を重ねたときに、都市を考える基準になるからだ。「あのころはここには家がたくさん建ち並んでいた」「あのころはこれくらいの密度だったんだよ」、記憶はこういった会話を正確に支えることができる。

そして150年をかけてこの都市空間を作り上げてきたもの、前面に出ずに、力を捌きながら控えめに背景を整えてきたもの、それが近代都市計画である。近代都市計画の役割は、都市空間とそこで働き暮らす人々の関係を整えることにある。都市と人口の関係をみてみよう（図1-1）。

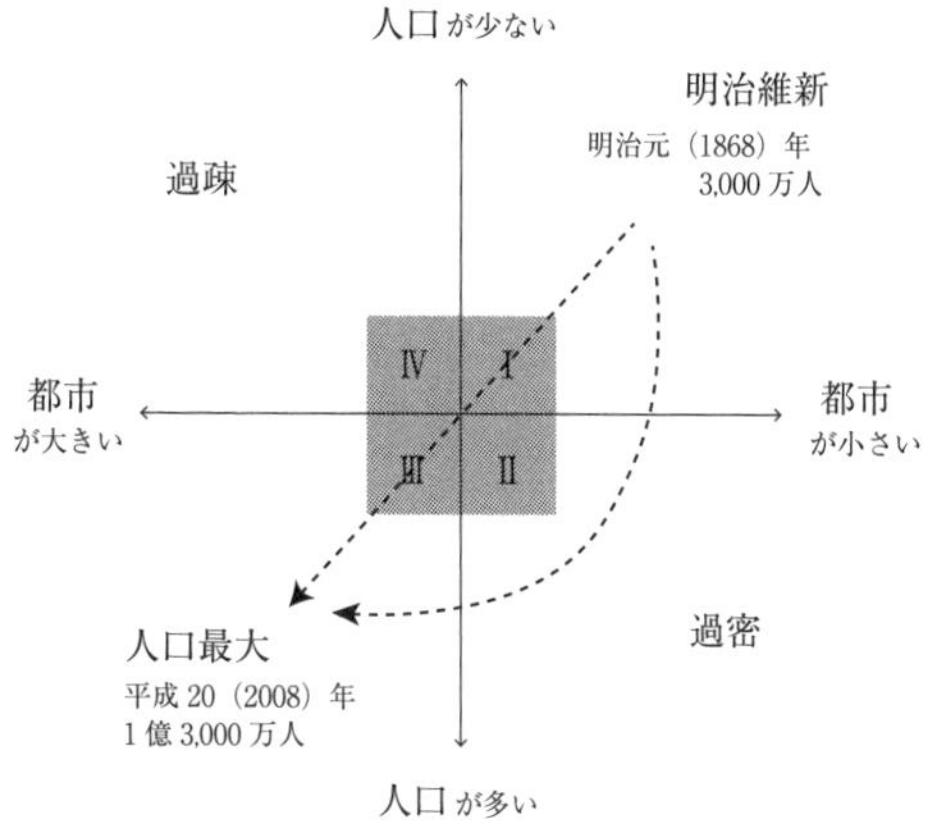

人口が少ない
明治維新
明治元（1868）年
3,000万人
過疎
Ⅳ
Ⅰ
都市
が大きい
都市
が小さい
Ⅲ
Ⅱ
過密
人口最大
平成20（2008）年
1億3,000万人
人口が多い

図1-1　都市と人口

都市より先に人口が増えてしまったら、都市は過密の状態となり、そこにはスラムが発生してしまう。都市計画は過密の状態が生み出されないように、増え続ける人口を追いかけるように都市を形成し、150年間で1億人の人口増加をなんとか捌ききった。

都市計画の視点からみると、その150年間の歴史はキリよく50年ごとに3つの時期に区分することができる（章扉年表）。

最初の50年――これを萌芽期と呼ぼう――は、186

8年の明治維新から大正8(1919)年に都市計画法が制定されるまでの50年である。萌芽期のことは石田(1987)、藤森(1982)、渡辺(1993)、越澤(1991)、松山(2014)ら多くの研究者が明らかにしている。明治時代が始まってすぐに都市計画法が制定されたわけではない。明治維新にともなう内戦によって、江戸時代につくってきた日本の都市があまり破壊されず、当面の間は都市をそのまま使うことができたからだろうか、都市計画に関する法律は近代国家としての日本を形づくった法律の中では比較的遅くに制定された。そして国全体を対象とした法律としてではなく、最初は人口が集中した大都市を対象とした法律として制定された。その法律「東京市区改正条例」は江戸時代につくられた都市をそのまま使っていた東京を対象に道路を整備していくというもので、定説ではこの条例が制定された明治21(1888)年が、近代都市計画の誕生であるということになっている。そしてそこからさらに30年後の大正8(1919)年に、国全体を対象とした都市計画法が制定されることになる。

次の50年――これを確立期とよぼう――はこの都市計画法が新しい都市計画法へと大改正される昭和43(1968)年までの50年間である。大正8年の人口はおよそ5500万人、昭和43年の人口はおよそ1億1000万人であるから、この50年間で都市計画法は、6500万人が働き、暮らす都市を整えたことになる。

都市計画の歴史において、この確立期には2つの大きな事件が起きている。一つ目は都市計画法の制定からわずか4年後の大正12(1923)年に発生した関東大震災である。およそ10万人が亡くなり、東京と横浜の中心部を焼き尽くした震災からの復興は、土地区画整理事業をはじめとする生まれたばかりの都市計画の技術を大きく発展させることになる。二つ目の事件は、昭和14（1939）年から昭和20（1945）年まで続いた第二次世界大戦の戦災である。米軍の空爆によって全国の主要な都市が焼き尽くされ、戦災からの復興は、都市計画の技術を全国に根付かせることになる。つまり確立期に都市は2度焼き尽くされ、その度ごとに都市計画は新しい都市をつくり、6500万人が働き、暮らす都市を作り上げたのである。

そして次の50年——これを成熟期とよぼう——が昭和43（1968）年から現在にいたるまでの50年である。都市計画の技術が行き渡り、戦災のない平和な50年である。今日の時点で都市計画法の大改正が予定されているわけではないので、成熟期はもう少し続くかもしれない。平成都市計画史を扱う本書はそのうちの後半の30年間を対象とするが、前半の20年間も含む50年間の都市計画がどういうふうに組み立てられていたのかを、丁寧に理解するところから始めたい。

2　権力とビジョン

「都市計画」と聞いた時に、あなたはどういう言葉を連想するだろうか？　「権威的」「科学的」「万能」など、様々な言葉が思い浮かべられるだろうが、ここでは「権力」と「ビジョン」という二つの言葉を軸にして考察を進めていきたい。

最初に答えを書いておくと、都市計画は権力に満ちていたわけでも、ビジョンに溢れていたわけでもない。例えば、昭和の時代の「権力」といえば政治家の田中角栄を、「ビジョン」といえば建築家の丹下健三をイメージする人が多くいるだろう。田中も丹下も戦後の日本のスーパースターであり、田中が自民党都市政策調査会長として「都市政策大綱」を発表したのが昭和43（1968）年、『日本列島改造論』を発表したのが昭和47（1972）年のこと、丹下健三が東京湾を大胆に埋め立てた未来都市「東京計画1960」を発表したのが昭和36（1961）年のことである。しかしこの二人が突出して見えたことが逆説的に証明しているように、都市計画には権力もビジョンも不足していた。

なぜなのか、「権力」と「ビジョン」という言葉を分解して考えていきたい。

3　権力の構成：法と制度

まずは権力という言葉から分解していこう。都市計画が都市においてどのように権力を持ちうるのか、「法」と「制度」という二つの言葉を使いながら考えていきたい。以下ではドゥルーズ（2010）にならって、法という言葉を「行為の制限」として、制度という言葉を「行為の肯定的な規範」として使っていく。法も制度もどちらも人間が作り出すものである。都市計画におきかえると、法は都市計画法や建築基準法などの私権を制限するものであり、制度は住民や地域社会、市場が内発的につくりだす規範、ローカルルールのようなものである。

都市計画の権力は、法と制度の二つの組み合わせで構成されている。都市計画を「誰かの土地に、みんなのためになる提案をして実現する」こととして単純化して考える。日本の都市には私有地が多いため、都市計画で実際に行われていることは、誰かの土地に道路を整備する、誰かの土地に公園を整備する、誰かの土地の使い方のルールを決める、といったことである。しかし土地の所有者である「誰か」がこういった都市計画に無条件に従うわけではなく、その時に出現するのが「権力」である。都市計画法は「法に従え」という態度で権力を発動する。一方で住民は「地域のルールに従え」という態度で権力を発動し、市場のアクターは「市場のルールに従え」という態度で権力を発動する。つまり法と制度のどちらもが、都市計画の権力を構成する要素である。

この都市計画の権力の要素、つまり法と制度がどのように形成されてきたのか、都市が発展する過程にあてはめて考えてみよう。都市の発展にあわせて法と制度の量が増えたり減ったりすると考えられるので、縦軸に法の多い少ないを、横軸に制度の多い少ないをおいた図を描いてみよう（図1−2）。

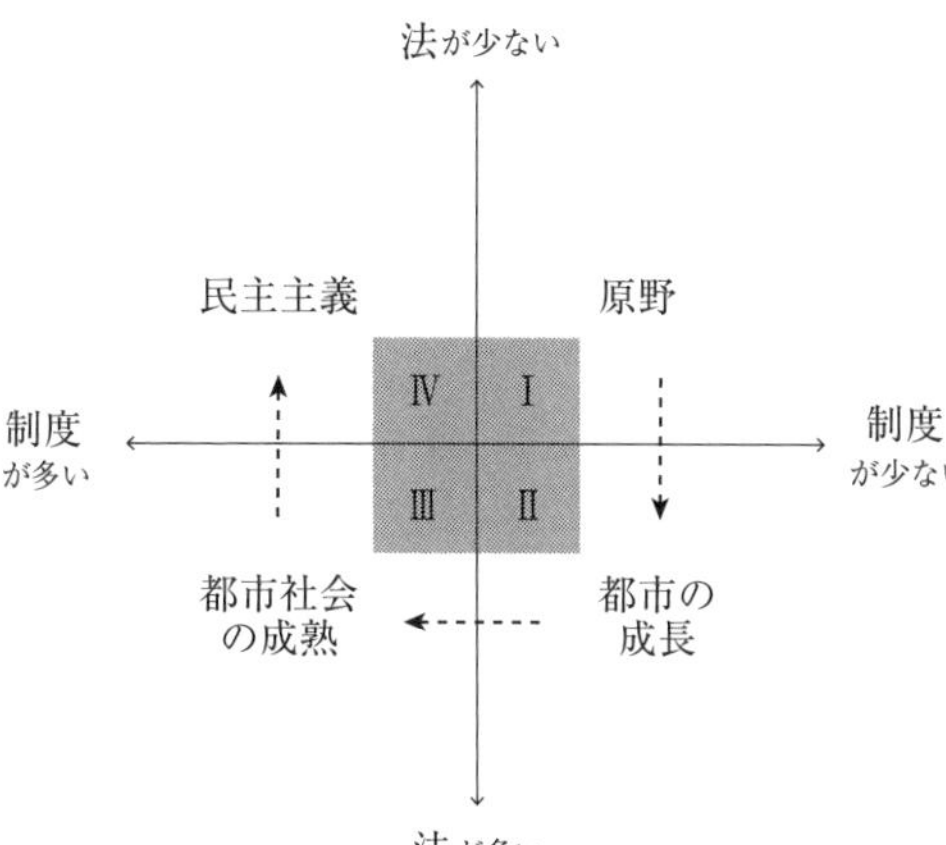

図1-2　法と制度

都市計画の制度は都市に暮らす人々が内発的に作り出していくものであるから、人々がまだ都市に十分に住んでおらず、人々同士の関係も成熟していないころ、つまり人口が急速に増え、都市の空間が不足しているところに当初は制度が発生せず、都市の空間は法が整えていくしかなかった。昭和26（1951）年の建築基準法に規定された接道の義務（建物はその敷地が４ｍの道路に接していないと建てることができない）、昭和43（１９６８）年の都市計画法で創設された線引き制度と開発許可（市街化区域でないと原則開発をすることができず、道路などの基準を守らないと開発が許可されない）など、画一的で杓子定規な、大雑把な法で都市の空間が急いで作られたのである。図１-２の第Ⅱ象限がそこにあたる。都市計画のことを「全国一律の基準だ」とか「大雑把だ」と批判する声を多く聞くことがあるが、誰もいない原野（図１-２の第Ⅰ象限）に都市の空間を作り出していくときには仕方のないことだったのだ。

制度は都市に集まった人々が、それぞれが争いなく豊かに暮らし、仕事をしていくための規範を模索していくなかでつくり出される。単純化すると制度は大きく二つに分けられる。都市がなんのために存在するのかを考えてみよう。一つは私たちが豊かに暮らすため、もう一つは私たちが仕事をしていくためである。制度もこの二つの目的にそって発達をする。つまり暮らしの制度と仕事の制度である。前者を住民の制度、後者を市場の制度と呼ぶことにしよう。

昭和43（１９６８）年から始まる成熟期において二つの制度が育ち、権力は法と充実した制度の混合で構成されるようになる。市場の制度は民間の企業が作り出すもので、急成長を遂げたデベロッパーやハウスメーカーといった企業を中心とした制度が発達していく。住民の制度を形成する手がかりとなったのが「コミュニティ」という言葉であり、都市に集まった人たちがこの言葉を手がかりにして、空間も含む様々な暮らしのあれこれを運営していこうとする。このように、都市の発展にともなって、図１-２の第Ⅱ象限から第Ⅲ象限へと権力の構成は移行する。

そして権力が法だけで構成されることも、法が完全に制度に取ってかわられることもなく、法と制度は常に並列的に存在しているが、都市の発展にともない、そこに多くの人々が集まることによって、法と制度の関係は「多くの制度とごくわずかの法」へと遷移する。図1–2の第Ⅳ象限への移行である。[1]「法と制度」を定義したドゥルーズはこの状態を「民主主義」と呼んでいる。民主主義の定義はたくさん存在するが、簡単でわかりやすい。民主主義について突き詰めた議論をすることが本書の役割ではないが（それは都市計画の学者である筆者の手に余ることである）、ひとまず「多くの制度とごくわずかの法」を目指すことが、私たちにとってのよき状態＝民主主義につながりそうだ、ということを仮置きして次に進めたい。

4　ビジョンの構成：設計と規制

ついで、もう一つの言葉である「ビジョン」について考えていこう。都市計画が都市においてどのようにビジョンを持ちうるのか、「設計」と「規制」という二つの言葉を使いながら考えていきたい。まず二つの言葉を解説していこう。

我が国の近代都市計画に大きな影響を与えた思想が、E・ハワードの田園都市（1898年）や、C・A・ペリーの近隣住区（1924年）や、ル・コルビュジェの輝く都市（1930年）などであった。田園都市は都市問題が集中した大都市から離れて都市近郊に小さな理想都市を作ろうという考え方、近隣住区は住宅地の計画的な整備の単位についての考え方、輝く都市は高層ビルを建設して足元に空地を確保し歩車を分離しようとする理想都市の考え方である。急激な人口増を制御するために理想の都市空間を「設計」するべきだ、というこれらの考え方は、日本の建築家や都市計画家に「都市は設計するもの」という態度を与えた。この態度を「設計的な態度」と呼ぼう。

欧米で考え出されたこれらの思想は、ほぼ時間差なく明治・大正・昭和初期の日本の官僚や建築家に伝わっていたし、それを実現に移そうとした取り組みも少なくなかった。しかし、結果的には第二次世界大戦を挟み、我が国で実際にこれ

図 1-3　多摩ニュータウン

らの空間が実現し始めるのは、戦災復興が落ち着いた1960年代以降からであった。戦時中は都市をつくるほどの余裕が無いことは言うまでもないが、戦災復興期は戦争によって破壊された都市空間の大急ぎの復興が求められたため、その設計に十分な時間を割くことが出来なかったからである。結果的に国内を見回しても、田園都市や近隣住区や輝ける都市に則って設計された都市は数えるほどしか存在しない。例えば国内最大のニュータウンとして知られる多摩ニュータウン（図1−3）は、田園都市と近隣住区の思想に則ってつくられたが、そこで暮らす人の数は、1400万人の東京都の人口の約1・6%の22万人程度である。輝ける都市は新宿副都心（図1−4）を先駆けとして現在まで

続く超高層開発の原型とはなったが、これも都市の全てを覆うほどではなく、韓国や中国の大都市が超高層開発で埋め尽くされているのと対照的である。つまり、都市の大半は「設計的な態度」によってつくられたわけではない。

では何が都市の大半を作り上げたか。それは、建築基準法に規定された建物の容積率、都市計画法に規定された建物の用途など、画一的で杓子定規な、しかし緩くて大雑把な規制であった。これらの規制は、都市に集中する多くの人々が、放っておくとあらゆるところに、それぞれのやり方で野性的にバラックを建ててしまうのではないか、ということを前提として組み立てられている。都市計画法の規制も、建築基準法の規制も、人々の行為に対して、「これはやってはいけない」と規制するルール群で構成されている。この態度を「規制的な態度」と呼ぶとすれば、日本の都市の大半は設計的な態度ではなく、規制的な態度によってつくられたのである。つまり「ビジョン」は、多くの規制的な態度とわずかな設計的な態度の混合で実現されたのである。

図 1-4　新宿副都心

5　構成の変化

横軸を「権力の構成＝制度と法」で、縦軸を「ビジョンの構成＝規制と設計」で区分した４つの象限を図1–5に示しておこう。人口が増加し、都市が拡大する時代においては、都市に制度が十分育っておらず法の比率が高かった。そして設計的な態度は限定的にしか使えなかったため、第Ⅲ象限にあるように規制的な態度で法に基づく都市計画が行われた。

しかし都市の社会が成熟してくるにつれて、都市の内部に住民による制度が発達し、それを根拠にして部分的に住民による「まちづくり」が実践されたり、あるいは市場が発達させた制度により市場による都市計画が実践されたり（第Ⅰ象限）、設計的な態度を持った法が高度に発達することによって部分的に「ニュータウン」が建設された（第Ⅳ象限）。

これらは、第Ⅲ象限の都市計画を突破する取り組みであると言い換えてもよいだろう。日本住宅公団という半官僚組織が腕をふるったニュータウンは法の高度化によって突破しようとし、住民や市場は都市の中に集積された制度の蓄積によってそれを突破しようとした。序章では、都市の風景の変化を眺めながら「地と図」の視点を示した。「地」はまさしく、都市の成長のなかで規制的な態度で用いられた法によって作られたものである。そして「図」はそれを突破しようとする取り組みである。住民はコミュニティという言葉を手掛かりにしてつくられる制度でそれを突破しようとし、市場は成長する民間企業の制度でそれを突破しようとした。

「地」が破綻すると、都市はひどい状態に後戻りしてしまう。しかし「地」だけ、つまり法による規制だけでは、つまらない都市ができてしまう。「地」をしっかりとつくりつつ、どう「図」を描ける余地を残しておくか。当たり前のことであるが、都市計画法や建築基準法をはじめとする法の制定側の人間は「法」しかつくることができず、「制度」をつくることができない。しかし、そこに「制度」によって「法」を突破することができる可能性だけは埋め込んでおくことができる。この「制度」による法の突破を組み込んだ法の設計」を、本書では「呪い」と呼ぶことにする。

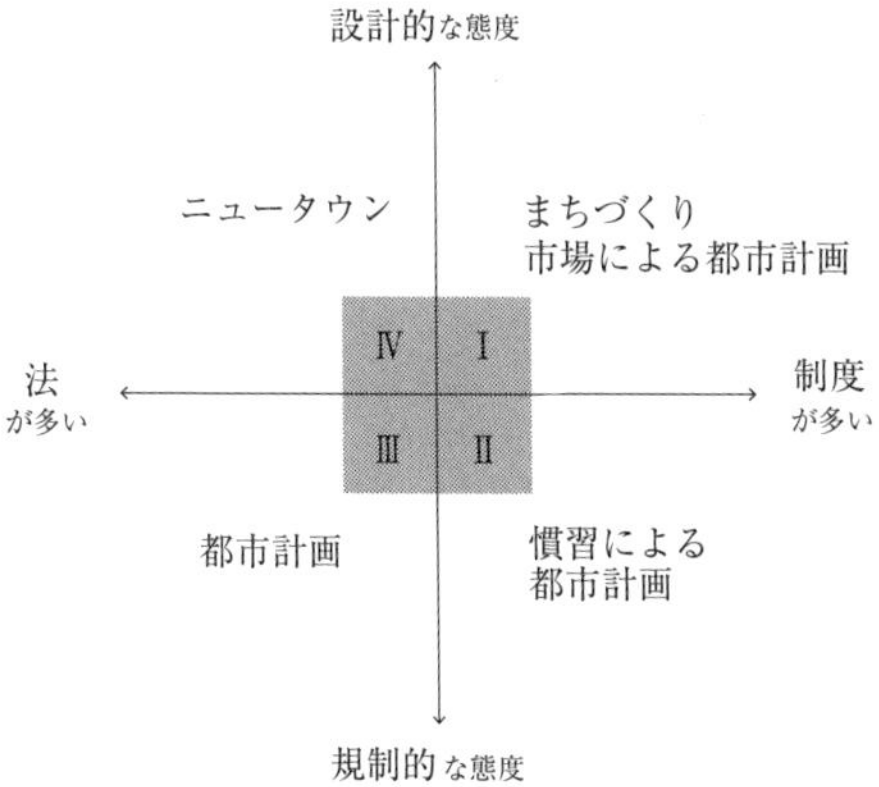

図 1-5　制度と法、規制と設計

昔話によると魔女と呼ばれる人がいて、普段から王のために色々と働いていた。そして王から裏切られた魔女が怒って、王の大切な姫にかけるのが「呪い」である。呪いをかけられた姫には、眠り続けたり、閉じ込められたり、何らかの「死なない程度に不幸な人生」が保証される。そして多くの呪いの物語には、「あることをするとその呪いを解くことができる」という方法が示されている。例えばそれは王子様の口付けであったり、ドラゴンの卵であったりする。つまり、「呪い」はつまらないし不幸かもしれないけれども継続的な生を保証し、そして必ず解決方法を内包する。都市計画の呪いも同じようなものであり、そこには解き方も内包されていた。

都市計画の成熟期の始まりを告げたのは、昭和43（1968）年に制定された都市計画法である。この法を中心に、その後の50年間にかけられた「呪い」と「解き方」がどういったものであったのかを見ていきたい。

6　成熟期の呪い

昭和43年の都市計画法が検討されていたころ、昭和30年代は日本の都市がどんどん大きくなっていた時期である。きわめて当たり前のことだが、都市は横か縦に大きくなるしかない。横方向へは農地や山林を食いつぶすように大きくなっていく。それを押しとどめることができるのは、急峻な地形や軟弱な地盤といった自然のみである。縦方向には、上へ上へと床を積み上げるかたちで大きくなっていく。それを押しとどめることができるのは重力のみである。そして自然と重力を克服するために、建設技術が日進月歩で発達する。土を削ったり積んだりする技術の発達によって、都市の拡大はちょっとした自然を障害としなくなったし、建築技術の発達によって高層、超高層の建物をつくることが出来るようになった。

成熟期を支えた昭和43（1968）年の都市計画法には、この二つの方向への拡大に対する呪いが仕込まれた。横方向へは「線引き」と呼ばれる一本の線が仕込まれた。この線は都市と農村の境界線に引かれるシンプルな線である。その線の内側を「市街化区域」と、外側を「市街化調整区域」とし、市街化調整区域での建築を原則的に禁止するという法である。無秩序に拡大する日本の都市と、整然と拡大するヨーロッパの都市との違いを説明する時に、城壁の有無が理由にされることが多い。いわく、ヨーロッパには都市全体を城壁で囲んだ都市があり、そこには物理的な都市の境界が存在した、対する我が国の歴史では都市を囲む城壁を持たなかった、だから無秩序に拡大するのであるという理屈である。「線引き」は目に見えない城壁を新たに作るようなものであるが、「線引き」は城壁とは異なって目に見えないルールであり、城壁と異なって変更することができる。それを広げようとする根拠は人口がどれくらい増えることが見込まれるかという予測であり、これを広げまいとする根拠は都市の外側に広がる農業のありようだった。線引きは人口圧力と農業のありようの力比べの中で決まってくるものであり、それは城壁のようなわかりやすい空間をともなわないで、平らな土地を見えない線で二つに区切るだけのものだった。

そして縦方向の拡大への呪いが「容積率」という規制である。縦方向の拡大を抑える方法が昭和43年以前になかったわけではない。容積率が誕生する前の都市は「絶対高さ」と呼ばれる数値でコントロールされていた。それは建物の高さを一律に住居地域では20ｍ、住居地域以外の用途地域では31ｍ以下とするというものであった。なぜ31ｍという数字だったのか、それは最初に絶対高さが設定された大正８（１９１９）年には、まだ尺貫法を採用しており、そこで「１００尺」というルールが作られていたからである。31ｍという高さは尺貫法をメートル法に転換する際に１００尺を継承しただけのものである。このように、ある単位系でぴったりのサイズであったとしても、別の単位系では不思議な端数になる。そもそも１００尺であったとしても、なぜ１００なのか、という疑問には「キリがいいから」としか答えることができない。要するに31ｍという数字にはあまり意味はなく、この根拠のない数字で都市の縦方向の成長は50年間にわたって押さえつけられていたのである。

この絶対高さをなんとか突破しようと、都市をタテ方向に発展させたい人たちは考える。とはいえ、客観的な数字をともなった基準をつくらないといけない。細かな経緯は大澤（2014）に詳しいが、昭和38（１９６３）年の建築基準法改正によって採用されたのが「容積率」という基準である。都市を縦方向に拡大しようという力に対するシンプルな基準であり、それは敷地の大きさに比例する床面積の建物を建ててもよい、という基準である。基準は％で示される。例えば１０００㎡の敷地に対して１００％の容積率が指定されている場合は、そこに建ててよい建物の総床面積＝容積は１０００㎡である。２００％の容積率が指定されている場合は、そこに建ててよい建物の容積は２０００㎡である。４００％の容積率が指定されている場合は、そこに建ててよい建物の容積は４０００㎡である。そして、容積率は「高さ」を規制するものではない。２０００㎡の建物を１０００㎡ずつの2階建て＝高さ約8ｍにしてもよいし、２００㎡ずつの10階建て＝高さ約40ｍにしてもよい。こうして都市を縦方向に拡大させたい人たちは、新たな呪いによって「１００尺」を突破したのである。

容積率は土地を持っている全ての人々に、その土地の広さに応じて等しく開発の権利を与える、という一見すると公平な仕組みのように見えるが、「整った街並みを形成しよう」という立場から見ると、そこには大きな問題がある。敷地の大きさにあわせて作れるものの大きさが決まってくるので、小さな敷地を持っている人は小さな建物しか作れないが、大きな敷地を持っている人であれば、大きな建物をつくることができる。建物の大きさは高さではなく全体の容積でしか規定されないので、同じボリュームを縦においても横においても同じ容積である。もし、全ての敷地が同じ大きさであれば、そこに建つ建物の容積は揃ってくるので、自ずと街並みは整ってくる。しかし実際に日本の都市を見てみると、大小様々な大きさの敷地の組み合わせでできている。敷地の大きさにあわせて得られる容積が異なるので、結果的には整わない街並みが作られることになる。

線引きと容積率は昭和43年の都市計画法改正後に全国で一斉に導入される。昭和46（１９７１）年に最初に指定された線引きは全国で４万９２２㎢であり、そこに１万１４１４㎢の市街化区域が指定された。市街化区域にはすでに５９０８万人が住んでいたが、その10年後の昭和55（１９８０）年には８０９４万人に増やすことが計画された[2,3]。当時はまだ都市は成長途上であり、都市がどこまで成長するか、そのゴールを読むことは難しかった。当時は第二次ベビーブームの真っ最中であり、第三次ベビーブーム[4]を予測する者こそいれ、その40年後に人口減少が始まることなど誰も予測していなかった。成長を見越して、線引きは当時の都市の広さよりも大きめに指定され、容積率も当時の都市の容積よりも大きめに指定された。つまりそこで、都市の横方向のサイズと、縦方向のサイズについての呪いがかけられたのである。

7　呪いの解き方

線引きの内側に入った土地は、すべて開発の権利を手にすることになった。そして容積率はすべての敷地に開発の可能性の大きさを与えた。例えばある人が線引きの内側に３００㎡の土地に２００㎡の建物と建てて暮らしていたとして、そこに１５０％の容積率が指定される。そうするとその土地には450㎡の開発権が与えられ、450㎡から200㎡を差し引いた250㎡がその人の持つ余剰の権利ということになる。

このように、全ての土地に対してそこの開発可能性を可視化したものが線引きと容積率であった。このうっすらとかかった「呪い」は、姫を塔の中に閉じ込めた「呪い」のように、「死なない程度に不幸な人生」を強いるほどひどい呪いではなかった。線引きは広めに、容積率は大きめにかけられ、それに不満を述べる声は大きなものにはならなかった。

そして、そこに「呪い」を解く方法は内蔵されている。単純化すると、その方法は「広さ」と「設計」である。都市計画が規制の対象としたものは、小さな土地を手に入れた人々の、無秩序に都市を横方向にも縦方向にも拡大していく乱雑な意思であった。逆に、人々が乱雑な意思を飼い慣らして制度を発達させ、広い土地に計画的に都市を拡大していくことは歓迎された。規制をする代わりに全ての新しい都市を政府が設計して提供することが無理だったからである。つまり、大きな土地を手に入れて、きちんとした開発計画を提出すれば線引きの呪いを解くことができた。大きな土地をまとめて、きちんとした開発計画を提出すれば容積率の呪いを解くことができた。農地解放からスタートしたスプロール的な都市化で日本の都市の土地の権利は細分化し、所有者の意向はバラバラの方向を向いていた。それを制度によって再統合し、そこにきちんと設計できる者には、呪いが解除されたのである。

法によって都市の縦横の拡大をおさえる呪いがかかり、それを制度による広さと設計で解くことができるのが成熟期の都市計画の最大の特徴である。そしてこの呪いをかけたのは、特別な魔法を使える魔法使いではなく、昭和43年時点の、それぞれの都道府県の役人たちであった。容積率と線引きの素晴らしいところは、それらの実現のために税の支出を伴わないことにある。例えばどこかの地域に商業地域を指定したとしても、そこで商業施設をつくるのはそれぞれの土地の所有者であり、そのことが将来的に行政の財政的な負担になることはない。財政的な制約を全く受けることがないので、彼らはわずか数年間の作業で全ての都市に呪いをかけおわる。その呪いは、最初はぎこちなくかかっていたのだろうが、やがて都市において建物をつくるとき、開発をするときの大前提として効力を発揮し始める。最初に呪いをかけた役人たちはやがていなくなり、そこには呪いだけが残されたのである。昭和43年から20年が過ぎ、平成の時代に入っても、指定された容積率と線引きは呪いのように都市にかかり続けた。それがどのように作用したのかはこれから書くとして、まずは呪いが、このようなあきれるほどシンプルなルールで構成されており、それは「広さ」と「設計」によって解くことができるものであったということを理解しておきたい。このことを頭においたうえで、平成の都市計画史を見ていくことにしよう。

〈補注〉

1　なお、都市の発展に伴い、無条件に制度が増えるわけではなく、例えば住民の高齢化により住民の紐帯が希薄化し、町内会が解散する、といった「制度の減少」が起きることも想定される。

2　実際に達成された昭和55年の人口は7283万人であった。そして平成末期の市街化区域は1万4569㎢であり、そこには8905万人の人口が暮らしている。

3　線引きの面積や居住人口は都市計画年報による。昭和47年に返還された沖縄県はこの時点で線引きが指定されていないので含まれない。一方で都市計画区域および用途地域は指定されていたので含まれる。また都市計画年報の刊行日は3月31日であるため、例えば平成28年のデータは平成29年に刊行された都市計画年報データを用いている。

4 親世代の人数が多ければ子世代の人数も多くなる。昭和21（1946）年から昭和23（1948）年に産まれた我が国の第1次ベビーブームの子供世代が、昭和46（1971）年から昭和49（1974）年に産まれた第2次ベビーブームである。第2次ベビーブームの子供世代が第3次ベビーブームとなると考えられたが、1990年代後半から2000年代前半の出生数は増えず、ベビーブームは起きなかった。バブル経済崩壊に起因する景気の悪化により、若年世代が安定した職につけず、家族を形成することができなかったことが原因であると考えられる。

〈参考文献・資料〉

石田頼房（1987）『日本近代都市計画の百年（現代自治選書）』自治体研究社
――――（2004）『日本近現代都市計画の展開　1868-2003』自治体研究社
大澤昭彦（2014）『高さ制限とまちづくり』学芸出版社
越澤明（1991）『東京の都市計画』岩波新書
小林重敬（2008）『都市計画はどう変わるか――マーケットとコミュニティの葛藤を超えて』学芸出版社
田中角栄（1972）『日本列島改造論』日刊工業新聞社
ドゥルーズ・ジル（2010）『哲学の教科書――ドゥルーズ初期』河出書房新社
ハワード・エベネザー（2016）『明日の田園都市』鹿島出版会
藤森照信（1982）『明治の東京計画』岩波書店
ペリー・A・クラレンス（1975）『近隣住区論――新しいコミュニティ計画のために』鹿島出版会
松山恵（2014）『江戸・東京の都市史　近代移行期の都市・建築・社会』東京大学出版会
ル・コルビュジェ（1968）『輝く都市』鹿島出版会
渡辺俊一（1993）『「都市計画」の誕生――国際比較からみた日本近代都市計画』柏書房

第2章

バブルの終わり

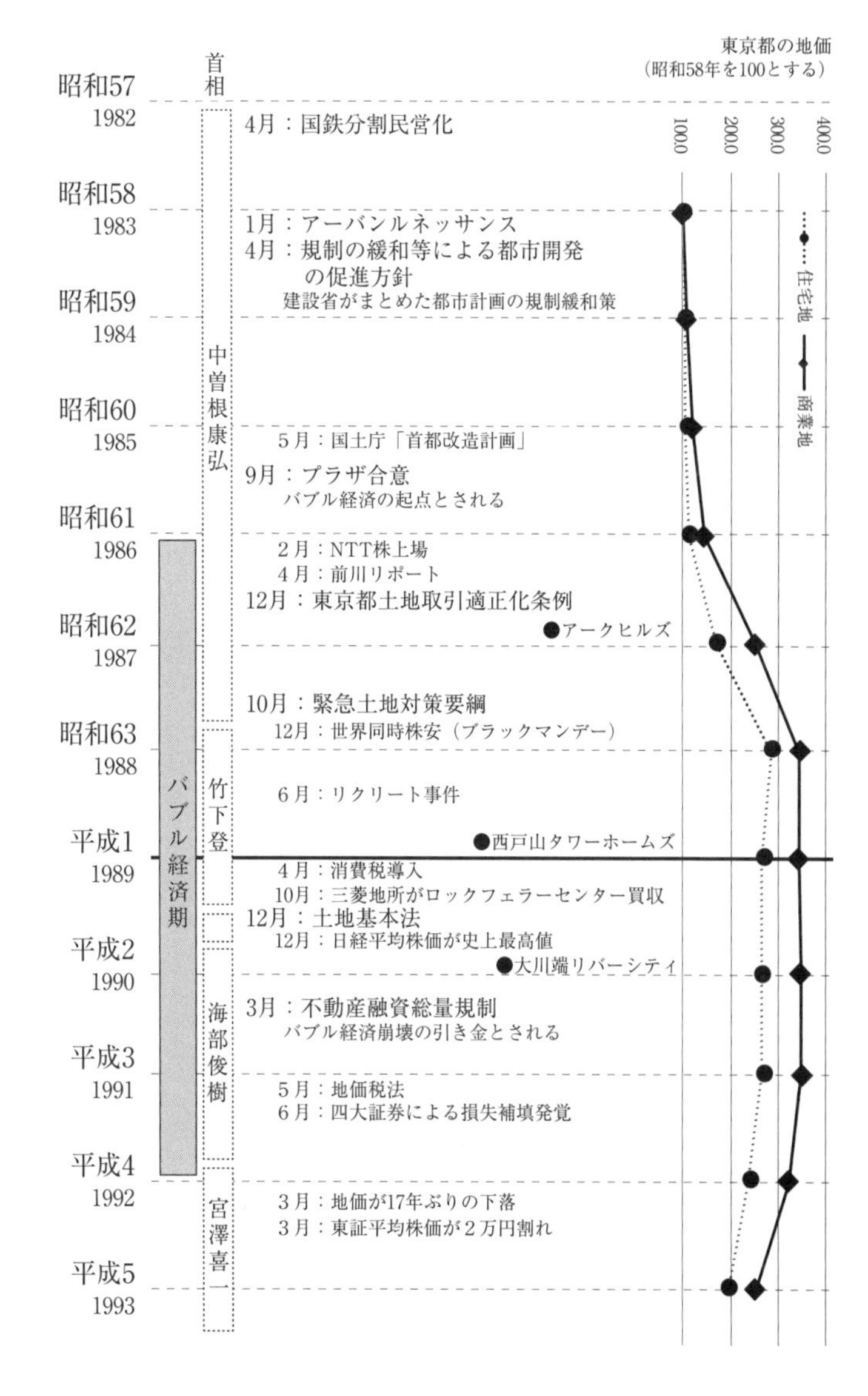

東京都の地価
（昭和58年を100とする）
首相
昭和57
1982
4月：国鉄分割民営化
100.0
200.0
300.0
400.0
昭和58
1983
1月：アーバンルネッサンス
4月：規制の緩和等による都市開発の促進方針
建設省がまとめた都市計画の規制緩和策
住宅地
商業地
昭和59
1984
中曽根康弘
昭和60
1985
5月：国土庁「首都改造計画」
9月：プラザ合意
バブル経済の起点とされる
昭和61
1986
2月：NTT株上場
4月：前川リポート
12月：東京都土地取引適正化条例
アークヒルズ
昭和62
1987
10月：緊急土地対策要綱
12月：世界同時株安（ブラックマンデー）
昭和63
1988
バブル経済期
竹下登
6月：リクルート事件
西戸山タワーホームズ
平成1
1989
4月：消費税導入
10月：三菱地所がロックフェラーセンター買収
12月：土地基本法
12月：日経平均株価が史上最高値
大川端リバーシティ
平成2
1990
海部俊樹
3月：不動産融資総量規制
バブル経済崩壊の引き金とされる
平成3
1991
5月：地価税法
6月：四大証券による損失補填発覚
平成4
1992
宮澤喜一
3月：地価が17年ぶりの下落
3月：東証平均株価が2万円割れ
平成5
1993

1　バブル経済期の終焉

昭和64（1989）年1月7日、長く床に伏していた昭和天皇が崩御し、新たに平成がスタートする。平成元年の都市はどのような都市であっただろうか。平成都市計画史をはじめるにあたって、まず語らなくてはいけないのは、バブル経済とその終わりである。

『大辞林』によるとバブル経済という言葉の意味は「資産価格が、投機によって実体経済から大幅にかけ離れて上昇する経済状況」とされる。世界のどこでも起こりうる経済現象であるが、こと我が国において「バブル経済」というと、昭和の終わりから平成の始まりにかけて起きた経済現象を指す。その時期について厳密な定義は様々であるが、おおよそ昭和61（1986）年から平成3（1991）年まで続いた好景気とされる。その好景気の中心にあったもの、つまり「投機によって実体経済から大幅にかけ離れたもの」は土地を中心とする不動産であり、その価格は異常に上昇した。日本の地価の総額は一時アメリカのそれの4倍になったといい、一説では、東京の山手線内の土地の値段でアメリカ全土を購入することができたそうだ。そして平成2（1990）年3月に大蔵省が金融機関に対して出した「不動産融資総量規制」という通達が不動産への投資を強制的にシャットダウンしたことをきっかけにして、突然にはじける石鹸の泡のように、バブル経済期は終焉する。

急激な変化は様々な悪影響をもたらし、以後我が国は「失われた10年」とも「失われた20年」とも言われる長い不況期に突入する。地価が最高値を記録したとき、つまり地価の下落が始まったときは平成３（１９９１）年であり、平成期はバブルの絶頂とその崩壊から始まったのである。

ちなみにこの現象は当初は「バブル」とは呼ばれておらず、それを「バブル経済」であると最初に指摘したのは昭和62（１９８７）年の野口悠紀雄の論文であった。そして「バブル経済期」という言葉が流行語大賞の銀賞を受賞するのは１９９０年のことである。つまり、バブル経済期という呼び名は後付けでつけられた名前であり、当時の人々はそれが「はじける」というイメージを持つすべもなく、昨日から今日、今日から明日へと継ぎ目なく上昇していく景気の波と理解していたはずである。

バブル経済期には、日本の経済の規模が途方もない大きさに膨れ上がったが、バブル経済期であったとされる期間はせいぜい6年間のことである。株価や地価は一晩で変化するが、都市の空間は一晩では変化しない。この間、このような経済の劇的な変化に比べて都市はどのように変わったのだろうか。平成期が始まった頃の都市で何がおきていたのか。

2 バブルの風景

バブル経済期の中心の一つが不動産開発であったため、その風景は具体的な都市開発や建築のプロジェクトとして語られることが多い。実際にどのような空間がつくられたのか見ていくことにしよう。

バブル経済期を振り返る時に、当時つくられた建築プロジェクトが語られることが多くある。特に当時を象徴する建築のプロジェクトとして、奇抜なもの、豪華なものが挙げられる。「バブル　建築」で検索すると、ホテル川久（１９９１年・和歌山県）、M２（１９９１年・東京都）、スーパードライホール（1989年・東京都）、ヤマトインターナショナル（1987年・東京都）、くまもとアートポリスの一連の建築（1988年〜・熊本県）といった建築にたどり着くことができる。こうしたものは、そのコストの高さ、デザインの斬新さや奇抜さ、当時の話題性、辿った末路とのギャップなどについて面白おかしく取り上げられることが多いが、しかしそれはつきつめれば一つひとつの個別的な物語である。都市はバブル建築だけで構成されているわけではなく、それ以外のたくさんの無名な建築とともに構成されている。こうしたものを眺めているだけではなかなか当時の都市の本質に迫ることができない。もう少しその他大勢の「地」を構成する開発に目を向けてみよう。

（1）大規模開発

まず、どちらかというと「図」寄りのものであるが、大規模な開発プロジェクトを見てみよう。バブル経済期を象徴する都市開発プロジェクトと聞いて何を思い浮かべるだろうか？　石川島播磨重工の跡地に開発された大川端リバーシティ（1989年〜）、森ビルが手がけた最初の超高層開発であるアークヒルズ（図2-1、1986年）、官舎の跡地に開発された西戸山タワーホームズ（1988年）、といったところであろうか。正確さを期すために間違えられやすいプロジェクトをあげておくと、日本の超高層建築のはしりとなった西新宿の超高層ビル群は昭和46（1971）年の京王プラザホテルの建設が始まりであるので、バブル経済期ではない。東京の臨海副都心（お台場）で本格的に開発が完成したのは平成8（1996）年頃のことであるので、これもバブル経済期ではない。臨海副都心は東京都知事である鈴木俊一が執心したプロジェクトであり、都議会や市民運動の反発を受け、最後は平成7（1995）年の青島都知事の登場によって一時休止されたものであるが、そこで問題となっていたのは多額の公共投資とそれを決めた手続きの問題であり、バブル経済とは直接の関係はない。

先に挙げた3つの事例は一見すると同じような大規模開発であるが、それぞれの成り立ちは異なる。「大規模工場跡地型」「土地集約型」「民活政策型」と名付けるとしよう。まず、大川端リバーシティは「大規模工場跡地型」である。昭和の末期には産業構造の変化や企業の多国籍化によって、それまで都市の中で操業していた大規模な工場が閉鎖されたり、海外に移転したりして都市の中に大規模な跡地が生まれることになった。大規模工場跡地型はこうした跡地にオフィス・商業・住宅を開発したものである。

図 2-1　アークヒルズの現在

アークヒルズは「土地集約型」である。大規模工場跡地型のように、都市にぽっかり空いた大きな土地に開発をしたわけではない。森ビルという東京の港区に根ざしていた一民間企業が、細かく分かれた土地の所有者と交渉を重ね、大きな土地にまとめあげ、そこにオフィス・商業・住宅を開発したのである。第1章で述べたとおり、都市には容積率の呪いがかかり、広さと設計によってその呪いを解くことができた。バブル経済期には規模の差こそあれ、小さな土地をまとめて大きな土地にし、広さと設計によって呪いを解こうとする動きが多発した。アークヒルズは、民間企業の努力によってその呪いを解いたという代表事例である。なお、中には暴力的な手段で小さな土地を買い漁る民間企業もあり、その行為が「地上げ」と呼ばれ、バブル経済期に社会問題となった。

大規模工場跡地型と土地集約型は、民間の不動産市場の内発的な動きであったが、「民活政策型」は、政府によって政策として仕掛けられた都市開発である。昭和57（1982）年から昭和62（1987）年まで続いた中曽根康弘政権は、「民活」と総称される一連の政策を展開した。公共部門の仕事を民間に委ね、民間の力を活かして質の高い、合理的なサービス提供を目指そう、ということが民活の大きな方針である。政権は都市開発における民間のアクターも育てようと「アーバンルネッサンス」と名付けた政策を提唱し、それを受けて行われたのが、昭和62（1987）年の国鉄の民営化によって出現した鉄道施設の巨大な跡地などの国有地の払い下げである。政府が開発のための土地を直接供給することによって市場を刺激したわけである。そして西戸山タワーホームズはまさしくその民活政策型の第一号であった。なお、民活政策の中では都市にかかる容積率の緩和も提案されているが、後述するようにそれはすぐには実現されなかった。

大規模工場跡地型、土地集約型、民活政策型のいずれであろうとも、プロジェクトは耳目を集めたし、それは都市開発への投機熱を加速するものだった。こういった大規模開発たちが「図」としてバブル期の都市を先導したのであろう。

（2）小さな再開発

次に、もう少し「地」の小さな動きに目を向けるとしよう。バブル経済の真っ最中、昭和が終わりつつあった昭和63（1988）年2月26日の読売新聞に「地価狂騰乗り越えて都市に再建の道は」という対談記事が掲載された。この年の読売新聞は住宅問題を年間テーマとし、正月から「東京住まい新事情」という連載記事を掲載した。この対談記事はその締めくくりとして掲載されたものである。

対談記事には東京都心A区のK一丁目の町会長のTさんが登場している（地名、人名とも記事では実名である）。Tさんの発言を引いてみよう。

「地上げ屋が入り始めたのは、二年前からです。H、K、Sの三つの通りに囲まれた場所で、二、三年後に地下鉄が二本乗り入れて来るため、地上げ屋にねらわれる事情はありました。まず、不在地主の所、次にその周りの商店が買われた。きょう数えてきたら、もう五十軒近くが買われてしまっています。町内ではこのままではいけないと、この三本の通りに面する者たちで、共同ビルを作ろうと話し合ってます。（中略）商店の人も、一般の人も、そこにいる人は皆入れることが大原則です。地元の銀行も協力してくれるそうです。いわばこのビルは、地上げ場所を囲んでしまおうという、対抗策です。」

このあたりは、大正14（1923）年の関東大震災でも被害が少なく、昭和20（1945）年の空襲でも被害にあわなかったところで、昔ながらの小さな住宅と商店がひしめき合っているまちであった。小さな建物が建っていたということは、土地建物の権利は細かく分かれていたということである。「地上げ」とは、こうした小さな土地建物の権利を一つひとつ買収し、大きな土地にまとめあげる行為のことである。そうすれば大きな開発が可能になるので、土地の値段が釣り上がる。

「呪い」を解くのが制度による「広さ」と「設計」であることを思い出そう。バブル経済期は地価が上昇していたので、大きな土地をつくりだすことが莫大な利益を生んだ。そこに群がったのが資金力のある地区外の事業者である。彼らは鞄の中に札束を詰め込み、地域の一軒一軒を訪ね、権利を買収していく。自分たちで開発を行う者もいれば、開発業者に依頼されて地上げだけを行う者もいた。開発のあても無く転売だけを目的とした者もいただろう。虫食い状に五十軒近い建物が買われていた、というTさんの証言は地上げが進んでいたことを示している。実際に平成元年の同地区の航空写真を見ると、かなりの建物が取り壊されており、虫食いどころではなく街並みが消失していることがわかる。こうした風景が都心のあちこちで見られたのである。

Tさんの発言をよく読むと、再開発そのものを批判しているわけではなく、開発の主導権を自分たちに取り戻そう、という意図がにじんでいることがわかる。自分たちの手でつくり出す制度で呪いを解こうとしたのである。そして現在のK一丁目を見ると、そこには地上28階建ての超高層の建物が完成している（図2-2）。建物の事業主体は「K地区共同ビル再開発協議会」で、土地所有者18名、借地権者2名の協議会であり、このことはTさんが述べたところの「共同ビル」が成就したことを意味している。この協議会の中心的な人物のコメントを見ておこう。イニシャルしかわからないので正確ではないが、発言内容からしてTさんと同一人物ではないかと思われる。

「今から16年ほど前、わたしは、長年にわたり住み暮らして居りました（A区K地区の）町会をお預かりして居りました。当時日本の国はバブルの盛んな時で、街の中もいわゆる地上げ屋が入り、町内が虫食い状態となり、商店、町内とも危機感に満ちあふれて居りました。そこで、当時Ａ区でも『Ｋ１・２・３丁目地区町づくり協議会』というものができ、町の再生を目指して活動が始まったわけです。ＮＨＫのテレビ放送のカメラが入り、その虫食い状態が全国放送された頃のことです。

町内挙げての町再生の気運が高まり、地権者各位が共同ビル建築のための勉強会を始めたわけですが、ちょうどその頃、日本経済のバブルが弾け、地上げ屋、建築会社の倒産が相次ぎ、われわれもしばらくの間その目標を失ったような時もありました。しかし、地権者各位の熱意と結束は堅く、その間いろいろと変遷は御座いましたが、東京都、Ａ区のご指導のもと、その組織を崩さず、細々ながらその目的に向かって歩み続けたのであります。幸いにして、Ｂ社という最高のパートナーにも恵まれ、確かに時間はかかりましたが、今日の成果を手に入れることが出来ましたことは、誠に喜ばしいことと存じております。」

図 2-2　K 地区の現在

このコメントを読む限り、Ｔさんの取り組みは紆余曲折はあったものの、ハッピーエンドをむかえたようだ。必ずしもハッピーエンドばかりではないが、バブル経済期にはこうしたことが沢山起きていた。Ｋ地区ほど大掛かりではないが隣地と数軒で共同してビルを建てることは多くあったし、それが途中で頓挫したことも多くあった。ここで特筆すべきことは、こうした再開発の波が、大規模な工場跡地を所有する法人や大規模な地主だけを巻き込んだのではなく、都市に住み着いてそこで暮らしと商売を長く営んでいた、ごくごく普通の庶民を巻き込んだということである。本書の言葉を使えば「地」を広く巻き込んでいったことにバブルの意味がある。それは地面に優しく鍬をいれるようなものではなく、場所によっては暴力的に行われたし、そこの生態系を壊してしまったことも沢山あったのである。

そしてもう一つ大事なことは、「法と制度」という本書の構図をあてはめてみると、バブル経済期に都市の中でぶつかって軋轢をおこしていたのは法と制度ではなく、住民の制度と市場の制度であった。二つがぶつかり合い、そして住民の制度が主導権を取り返すことができた、それがK地区の事例であった。

(3) 郊外住宅地

視点を郊外に移してみよう。都心部で縦方向に再開発が進行する一方で、郊外では延々と農地や山林をつぶした住宅地開発が行われ、都市は横方向に拡大し続けていた。先の節で見たようなすでに建物があるところでの再開発ではなく、新規の開発である。しかしこういった住宅地開発はバブル経済期に限ったことではなく、バブル経済期の前から都市は拡大し続けていた。バブル経済期の特徴としてあげられるのは、それぞれの開発がその商品価値を高めるために高質化したということ、そしてそれが高い値段で取引されたことである。

「住宅双六」という言葉は、昭和48(1973)年1月3日の朝日新聞に掲載されたグラフィックによって知られるようになった。グラフィックは建築学者の上田篤とデザイナーの久谷政樹によるものである。誕生から、寮・寄宿舎、木造アパート、公営住宅、分譲マンションといった様々な住宅の類型を経て、「あがり」が「庭付き郊外一戸建て住宅」であるという、人生における様々な住まいの選択とそのステップアップを双六に模して紹介したものである。双六とは本質的に単線的であるが、住宅双六は高度経済成長期が終わり、社会が一定程度豊かになった頃の日本人の住宅観、すなわち小さなアパートからスタートし、徐々に大きな住宅へと住み替えていく、賃貸ではなく自己所有を目指していく、という単線的な住宅観を象徴的にあらわしている。バブル経済期の住宅地開発も、基本的にはこの延長にあり、人々は「ゴール」としての「庭付き郊外一戸建て住宅」を目指していた。そしてバブル経済期がもたらしたものは、「庭付き郊外一戸建て住宅」や「分譲マンション」の、さらなる高質化、多様化であった。日本の住宅が「うさぎ小屋」に例えられたのは昭和54（1979）年のことであるが、昭和53年に106㎡であった分譲住宅（集合住宅、戸建て住宅を含む）の平均面積は、バブル経済期の平成5（1993）年に122㎡まで広くなる。[1] 面積の広がりとともに、間取りも多様化する。「庭付き郊外一戸建て住宅」がゴールであることには違いないが、その先のフロンティア、住宅双六の果てを開拓しようとしたのである。

郊外の住宅地開発の象徴的なプロジェクトとして話題になった、山梨県に立地する住宅地Cを見ておこう。斜面地ではなく小高い台地を削って作られた約80 haの住宅地であり、計画戸数は1400戸、計画人口は6000人である。小学校区の標準的な人口は1万人程度であるので、小ぶりな小学校区であると考えればよい。この住宅地を一躍有名にしたのは駅から台地の上をつなぐ全長200m

図 2-3　住宅地Cの現在

にもおよぶ斜行エレベーターである。この住宅地の最寄りの駅から新宿まで70分程度、東京への通勤圏としては最遠の部類には入らないが、駅の横には急峻な斜面があり、とても開発出来るような土地ではなかった。しかし、開発業者はそこに思い切ってエレベーターを建設し、片道4分間のエレベーターを経て駅前に到着できるという駅前住宅地を作り出した。また、交通の不便さの解消だけでは商品価値があがらないと考えられたのか、さらに付加価値をあげるためのコンセプトが練られ、「森に帰る」「森の人」といった豊かな自然環境を強みとしたコンセプトが打ち出され、２００㎡を超えるゆったりとした敷地割りで住宅地が売り出された。この住宅地は反響をよび、平成３（１９９１）年の販売開始時には５・５倍の倍率があったそうだ。

　この住宅地Cにも後日談がある。この住宅地はすべての宅地を販売し終わる前にバブル経済が崩壊してしまった。しかしこのことは、結果的に住宅地をゆっくりと販売することにつながった。短期間で形成された街は、所有者の年齢階層が偏ってしまい、小学校の不足、一斉の高齢化といった課題を持つことになる。住宅地Cの場合、住宅市場の変化を睨みながら、少しずつ開発の形態を変えながら数期にわたって販売を進め、徐々に住宅地が形成されていった。現地を訪れてみると、そこにはゆったりとした住宅地が広がっている。子供たちの姿も多く、結果的には年齢構成のバランスがとれた住宅地が形成されているようである。

バブル経済期には土地の値段が高騰したため、普通の人たちのあいだに「土地が買えなくなるのではないか」という危機感が蔓延した。今日は買えたものが、明日には値上がりをして買えなくなるかもしれない。そのため、土地だけを先行して購入する人も多くいたし、中には土地の場所を確認すらしないで購入する人もいたそうだ。住宅地Cは、見込みがやや甘かったとはいえ、きちんと公共施設をつくりながら分譲されていった、いわば優等生の開発である。区画割だけをして分譲された開発、公共施設をつくるという口約束だけで分譲され、結果的に何もつくられなかった開発も多くあり、平成期が終わった現在においても、空き地だらけの無残な姿を晒している住宅地は多くある。[2]

3　バブルの仕掛け

バブル経済期に地価が上昇した原因について、大谷・前田（1988）は、「仮需ゾーン」と「実需ゾーン」に分けて整理している（図2-4）。実需はバブル経済期の前から絶えずあった「東京一極集中」の流れであり、実際に土地建物の開発需要があったという意味で「実需」と呼ばれている。一方の仮需は金融緩和によって余ったお金が不動産への投機として集中する流れであり、土地や建物を使

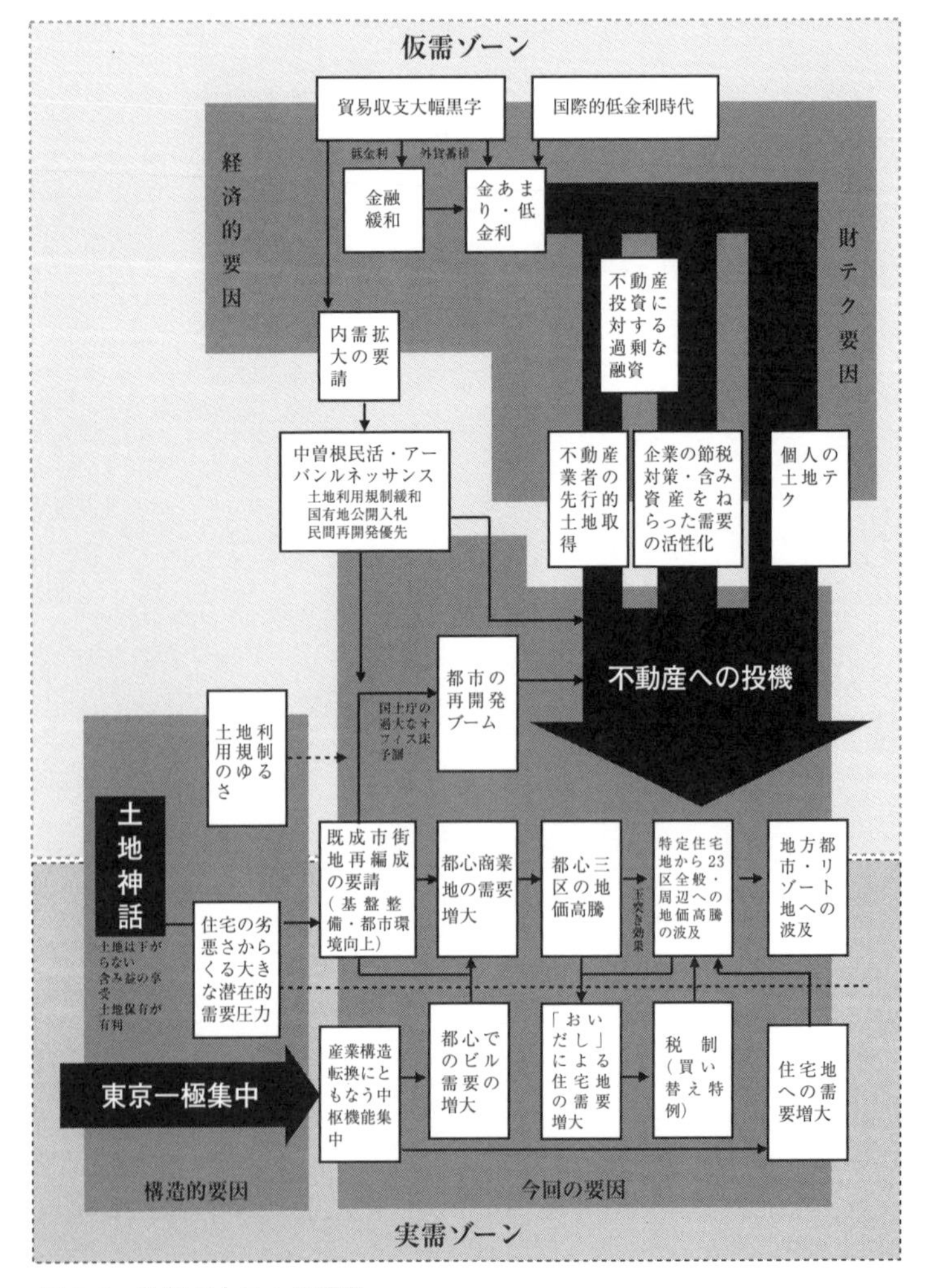

図 2-4　地価が上昇する要因

出典：大谷・前田（1988）を筆者が縦書きに変更

うニーズに基づいていないから「仮需」と呼ばれている。その背景には経済不況にあえいでいた米国から日本への内需拡大の要請、それを受けた中曽根内閣の民活政策への転換がある。この「仮需」のメカニズムについてはそれを解説した図書も多くあり本書では詳述しないが、「実需」について詳しく見てみよう。

戦前戦後の日本の都市には「豊かになろう」という強い意思、なかば宗教のような意思がはたらいていた。戦前は近代国家の成長という政府の意図がその意思を強く方向付け、戦後は焦土からの戦災復興がその意思を再び強く方向付けた。昭和39（1964）年の東京オリンピック、昭和45（1970）年の大阪万博もその方向を加速させるものであった。二つのキーワードをあげておこう。一つは、一つの家族が一つの住宅を所有することを是とする「持ち家信仰」であり、もう一つは、土地が必ず値上がりするという「土地神話」である。ベビーブーマーが成人になってから、住宅は戸数の上では充足していたが、庭が付いている戸建て住宅が次なるゴールとなり、たくさんの人たちがそれを欲しがった。それが「持ち家信仰」である。たくさんの人たちが欲しがるので土地が値上がりする。しかし少々高いお金を出して土地を購入したとしても、土地は必ず値上がりするので、いつかは元をとることができる。それが「土地神話」である。事実、日本の土地の値段は戦後の30年間、昭和50（1975）年に第一次オイルショックの影響を受けて一時的に下落するものの、常に上がり続けてきた。

この土地神話が信者だけの持ち家信仰に支えられているのであれば、問題はそれほど大きくならなかった。つまり大都市に増えた人の分だけ土地が必要になり、それが正しく地価に反映されているのであればそれほど問題はなかった。しかしこの土地神話に目をつけ、現在の安値で土地を購入し、値段の上がった時点で土地を売却して利益をあげることを目的とする動きが出てしまう。神話を信じるふりをしたニセ信者とでも呼ぶべきだろうか。これは錬金術のようなもので、最初にまとまったお金がありさえすれば、土地を購入し、売却し、得た利益で別の土地を購入し、売却し……というサイクルを繰り返すことで、利益を無限に上げていくことができる。最初は少しだけの人が、やがて多くの人たちがこのことに注目し、それを繰り返し続けたことがバブル経済の仕組みである。ある人が土地を購入し、次の人に高値で売り払う。次の人はその次の人に高値で売り払い、その次の人はその次の人の高値で売り払う。こうした単純な繰り返しで、土地の値段はあっというまに上がっていき、その速度が極度に速くなったのがバブル経済期であった。住宅双六は、ただのゲームになってしまったのであるし、神話は信者からお布施をまきあげるだけのタチの悪い新興宗教になってしまったのである。

もしこうした土地の取引が全て実体をともなった現金でなされていたのならば、現金の量には、正確には現金を持っているプレイヤーには限りがあるので、それほど活発には取引は起きなかったはずである。しかしこのころは金融機関がお金を貸してくれて、多くの人たちがプレイヤーになることができた。お金を貸す時には、担保が必要である。例えばある人が1000万円の金塊を持っていたとする。金融機関はその人に1000万円のお金を貸したとして、もしその人が返済できなくなったら、その金塊を手に入れれば損をすることがない。この「金塊」が担保である。そしてこのころの金融機関は、貸したお金で購入しようとしている「土地」を担保に、厳密には土地の値上がりに対する期待を担保にした。

野口（2008）は、バブル経済の原因は「戦時金融体制」にあるとする。戦時金融体制とは、企業の設備投資資金を、株式や社債ではなく、銀行融資で賄う仕組みである。企業は株式を発行しなくてもよくなるため市場に出回る株の量が少なかった。出回る株が少ないため、人々は自分の資産を株として保有することができなかったので、資産を実物資産である土地で保有するしかなかった。もしそれが土地ではなく金塊のような実物資産であれば、金塊の価格が乱高下したところで、金塊を持っていない人にはあまり影響はない。しかし、土地はそもそも暮らしていくため、仕事をしていくための必需品である。その必需品が資産として扱われる、つまり「利用するために保有するのではなく、保有それ自体が目的で保有する」ことになってしまったことに、日本のバブル経済期の問題があり、必需品が価値の乱高下に巻き込まれたので、多くの「普通の人々」が巻き込まれてしまったのである。

期待だけが担保になり、期待を担保に借りた資金で土地が購入され開発が行われる。そしてそれを購入した人は同様に期待だけを担保にする。この実態のない「期待」が積み重なっていった。そして平成2（1990）年の不動産の総量規制がきっかけとなり、それを誰も信じなくなったのである。

土地神話が崩れたのだから大変である。今度は雪崩をうったように売却が始まる。土地神話をまだ信じている者がいれば購入したのだろうが、信じ続ける人の数のほうが少なかった。誰も買わないまま、値段だけが下がってくる。そうなると困るのは金融機関である。担保をとろうにも、その担保の土地が値下がっている。そこには金融機関の約束が二重、三重にかかっている。ある5000万円の空き地には、かつてその土地の値上がりに期待した金融機関の5億円分の抵当がついている。最初に貸した金融機関は1億円、次の金融機関は2億円、最後の金融機関が2億円。5000万円を支払ったとしても戻ってくるのは最初の金融機関だけである。そうなると2番目の金融機関、3番目の金融機関は納得しない。5000万円を損失する1番目の金融機関、2億円を損失する2番目の金融機関と3番目の金融機関を誰も説得することができない。だから土地が全く動かなくなる。こうしたこんがらがった土地がたくさんできてしまった。いわゆる「塩漬け土地」である。

こうして、都市の中に目に見えない約束でがんじがらめになった不思議な空き地がたくさん残ることになる。そして土地が日本の経済の中に深く食い込んでいたため、土地が動かなくなるということは、経済が動かなくなるということを意味していた。かくしてバブル崩壊から10年とも、20年とも言われる経済停滞の時代が始まったのである。

4 作ったものと壊したもの

経済の発展とは何か。たくさんの人々がそれぞれ持っている資源が、それを必要としている人に行き渡り、それぞれの人が資源を使って豊かな暮らしや仕事を実現していける状態になることが経済の発展である。資源を行き渡らせる仕組みには、誰かと誰かの間で資源を交換する「交換」と、誰かが資源を集約してみなに配る「分配」しかなく、この二つの仕組みを発達させるのが政策である。土地や不動産に関してみると、例えば戦後すぐの「農地解放」は土地の分配だけをした政策であり、その後に起きた農地と宅地の交換の仕組みをつくったわけではなかった。そしてバブル経済期に目論まれたことは、市場を中心とした土地や不動産の交換の仕組みを発達させること、つまり交換を通じて、必要な人になるべく速く土地や不動産を行き渡らせる仕組みの発達であった。

何かをしようとするとき、交換や分配によって資源を集めないと実現することができない。資源とは「人、モノ、金、情報」であると言われるが、金すなわち貨幣は、人、モノ、情報の交換と加速を媒介する役割を果たすにすぎない。

例えば住宅を一つ建てるとする。たまたま山を持っていて、自分で山の木を切り出して製材し、それを自分で組み立てるだけであれば、そこに貨幣は必要ない。しかし木材だけでは住宅をつくることはできない。瓦や壁に塗る土を手に入れなくてはならず、瓦をつくる人や、土を持っている人からそれを入手することになる。木材と瓦、木材と土を物々交換することによって入手できればよいが、交換の相手がたまたま木材を欲しがっていないと交換は成立しない。その交換を成立させるために便宜的に作られたものが貨幣であり、木材を持っている人は、それを木材を必要とする誰かが持っている貨幣と交換し、その貨幣と瓦、土を交換することによって、瓦、土を手に入れることができるのである。

バブル経済期がもたらしたのは、貨幣が媒介する「人、モノ、情報」の交換の距離や範囲の拡大だった。バブル経済期には、知らない人が札束を持って知らない人の家に押しかけ、土地や不動産を売って欲しい、と交渉することになる。その行動は不愉快なことであるほうが多かったのかもしれないが、それが実需に基づいたものであり、ある人がその人なりにその都市を良くしようと思い別の誰かを巻き込んでいく、というふうに行動を抽象化してとらえると、都市が発達する時に必要な行為であると言えるし、それはまさしく都市計画そのものである。そして貨幣は、その時に「ある人」と「誰か」の交換を円滑化するために使われる。貨幣が多ければ多いほど、交換はうまくいくはずである。バブル経済期は、このように都市を発展させるための交換を活性化したのである。

しかし、3節で述べたとおり、実需ではない仮需の交換が膨大に膨れ上がってしまったため、多くの交換が同時に破綻し、都市を発展させるための交換が長い間うまく行われないという状況になった。

このことが2節（1）で整理したような大規模開発だけで起きたのであれば、傷を負ったのはそこに参画していた一部のプレイヤーだけだった。しかし2節（2）や（3）で示した通り、それは小さな敷地のあらゆるところまで、比較的目立つところだけではなく普通の庶民にもふりかかり、「図」だけでなく「地」まで罹患してしまった。都心に持っていた土地を担保にして建てた建物の借金を返せなくなった商店主、最も地価が高い時に住宅を購入してその後に地価が下落したために一夜にして借金を抱えることになった郊外住民、彼らは健全な都市のプレイヤーとして活動ができなくなってしまった。誰もが誰もを簡単には信用しなくなり、活性化した交換が一気に冷え込む、こうしたことが全国で起きた。

野口（2008）は「極言すれば、ほぼ15年という期間、日本経済は不良債権処理以外のことを何もできなかった。」と述べている。野口はその間に起きたＩＴ産業の勃興に日本経済がうまく乗れなかったことを問題としているが、都市計画についても同様であろう。失われた15年の間に、バブル経済の崩壊が「人、モノ、情報」の交換の関係を壊さなければ、できたはずの都市計画があったはずだ。バブル経済期の末期には、例えば住宅地Cのような大規模な敷地をもつ豊かな戸建て住宅の団地が作られたり、スタジオがついた集合住宅が開発されたり、「プラスワン住宅」とよばれる、住宅に小さな店舗スペースを併設した集合住宅が開発されたりした。バブル経済が崩壊しなければ、そこに十分な投資が集まって、こうしたものが一過性の実験に終わらず住宅の選択肢として定着したかもしれない。バブル経済の崩壊はこうした新しい動きをつぶしてしまったのである。

なお、バブル経済期が後世に残る建築ストックを作り出したという側面は、もう少し評価されてもよいだろう。バブル経済期は建築基準法の耐震基準が改正された昭和56（1981）年の後の現象である。昭和56年よりあとに建てられた建築は、地震によって壊れるリスクも低く、耐震強度の不足を理由として取り壊されることもない。奇抜な建築や豪華な建築がたくさんつくられたが、それらが笑われたり、呆れられたりされつつも、意外と都市の中に取り壊されずに残っていることがその証拠なのではないだろうか。

5　都市計画の役割

バブル経済期は様々なものが過剰に取引されたが、その経済の中心には土地や建物といった不動産が組み込まれていた。不動産の変化は都市の変化であるが、その変化に対して都市計画はどのように作用していたのだろうか。

ここで地に広く薄くかかっていた都市計画の呪い、つまり容積率と線引きを思い出してみよう。銀行がお金を貸す時に担保とした「期待」の多くを構成したのは、「余剰容積率」や「開発ができる土地」であった。例えば容積率の場合、200％の指定があるところに50％の利用しかしていない場合、150％が余剰である。その150％が開発への期待であり、昭和43（1968）年に「これくらいは成長するだろう」という期待のもとでかけられた容積率は、その期待を万人が見えるものとして可視化したものであった。この可視化された期待がバブルを引き起こした一つの原因であったとも言える。

そして中曽根内閣の民活政策の中で、この呪いそのものをもっと緩めよう、弱めようという動きがあった。容積率はそれまで20年近い運用があったとはいえ、人の手によってかけられた呪いにすぎない。例えばそれまで200%が指定されていた土地の容積率を400%にすると、単純計算で土地の価値は倍になり、土地の取引が活性化する。しかも、容積率の緩和は紙に書かれたルールを変更するだけで実現され、そこに公共の財政支出は必要ない。容積率の緩和は、財政支出をしないで都市開発を活性化する「打ち出の小槌」のようなものとして期待された。大嶽（1994）によると、中曽根首相は昭和58（1983）年に、建設省に容積率の緩和を指示した。当時の建設省内部には活発な開発を重視する「宅地供給派」と計画による制御を重視する「都市計画派」とでも呼ぶべき人たちがいたが、中曽根の登場によって前者が力を得て、規制緩和策が作られることになった。同年には「第一種住居地域の変更」「市街化調整区域における宅地開発の規制緩和」などの規制緩和策がまとめられた。

しかしこうした規制緩和策に対して、建設省内部の都市計画派だけでなく、都市計画を実際に変更する立場の地方自治体が抵抗し、それはすぐには実現されなかったという。その後、2節（1）で述べたような国が所有していた大規模土地の放出や、市街地再開発の促進、道路建設などの大規模公共事業への民間活力の導入は進んだものの、容積率や線引きなどの規制緩和はほとんど進まなかった。そうこうしているうちに、昭和61（1986）年には地価の高騰が社会問題となって民活政策そのものが見直されることになり、宅地供給派は力を失ってしまい、結果的に、容積率や線引きなどの都市計画はほとんど変化することはなかった。

つまり、バブル経済期の乱開発は、地の全体のタガがはずれたようになったから起きたわけではなく、基本的にはそれまでの容積率、それまでの線引きの枠内で起きたことであり、呪いはしっかりかかっていたのである。土地をまとめようとする地上げは、土地の広さに比例して大きな建物が建てられるという容積率の仕組みにそって動かされただけの現象であり、バブル経済期の人々は、基本的には都市計画の枠内で動き回っていたにすぎない。言い換えれば、昭和43年に計画された都市計画が、想定外の速さと大雑把さで実現されたのがバブル経済期であり、都市計画の専門家は、あれよあれよという間に都市計画が実現していくのを見ていることしかできなかったのである。

この想定外の速さに乗って、都市を改善しよう、都市を整えようという取り組みがなされなかったわけではない。民間の開発業者に新しい都市開発を許可するかわりに、その都市に必要なものを一緒につくってもらう、という方法がある。例えば広場が不足している都市において、開発業者に新しい開発を許可するかわりにそこに広場をつくってもらう、住宅が不足している都市において、開発業者が開発したオフィスビルの一部に住宅をつくってもらう、といった方法である。開発に関連づけて別の政策課題を解決してしまう「リンケージ」、開発に対して公共的な貢献を求める「公共貢献」など、呼び方は様々であるが、公共の財政支出なしに都市空間を整備できる方法であり、バブル経済期にはいくつかの方法が試行された。バブル経済期があっという間に終焉し、その効果は限定的であったが、この方法はポストバブルの時代に育っていくことになる。

容積率や線引きなどの都市計画はつまるところ、よくも悪くも地価高騰に機敏に対応することが出来なかったのであるが、都市計画以外の施策において地価高騰への対応はどのように進んでいったのだろうか。

6　終わらせたもの

地価高騰への対策として、東京都は昭和61（1986）年に「東京都土地取引適正化条例」を制定し、翌年には国土利用計画法の「地価監視区域」という仕組みも改正された。そして同年には政府が「緊急土地対策要綱」を定め、平成元（1989）年には土地は公共性、社会性をもった特殊な財であるとの基本認識を示した土地基本法が制定され、土地利用における公共の福祉の優先、土地の計画的な利用、土地の開発利益の還元といったことが基本原則として示された。これらはいずれも地価高騰を問題視し、暴走する土地の取引に介入しようという手立てを整えたものである。

これらの手立ては地価高騰にどのようにはたらいたのだろうか。国土計画法にも、土地基本法にも、第1章4節で述べた「設計」と「規制」の二つの手法が組み込まれている。二つの法に基づく「計画」が作られ、開発が起きるべき区域と抑制すべき区域を計画した上で、計画にそって「規制」が行われることが理想であった。しかし、事態は「計画」をのんびりと作っていて抑えられるようなものでなく、「規制」を緊急的にかけていく、という手立てをとらざるをえず、さらにはその「規制」もほとんど意味がなかった。当時の京都府で地価監視区域を指定していた生田（2010）は、「幾ら指定してもモグラたたきゲームをやっているようなもの」とその実効性のなさを振り返っている。そして、繰り返しになるが、バブル経済期を終わらせたのはこれらの施策ではなく、平成2（1990）年の不動産融資の総量規制であった。効果を発揮したのは土地政策ではなく、土地政策からや遅れて発動された金融政策であった。生田（2010）は金融当局の認識が遅れたため、ハードランディングの政策がとられ、それがのちの「失われた10年」につながっている、もう2年早く金融の緩和は終息すべきだったとの考えを示している。

7　残されたもの

最後に、図1－5（35ページ）の4つの象限を再び使いながら、バブル経済期の意味を概観し、そこに残されたものについて整理しておこう。法と制度、規制と設計がキーワードである。

バブル経済期を出現させた民活政策は、4節でも整理をしたように、土地や不動産を使いたい人のところに「分配」か「交換」によってできるだけ速く行き渡る仕組みを、市場の制度によって作り出そうとした。法によって制度を作り出すことはできないので、「政府が所有していた資源の分配」と「法の緩和」によって、市場の制度の発達を促進しようとしたのが民活政策である。

前者の分配政策、つまり公有地の払い下げや公共事業の民営化、市街地再開発事業への補助金の拡充といった手立ては市場に十分な刺激を与えて市場の制度を発達させた。このときの分配が、例えば戦後の農地解放のように、どちらかというと貧しい人たちへの広範囲な分配ではなく、限定された、どちらかというと富める人たちへの分配であったことは論点として重要であろう。また、市場の制度ばかりを発達させるように政策が組み立てられ、もう一方の住民の制度への政策が未成熟であったことも重要である。

後者の法の緩和政策のうち、容積率や線引きは大きく緩和されることはなかったが、もともとの法が緩かったために、そのもとで市場の制度が十分に育ち、活発な都市開発が行われた。

そして結果的には、市場の制度の一部が暴走し地価高騰という失敗が起きてしまった。行きすぎた投機的な交換を、市場の制度が内発的に、規制によっても、設計によっても抑えることが出来なかったのである。その明らかな失敗に対して、法が再び力を発揮しようとしたのが地価監視区域や土地基本法である。これらの法は設計と規制の両方の手立てを内包するものであったが、設計はすでに不可能になっており、規制もほぼ力を発揮できなかった。しかし、最後に金融行政が伝家の宝刀のように抜いた不動産融資の総量規制によって地価の暴落が始まり、制度は失速し、どんどん力を失っていった。

残されたものはなんだろうか。法に残された力を見ると、規制緩和に抵抗した容積率と線引きの呪いは残っていた。もし、バブル経済期に容積率が緩和されきったとすれば、その後の平成の都市計画は大きく異なったものになっていたのだろうが、結果的にそれはまだ魔力を失わない呪いとして法の手元にのこっていた。この呪いの力を手掛かりにして、そこから再び規制と設計を発生させることができたし、その二つをうまく使えば、元気のなくなった制度を力づけ、よりよい方向に育てることもできそうだった。

市場が育てた制度はどうだったのだろうか。全体としては力を失ってしまったが、個別的には力が残っていた。それは、誰かが失敗をしても、別の誰かは失敗していない、という市場という制度が本質的に持つ強さなのだろう。中には着実に開発を成功させ、バブルの波をうまく捌ききった民間企業もあった。また、住民はバブル経済期において、ほとんど制度を発達させることがなかった。

「わずかな法と多くの制度」で構成される社会を目指す、という大きな方向は、少し後戻りしたが、修正されることはなかった。法の力をより詳細化した上で、育った制度を絶やさぬよう、傷を負った制度を修復し、次なる制度を育てようとした。バブル経済期が終わった平成3(1991)年からの都市計画は、そのことを大きなテーマとして取り組んだのである。では、次なる制度はどのように育てられようとしたのか、次章に移って見ていくことにしたい。

〈補注〉

1 国土交通省が公開している平成30年度住宅経済関係データ(https://www.mlit.go.jp/statistics/details/t-jutaku-2_tk_000002.html)より。なお、バブル経済期後から平成期の間に分譲住宅の平均面積はほとんど広がることがなかった。

2 吉田(2010)は「宅地が造成されたあと、住宅がほとんどあるいは全く建設されずに空地や林地のまま放置された住宅」を「放棄住宅地」と、「いつまで経っても空き地が多いままの住宅地」を「未成市街地」と呼びその実態を報告している。

〈参考文献・資料〉

五十嵐敬喜・小川明雄(1993)『都市計画——利権の構図を超えて』岩波新書
岩田規久男(2005)『日本経済を学ぶ』筑摩書房

大嶽秀夫（1994）『自由主義的改革の時代　１９８０年代前期の日本政治』中央公論社
大谷幸夫・前田昭彦ほか（1988）『都市にとって土地とは何か』筑摩書房
軽部謙介（2015）『検証　バブル失敗』岩波書店
都築響一（2006）『バブルの肖像』アスペクト
日本経済新聞社（2000）『検証バブル　犯意なき過ち』日本経済新聞社
野口悠紀雄（2008）『戦後日本経済史』新潮社
橋爪紳也・稲村不二雄（1999）『ニッポンバブル建築遺産１００』ＮＴＴ出版
吉田友彦（2010）『郊外の衰退と再生――シュリンキング・シティを展望する』晃洋書房
米山秀隆（1997）『日本の地価変動　構造変化と土地政策』東洋経済新報社
佐々木宏（2019）「規制緩和・民間活力の活用と建築基準法（1980年代の経済・社会）」『日本近代建築法制の１００年』pp.394-402、日本建築センター
東野裕人（2020）「プラザ合意と土地バブル」『公共論の再構築 時間／空間／主体』藤原書店
藤原良一・原隆之・生田長人（2010）「座談会　これまでの土地政策と今後の展望」『土地総合研究』第18巻3号、土地総合研究
読売新聞「地価狂騰乗り越えて都市に再建の道は」読売新聞、１９８８年2月26日
住宅金融公庫「アトラスタワー小石川」ウェブサイト（http://www.jyukou.go.jp/tokyo/machimachi）で公開された資料（現在は公開されていない）、２００４年
積水ハウス「コモアしおつ」https://www.sekisuihouse.co.jp/bunjou/shiotsu/、２０２０年4月最終閲覧

第3章

民主化の4つの仕掛け

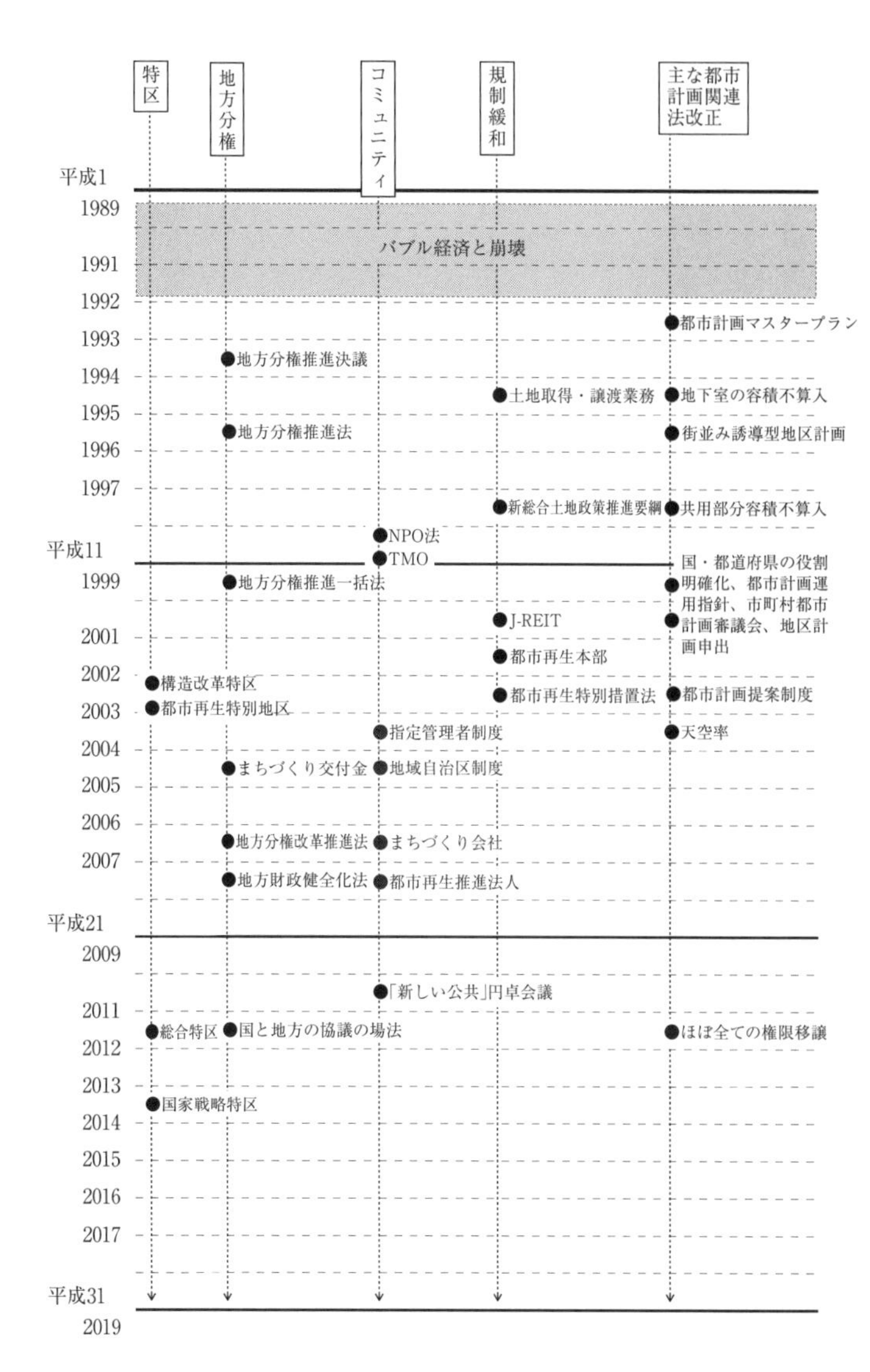

1　4つの仕掛け

ポストバブルの平成期において、市場の制度と住民の制度はどのような仕掛けによって育てられようとしたのだろうか、つまり、どのように都市計画の民主化が進められようとしたのだろうか。本章から4つの章で都市計画のOSの変化を見ていくが、まず全体の見通しを共有しておくため、4つの仕掛けを概観することにしたい。一つ目はバブル経済期における民活政策の中で行われようとした規制緩和の再チャレンジ、二つ目は地方分権、三つ目は特区、四つ目はコミュニティである。まずそれぞれの違いを商店街の開発を例にとって簡単にみておこう。

例えば、バブル崩壊によって歯が抜けたようになってしまった商店街の一等地に、開発の利益が見込めないために放置されている空き地があったとする。商店街の人たちは、客足を復活させるために新しい目玉が欲しいため、その空き地に何らかの開発が欲しいと考えている。バブル崩壊で政府の財政も厳しく、政府がそこに何らかの公共施設を建てるほどの余裕はない。

この時、この土地にかかっている容積率を緩和すると、そこには大きな建物を建てることができるようになり、開発が成立する可能性が高まる。商店街の空き地には建物が建ち、行政は1円の予算を投じることもなく、商店街の賑わいを取り戻すことができる。そして収益を得た開発業者は、それを元手に再び商店街の別の土地に投資をすることができる。この解決方法が「規制緩和」である。

容積率の規制は県が担っていた。商店街の人たちが県に規制緩和の要望をしたところで、県にとってみれば県内にたくさんある商店街の一つであり、その規制緩和が妥当なのかどうかを判断することはすぐにはできない。判断材料を集めているうちに商店街が危機的な状況になってしまうこともある。その時に、より商店街との距離が近い市町村が、きめ細かく、迅速に判断できるようになっているとよい。そのために都市計画の決定の権限を住民に近いところに下ろしていくこと、この解決方法が「地方分権」である。

一つの商店街の規制を緩和すると、他の商店街の規制も緩和しないと不公平である。しかし、他の商店街は、規制緩和による乱開発を望まないかもしれない。また、規制を緩和したところで、本当にそこに開発業者が建物を建てるのか、それが商店街を活性化するのかの確証はない。その時に、実験的にこの商店街だけで規制を緩和し、先行的にその効果を試してみること、この解決方法が「特区」である。

しかし、規制を緩和したとしても、期待通りに開発業者が地域に現れるかどうかはわからないし、その開発業者が儲けることだけを重視してしまい商店街と協調した開発を行うかどうかもわからない。その時に、商店街の人たち自らが資金を出し合い、協力して開発を行うという選択肢もある。この解決方法が「コミュニティ」である。

商店街の開発は一例であるが、平成期の間、これら四つの方法があれこれと組み合わされて試されることになる。一つひとつを順に見ていこう。

2　規制緩和

第2章ですでに述べた通り、ポストバブル期においては都市計画の規制が緩和されることはほとんどなかった。そしてやや皮肉なことに、都市計画の規制緩和は、ポストバブル期に、冷え込んだ市場と住民の制度を復活させ、再び成長させるための切り札として次々と使われていくことになる。

バブル経済期に都市計画の規制緩和に求められていたのは、民間の成長の加速であり、育ち盛りの市場の制度に対して、その成長を阻害している規制を緩和するというねらいがあった。しかし育ち盛りと思われていた市場の制度は実は脆弱なものであり、バブル経済の崩壊とともに壊れてしまった。平成期の規制緩和に求められたのは、崩壊後に壊れてしまった制度が再び立ち上がるための機会を増やし、そしてそこから壊れにくい制度を再び組み上げていくことだった。

前節で商店街の例に出したとおり、規制緩和を行うと市場の制度がはたらき、成長する。商店街の土地の開発に成功した開発業者は、そこでの儲けを元手にして、商店街の別の土地に開発をしかけるかもしれない。そして商店街の他の店舗も、開発によって増えた客足を自分の店舗にも取り込み、商売を回転させることができるようになる。このように、一つひとつの積み上げで都市計画を行う市場の制度が再生されていく。こうしたことが規制緩和のねらいであり、規制緩和は政府にとって、公共投資をすることなく市場の制度を復活させることができる魔法の杖のような政策であった。

その規制は都市の成長期に未熟な市場と未熟な住民が低い質の都市空間をつくってしまわないよう

に設定されたものであり、タテ方向の成長とヨコ方向の成長への歯止めをかけるものであった。タテ方向の規制の代表は容積率であり、ヨコ方向の規制の代表は線引きである。そして、幸か不幸か、バブル経済期を通じて都市計画の規制緩和という切り札は温存されていた。市場と住民の制度を復活させるために、タテ方向にもヨコ方向にも、あの手この手で規制が緩和されていくことになる。

3　地方分権

地方分権とは「政策決定権限と自由な財源を住民に近い地方自治体に移すこと」と定義される（『知恵蔵』）。政府は国と都道府県と市町村の3階建てになっており、地方分権とは権限と財源を3階建の最上階から下の二つの階、都道府県と市町村に移していくということである。国がつくる法は大雑把であり、全国どこでも同じ法を画一的に押し付けている。地方分権が目指したのは、より住民に近いところで法をつくり、丁寧な、きめの細かい法とする環境を整えることであった。

昭和22（1947）年に地方自治法が制定されて以来、地方分権は長く検討されてきたことであったが、バブル経済期後の平成期はついにそれが段階的に実現されていった時代であった。政府がかかえる膨大な仕事の一つひとつを順番に検討し、慎重に適切に段階的に分権が進められた。都市計画の地方分権もその中で進められていった。他の分野に比べて都市計画の地方分権は先行しており、昭和43（1968）年の都市計画法において、その権限はほぼ全て都道府県に移されていたため、平成期には都道府県から市町村への権限の移動と、財源の分権が行われていった。

4　緩和と分権の手綱さばき

二つの仕掛けの関係をみておこう。規制緩和と地方分権は、どちらも国が法を手放していく、という点では共通しており、前者は法を廃止すること、後者は法を市町村に手渡すことである。法は急増する人口と膨れ上がる都市をさばき、都市の空間を急いでつくるために大雑把に定められたものである。その大雑把さには限界があるため、都市に集まった人々が作り出す市場と住民の制度に都市計画を委ねようと法を廃止していくのが規制緩和であり、市場と住民の制度との距離が近い市町村に法を委ねようとするのが地方分権である。

それぞれをどのように進めていくか、手綱をさばくのは難しい。図3-1に規制緩和と地方分権の手綱のさばき方を整理する。左上の状態をバブル経済期が終わったころの状態とし、右下の状態を規制緩和と地方分権のそれぞれが到達するゴールの状態としよう。左上から右下に至るまでの筋道が問われるわけだが、①のように規制緩和だけを進めてしまうと、「多い制度と少ない法」の状態となり、都市計画を市場の制度と住民の制度に全面的に委ねることになる。しかし、バブル経済期の失敗の直後に市場と住民が作り出す制度が都市計画を担えるほどに成熟していないことは明らかであり、いたずらに規制緩和だけを進めていくと都市計画が崩壊するおそれがある。では、②のように地方分権だけを進め、それぞれの市町村が都市計画の権力の全てを担う状態、「多い法と少ない制度」の状態を目指すという筋道もある。しかし、法を担えるほどに市町村の政府が成熟しているかというと、やはりそれも不安であるし、いたずらに法が増えて規制緩和が行われず、バブル経済期の失敗で疲弊した市場の制度の復活を妨げるおそれがある。

つまり、法を手放し、制度を育てるためには、③のように一方の手で規制緩和の蛇口を、もう一方の手で地方分権の蛇口をひねり、規制緩和と地方分権を慎重に混ぜ合わせなくてはいけなかった。規制緩和によって制度の担い手である住民と市場を育てつつ、地方分権によって法の担い手である市町村も育てる。しかし、制度の担い手である市場と住民の状況も、法の担い手である市町村の状況も、都市計画が解決すべき課題も、地域によってばらばらであり、一律に蛇口をひねるだけでは難しい。慎重に混ぜ合わせるにはどうすればよいか、その時に使われるのが「特区」と「コミュニティ」である。

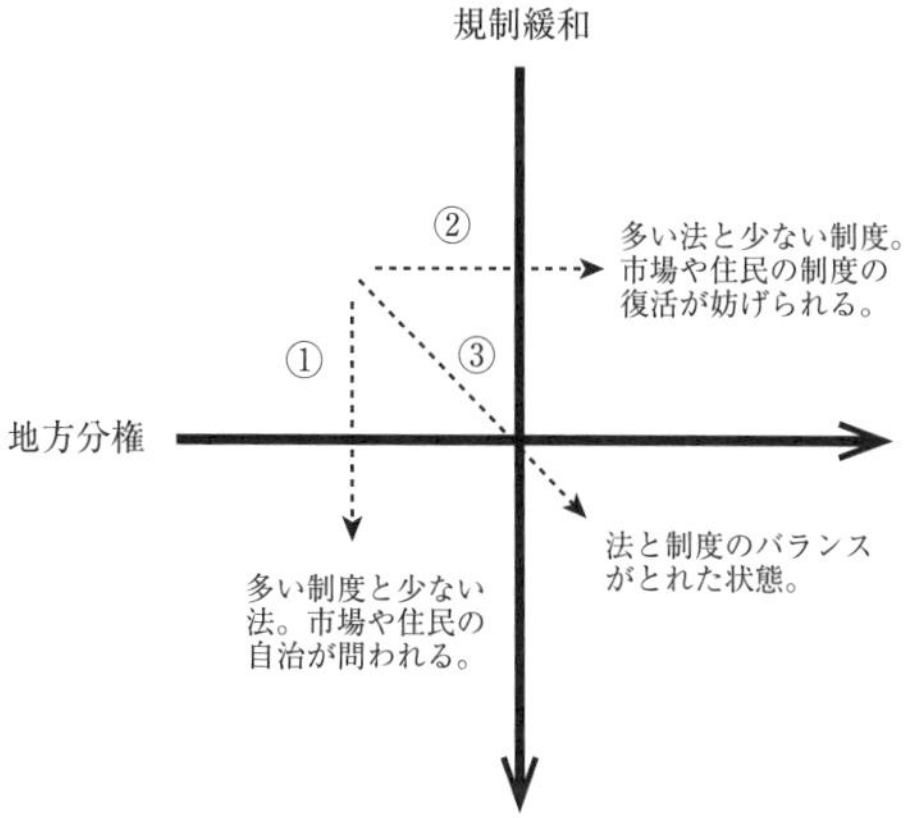

図 3-1　規制緩和と地方分権のバランス

この二つの言葉は、論者によって様々な意味で使われているが、本書では前者を市場の制度を根拠にするもの、後者を住民の制度を根拠にするものとして使っていく。規制緩和も地方分権も法を操作するものであるが、そこに制度がうまく育たないと失敗してしまう。特区とコミュニティは、先行して蛇口を全開にしてしまうのではなく、市場や住民の制度が先行しているところにあわせて、ゆっくりと規制緩和や地方分権の蛇口をひねっていく、という方法であった。

5　特区

特区は平成期に使われるようになった言葉である。新聞記事を検索してみると、昭和期には294記事にしか登場しなかった「特区」は、平成期の最初の10年間には3225記事に、平成10年代には2万8022記事に、そして平成20年代には3万9090記事に登場するようになる。最初に新聞記事に登場したのは、中国政府が改革開放政策の一つとして昭和55（1980）年に始めた深圳の「経済特区」という政策についての記事である（朝日新聞、1984年8月14日）。この政策により鄙びた一集落に過ぎなかった深圳が、その後の30年足らずで1500万人余の人口を抱える巨大都市へと成長する。経済特区は、共産主義の考え方のもと、全ての広い国土を同じ法で統治していた中国政府が、実験的に法を緩和する特別な都市を指定し、そこに集中的に経済成長の力を呼び込んだものであり、それはまさしく法を手放し、制度を育てるための取り組みであった。

中国からヒントを得たのかは定かではないが、平成期の日本では特区の手法が一般化していく。「構造改革特区」「総合特区」「国家戦略特区」といった政策が創設され、都市計画の分野では都市開発の規制緩和に特化した「都市再生特別地区」が創設された。一連の特区に込められていた意図を、平成14（2002）年に始まった構造改革特区の紹介文に見てみよう。

「実情に合わなくなった国の規制が、民間企業の経済活動や地方公共団体の事業を妨げていることがあります。構造改革特区制度は、こうした実情に合わなくなった国の規制について、地域を限定して改革することにより、構造改革を進め、地域を活性化させることを目的として平成14年度に創設されました。地域の自然的、経済的、社会的諸条件等を活かした地域の活性化を実現するために、地域の取組の妨げとなる規制を取り除くツールとして、構造改革特区制度を活用ください。」(内閣府のウェブサイトにある構造改革特区の紹介)

この文章では特区の目的として「地域の活性化」という言葉があげられている。やはり平成期によく使われるようになった「地域の活性化」は曖昧な言葉であるが、不活性な現状を活発にすること、しかし全てを均等に活発にするのではなく、地域という限定された範囲でそれを起こすことと解釈できる。新しい地域をつくるのではなく現状改善型であり、平等性を重視しないことに注意してほしい。そしてこの解釈がまだぼんやりとしているのは、「地域」という言葉に、客体としての地域だけでなく主体としての地域という意味がこめられているからである。「地域を限定して」とするときそれは客体を指すが、「地域の取組」とするときは主体を指す。つまり地域の活性化とは、厳密には「既にある主体としての地域が、客体としての地域を限定的に活発にすること」と書き換えることができる。

特区はこの「地域の活性化」のために導入された仕掛け、つまり限定された既存の地域と、そこにいる誰かの存在を前提とした仕掛けである。何もないところに新しい都市を作り出そうとした中国の経済特区と異なり、日本の特区は「地域の誰か」による地域の再生を目的とし、地域を限定して規制を緩和していくという仕組みであった。

市場が作り出す制度を前提とした特区に対し、コミュニティは住民が作り出す制度を前提とするものである。

6 コミュニティ

コミュニティは都市計画の成熟期が始まったころに、法と住民の制度の接点をつくる概念として定義された。住民の制度は、町内会や自治会といった自治組織、商店街組合やNPOといった特定の目的を持った組織といった実体を持つことがあるが、これらと法の関係をつくるときに、コミュニティという概念が使われる。これらの組織が自分たちのまちの規制をつくったり、公共空間をつくったり、管理したりすることは「まちづくり」とよばれるが、それは住民の制度による都市計画として、平成期を通じて都市計画の一部を確実に担うものとして成長していった。歴史的町並みの保全を目指すもの、防災性能の向上を目指すもの、緑豊かな環境形成を目指すもの、賑わいを作り出そうとするものとそれぞれの個別性は強く、特定の場所で取り組まれるものであった。

特区とコミュニティは場所と時間を限った、規制緩和と地方分権の実験である。ある場所に都市計画の理不尽な規制がかかっており、市場と住民の成長を妨げている。その時に実験的に規制を緩和し、実験的に法と制度の力関係を変え、市場と住民と市町村が手を組んで成長できるようにすること、それが特区とコミュニティという方法である。場所と時間が限定されているので、たとえその実験が失敗したとしても、都市全体に対する悪い影響は最小限に防ぐことができる。そしてもし実験が成功し、そこに市場や住民による素晴らしい成果が得られるとわかったら、その成果を日本全体の規制緩和と地方分権に反映し、全ての都市に対する規制緩和と地方分権を行えばよい。このように特区とコミュニティは規制緩和と地方分権を混ぜ合わせる時の方法であった。

平成期に入り、規制緩和と地方分権は大きな流れを作り始めていた。そしてその流れをもっと速くしようと待ちきれない人たちによって、特区とコミュニティは魔法の杖のように使われるようになったのである。

7 民主化に向けて

平成期において、4つの仕掛けによって都市計画がどのように変えられようとしたのか、再び図1-2（29ページ）と図1-5（35ページ）を引っ張り出して、あらためて位置付けなおしておこう。

規制緩和も地方分権も、法が少なく制度が多い「民主主義」の状態をつくろうということ、つまり民主化を意図したものであった。もし、昭和期の後半に市場や住民の制度が十分に育っていたのならば、平成期には、待ってましたとばかりに多様な制度に支えられた様々な都市計画が育ったはずである。しかしバブル経済期のあとで市場の制度がうまく育っていなかったため、そこには制度が育たなかったり、悪い制度が育ってしまう可能性があった。そこで慎重な民主化のために使われたのが特区やコミュニティであり、それは「地」から「図」を切り取り、市場や住民が意思をもった「設計」を行うことによって「規制」を外し、市場や住民の制度を育てようとする仕掛けであった。こうした4

つの仕掛けによって都市計画を民主化すること、これが平成期に行われたことである。
　この民主化は、革命のように短期間で成し遂げられたものではなく、実に長い時間をかけて、段階的に、慎重に成し遂げられた。それは現場のプレイヤーからすれば、改革中であることを忘れてしまうほどの、ゆるやかな、地殻変動のような動きだったかもしれない。それはバブルの終わりを除く平成期のほぼ全てを費やした改革だったのである。

〈参考文献・資料〉

饗庭伸（2006）「都市をたたむ時代のアーバンデザイン原理」『地域開発』５０１号
饗庭伸他６名（2005）「特集　まちづくり〈構造改革特区〉の研究①」『季刊まちづくり』９号、学芸出版社
内海麻利他６名（2006）「特集　まちづくり〈構造改革特区〉の研究②」『季刊まちづくり』10号、学芸出版社
内閣府地方創生推進事務局「構造改革特区」https://www.kantei.go.jp/jp/singi/tiiki/kouzou2/index.html、２０２０年４月最終閲覧

第4章

都市計画の地方分権

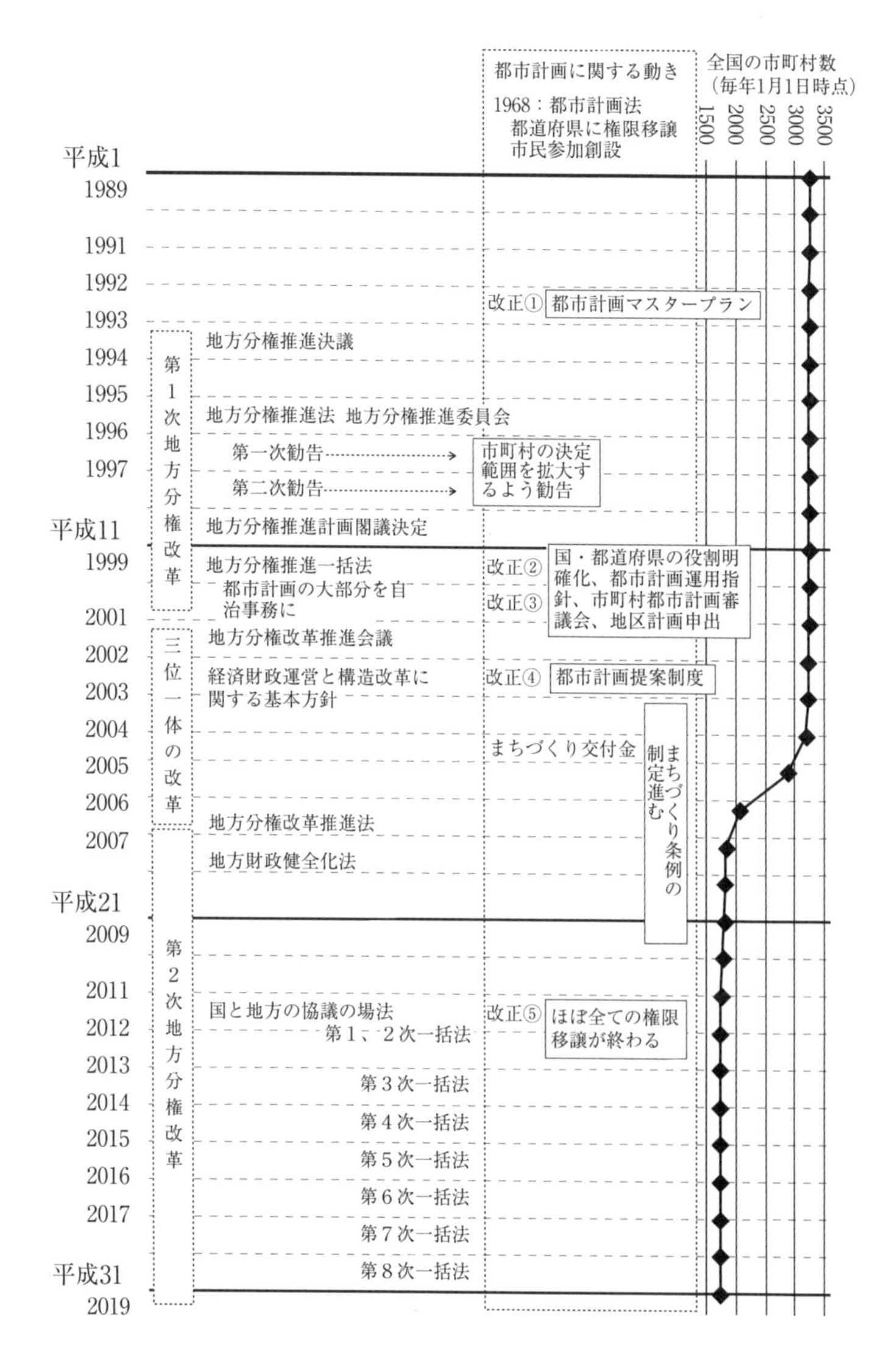

1　地方分権の流れ

平成期の地方分権は大きく3つの時期に分けることができる。平成5（1993）年から平成12（2000）年ごろまでの「第1次地方分権改革」、平成13（2001）年から平成18（2006）年ごろまでの「三位一体の改革」、平成18年（2006）年からの「第2次地方分権改革」である。都市計画の地方分権を見る前に、これらの大きな流れを見ておこう。

（1）第1次地方分権改革

第1次地方分権改革の始まりは平成5（1993）年の衆参両院における「地方分権の推進に関する決議」であり、それを受けて平成7（1995）年に地方分権推進法が制定される。その法に基づいて設置された地方分権推進委員会が地方分権の司令部のような役割を果たしていく。委員会は、あらゆる政策の分野の現状を分析し、政府にむけた地方分権の勧告（＝やや強い助言）を平成8（1996）年から平成10（1998）年にかけて5次にわたって出していく。それらを受けて制定されたのが平成11（1999）年の地方分権推進一括法であり、法のもとであらゆる政策の分野における地方分権が実現していく。具体的には、機関委任事務制度の廃止と事務の再構成、国の関与の透明化、権限移譲、組織や職の設置の義務づけの緩和、自治体の課税権強化などである。

（2）三位一体の改革

ここまでの第1次地方分権改革で行われたのは権限の移動が中心であり、税源や補助金などの財源の移動が不十分であった。そのため、平成13（2001）年に新たな司令部となる地方分権改革推進会議が設けられた。同会議は3次にわたって意見書を出し、それをもとに、平成16（2004）年から平成18（2006）年にかけて、三位一体の改革とよばれる、国から地方への税源移譲、国庫補助負担金の改革、地方交付税の改革の3つの改革が行われた。

（3）第2次地方分権改革

第2次地方分権改革はこれらの作業を経てまだ残っている分権を進めるために、平成18年（2006）年から取り組まれているものである。個々の地方公共団体から分権に関する提案を募集するという方法も導入され、平成23（2011）年から平成期が終わる現在まで9次にわたって地方分権一括法が制定され、分権が進められている。

このように、平成期の全ての時間をかけた構造転換が進められていったのである。

2　24年ぶりの大改正

平成期の地方分権の中で、都市計画の地方分権も着実に進んでいく。すでに述べた通り、都市計画においてその地方分権の始まりは早く、１９６８年の段階でその権限はほぼ全て都道府県に移譲されていた。そして平成期に行われたのは、都道府県から市町村への権限の移動と、財源の分権であった。

まず平成４（１９９２）年の都市計画法の改正から見ていこう。平成４年の都市計画法の改正は、昭和43（１９６８）年につくられた都市計画法の「24年ぶりの大改正」であり、50年間続く成熟期の都市計画のちょうど折り返し地点での大改正であった。[1]この大改正はバブル経済期の地価高騰による土地利用の混乱を問題意識に含むものであったが、次なる都市計画の地方分権の論点もそこで形成されていた。その論点を野口（1993）による整理に基づいて見ていくことにしよう（図４-１）。なお、野口は当時の野党案の作成に関わっており、踏み込んだ提案をした野党案と、改正された法をこの表で比較することによって、論点を具体的に際立たせている。

表には６つの論点が示されているが、そのうち④地域地区等、⑤地区計画、⑥開発許可の３つは、都市計画の規制手法を充実化したり、強化する改正である。これらはバブル経済期の土地利用の混乱を受けたもので、例えば８種類だった用途地域の種類を12種類に増やし、特に住宅系の用途地域を細かくして暮らしの質の向上をはかったものであった。これらは都市計画の手段を充実させようという改正であり、地方分権とは直接的に関係がない。後につながる地方分権の論点として重要なものは残る3つの論点、①マスタープラン、②権限、③プロセスである。

すでに述べたとおり、都市計画の地方分権とは都道府県が担っていた都市計画の権限を市町村へ移譲し、より住民の制度に近い市町村が中心となった都市計画へと組み替えることであった。②の論点は、どの権限を市町村に移動させるかという論点であるが、野党案が「市町村に都市計画権限の委

論点			昭和43年 都市計画法	野党案	平成4年の大改正
①マスタープラン		都道府県	整備開発保全の方針	都市基本計画	
①マスタープラン		市町村		都市基本計画	市町村の都市計画に関する基本的な方針
②権限			都道府県知事の権限が大きく市町村の権限は限定	建設大臣の認可、都道府県知事の権限の縮小 市町村の権限の拡大 大都市地域の特例の廃止 都道府県知事が定める都市計画の原案策定 都市計画権限の委譲	一定地域について用途地域の権限を市町村に委譲
③プロセス			公聴会の開催	市町村議会の議決、承認の必要 都道府県議会は限定 縦覧手続きの充実	
規制手法の充実化・強化	④地域地区等	用途地域詳細化	8種類	14種類	12種類
規制手法の充実化・強化	④地域地区等	特別用途地区充実化	6地区	政令による種類の廃止	9地区
規制手法の充実化・強化	④地域地区等	用途地域未指定地域の建築制限		制限強化（制限は改正より厳しい）	制限強化（容積率・建蔽率の数値追加）
規制手法の充実化・強化	④地域地区等	都市計画区域外の建築制限		都市計画区域の拡大	都市計画区域外の条例による建築制限
規制手法の充実化・強化	⑤地区計画	地区計画充実化			誘導容積制度 容積適正配分制度
規制手法の充実化・強化	⑤地区計画	市街化調整区域での適用		市街化調整区域での適用	市街化調整区域での適用
規制手法の充実化・強化	⑤地区計画	要請型地区計画		要請型地区計画（2/3）	要請型地区計画
規制手法の充実化・強化	⑥開発許可	開発行為の対象の拡大		一定規模以下については届出、協議制 条例で必要な基準を追加	大都市等について500㎡に切り下げ

図 4-1　都市計画の分権の論点（都市計画法　改正法と野党案の比較）
出典：野口（1993）

譲」[2]としているのに対し、法改正では「一定地域について、用途地域の権限を市町村に委譲」にとどまり、それ以外の都市計画権限の移譲については平成11（1999）年の第一次地方分権改革前後の改革まで持ち越されることになった。③の論点は、都市計画を決定していくプロセスに、議会の関与や住民参加を求めるものである。昭和43（1968）年の都市計画法に位置付けられている「公聴会」の手続きを充実化させる提案であったが、これも法改正では実現せず、やはり第一次地方分権改革前後の改革に持ち越されることになった。そしてこの法改正で実現したのは、①の論点である。それはどういう改正だったのか、詳しく見ていくことにしよう。

3　都市計画の目標を描く

法改正の目玉となったのが、「市町村の都市計画に関する基本的な方針」という新しい仕組みである。これは通称「都市計画マスタープラン」と呼ばれることがあり、本書でもこの呼び名を使うことにする。法改正によってこれを全国の市町村がつくることになったのが大きな変化であった。それはどういうものであったのか、示しておこう（図4-2）。細かいつくり方はそれぞれの市町村に任せられたため、必ずしもこの構成が共通したものではないが、都市計画マスタープランは分厚い冊子として刊行され、その内容は都市全体の構想と、地域ごとの構想で構成されている。市町村ごとにつくられるため、その計画の範囲は市町村であり、その範囲の中で完結した計画がつくられた。こういったものが都市計画を行なっているほぼ全ての市町村で作成されたのである。

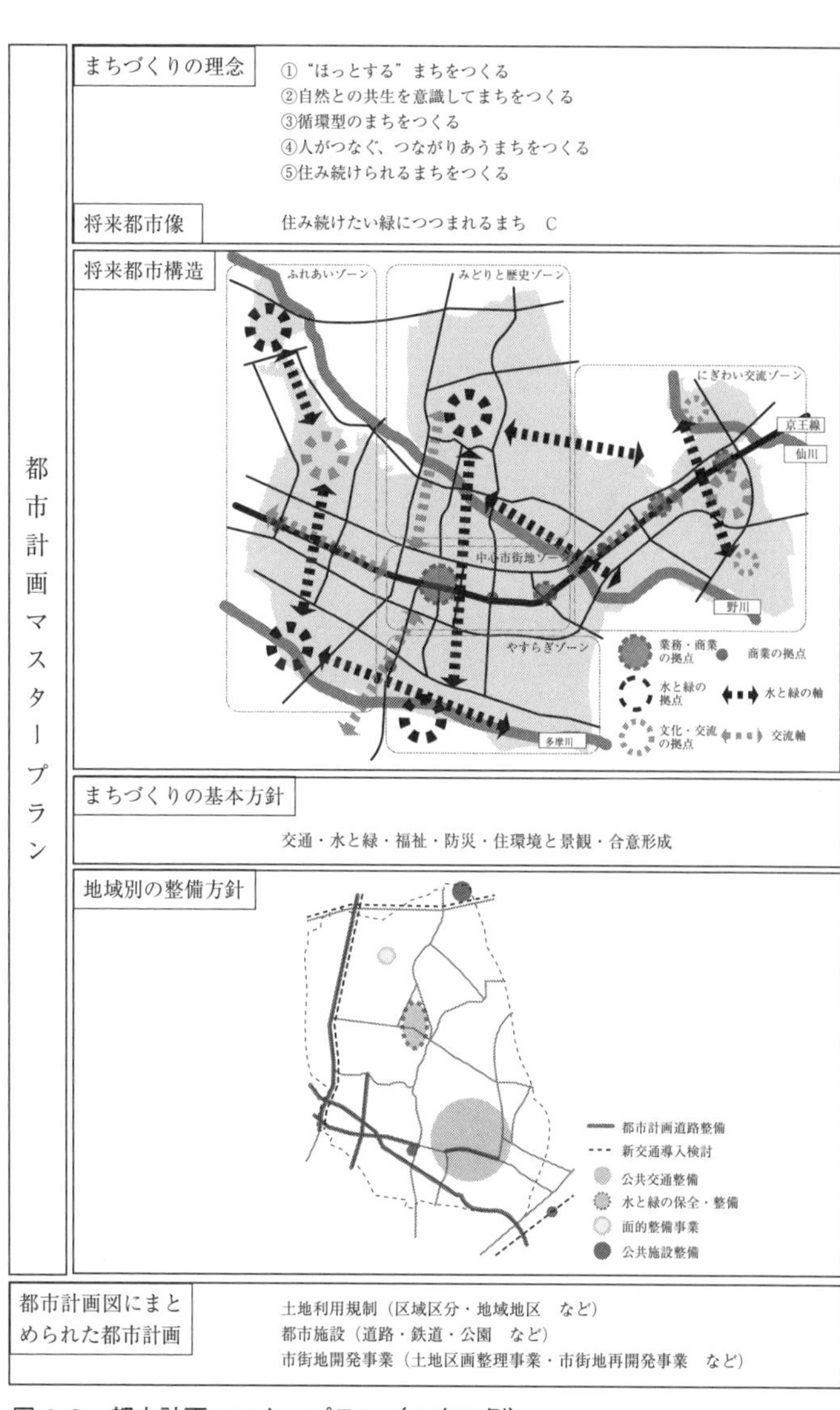

図 4-2　都市計画マスタープラン（C市の例）

都市計画マスタープランという大仰な言葉を聞くと、それぞれの市町村がそれまでの都市計画を抜本的に組み立て直したのではないか、と考えてしまうかもしれない。しかしそれは都市計画マスタープランの目的ではなかった。では何が目的だったのだろうか。そのことを理解するために、マスタープランとそれまでの都市計画の関係を、住宅を建てる時にたとえて考えてみよう。

住宅を建てる時は、建て主の意向を建築士が設計図にまとめ、それに沿って大工が住宅を建てていく。しかしそれまでの都市計画は、建て主の意向を大工が直接読み取って住宅を建てていくようなものだった。建築士が設計図にまとめるものを「目標」、大工を「実現手段」とすると、それまでの都市計画は3種の実現手段を持っていた。一つ目は「都市施設」と呼ばれる、税を財源として道路や公園といった都市の施設を直接的に公共が整備していくというもの、二つ目は「市街地開発事業」と呼ばれる、民間の土地所有者と公共が協力して道路や公園や建物をつくっていくというもの、三つ目が人々の土地にルールを定めるなどしてそれにそった都市をつくっていく「土地利用規制」と呼ばれるものである。そしてこれらの実現手段に対する目標が、新しくつくられた都市計画マスタープランである。つまり、それまでの都市計画において目標は不在であり、都市計画は道具の組み合わせだけで行われていた。熟練した大工は長年の経験に基づいて、建て主の家族や予算にあわせた住宅を建てる。そこにはその地域にあるごくありふれた住宅が出来上がる。都市計画もそれと同じようなことをやっていたが、そこに特に問題は起きていなかったということなのだろう。急増する人口を受け、同じ種類の空間を全国にはやく作り出すことが重要であった。都市ごとの細かな違いや個性が重視されることなく、政府は道具だけを使って粛々と都市をつくり続けていたのである。

こうした都市計画に対して、都市計画マスタープランが持たされていた役割を見ておこう。法が改正された時の都市計画中央審議会の「経済社会の変化を踏まえた都市計画制度のあり方についての答申」（平成3（1991）年）から引用する。

「21世紀を間近に控え、産業構造、社会構造の変化が急速に進展し、都市づくりに対する住民のニーズは今後ますます多様化するものと考えられる。このように多様化する住民のニーズを都市づくりの目標に体系化し、土地利用、都市施設、市街地開発事業等の個別具体の都市計画に反映させていくためには、望ましい都市像を都市計画の中で明らかにする必要がある。これにより住民もまた自ら都市の将来像について考え、都市づくりに対する合意形成を図ることが可能となるものである。」

要点をまとめると「多様化したニーズを目標に体系化し、個別の都市計画に反映する」ということである。「個別の都市計画」が本稿で述べるところの都市計画の実現手段であり、「都市づくりの目標」が答申をうけて創設された都市計画マスタープランである。つまり住民たちの多様なニーズを聞き、整理し、体系化された目標に仕立て上げるのが都市計画マスタープランの役割であった。

4　住民が参加するマスタープラン

この体系化された目標は、一体誰の手によって描かれたのだろうか。それを描くのはもちろん政府の役割であるが、都市計画マスタープランの特徴は、それを描くプロセスに住民の参加を取り込んだことにある。都市計画法には「市町村は、基本方針を定めようとするときは、あらかじめ、公聴会の開催等住民の意見を反映させるために必要な措置を講ずるものとする」とされ、市町村によっては、一方向的なやり取りに終始する公聴会やアンケートといった手法だけではなく、参加者が対話や協議を重ねながらマスタープランの内容を検討する方法が取り入れられた。

事例を一つ見ておこう。首都圏の近郊に位置する埼玉県桶川市では、都市計画マスタープランの素案を作成するために、28名の公募市民と25名の行政職員で構成する協議会を設けた。協議会はまず市内を4つの地域に分け、協議会のメンバーが4つに分かれてそれぞれの地域で地域別構想を作成した。そしてそれらをまとめた後に、今度は「緑」「防災」などの5つのテーマを設定して、協議会のメンバーが5つに分かれてそれぞれのテーマの視点から全ての地域別構想を検討し、テーマ別の構想を作成した。地域別の会合、テーマ別の会合、そして全体の会合が、3年間に合わせて120回以上開かれ、徹底的な議論が尽くされたことになる。その成果は市が雇った専門家の助けを借りて市民が起草した素案にまとめられ、平成9（1997）年に都市計画マスタープランが策定された。

これはかなり力の入った事例であるが、全国の少なくない市町村でこういった都市計画の住民参加が取り組まれた。これが初めての住民参加の経験であるという市町村も少なくなく、ここでの経験が、都市計画に限らず地方分権時代の市町村の様々な施策に影響を与えたと言われている。都市計画マスタープランに大きな期待を寄せる住民も多く、住民参加の機会に積極的に参加する住民も多かったし、住民たちで勉強会を開催して、自分たちの考える都市計画マスタープランをつくって提案をする住民グループもあった。後藤・渡辺（1998）はこういった動きを「市民版マスタープラン」と呼んでいる。

5　目標と実現手段

住民との対話を重ねながら、都市計画マスタープランにどういう内容が描かれたのだろうか。それは都市計画の実現手段が書き込まれたそれまでの都市計画図とどのように異なるのだろうか。

私たちが日々の暮らしを動かすときに、目標と実現手段のペアは度々あらわれる。例えば「私は何のために勉強をしているのだろう」と悩んでいる高校生は、「期末テストで良い成績をとるために毎日5時間勉強する」というペアをつくって自分を動かす。このペアにおける目標は「良い成績をとる」であり、実現手段は「5時間の勉強」である。目標に対して適切な実現手段が組み合わされており、目標達成のために高校生は自分を動かすことができる。しかしなぜ良い成績をとらないといけないのかを考えると、「いい大学に入ること」であり、「良い成績をとる」という新たなペアがつくられる。この場合の目標は「いい大学に入ること」であり、「良い成績をとる」はその実現手段である。さらになぜいい大学に入らないといけないのか、そこには「いい仕事につくためにいい大学に入る」という新たなペアがつくられる。このように、ある実現手段を行使して実現する目標は、より上位の目標の実現手段となり、その手段を行使して実現する目標は、さらに上位の目標の実現手段となる。

これを何度も積み重ねていくと、高校生の「私は何のために勉強をしているのだろう」という問いは、「満足して人生を終えること」といった究極的な目標にたどり着く。しかし、この究極的な目標と、当面取り組む実現手段との間はかけ離れてしまう。最後の目標と最初の実現手段を組み合わせて

「満足して人生を終えるために毎日5時間勉強する」というペアを作り出したとして、毎日5時間の勉強と目標の関係は想像しにくい。今日の5時間の勉強を4時間に減らそうが6時間に増やそうが、人生を終えるときの満足度の変化はわかりにくいからだ。そうなると高校生は自分を適切に動かすことが出来なくなる。高校生を動かすために有効なのは、せいぜい勉強時間の多さが結果に直結しそうな最初のペア（良い成績）か、その次のペア（いい大学）くらいまでである。つまり、適切な動きを作り出すためには、目標と実現手段のペアを適切なレベルに設定する必要があるということだ。

都市計画マスタープランをつくることとは、実現手段の集合体であるそれまでの都市計画に適切な目標を与え、実現手段と目標のペアを新たにつくることであった。そして、高校生の勉強と異なり、都市計画マスタープランはその都市を使っているたくさんの人たち、政府だけでなく住民や市場の人たちを動かす必要がある。それはどのように表現されたのだろうか。

都市計画は土地を持っている人たちの私権を制限することで実現される。図4-3に示した都市計画図はそのことを伝えるためのメディアであるが、私権を制限するからには間違いや誤解をできるだけ少なくする必要がある。情報を正確に伝えるために使われるのが「数字と図面」である。都市計画図は正確な数字と図面の組み合わせによって、都市計画を守るよう他者に正確に指示する図である。

では、都市計画マスタープランは何を使って表現されるべきだろうか。もし5年後、10年後、20年後に計画と寸分違わない都市を実現するのであれば、都市計画図と同じように数字と図面で目標を描くことは有効だろう。例えば初期の社会主義国家では、おそらくそのようなものがマスタープランと呼ばれていたはずだ。しかし、都市計画が法と制度の混合で実現されようとしていたのが平成期であ

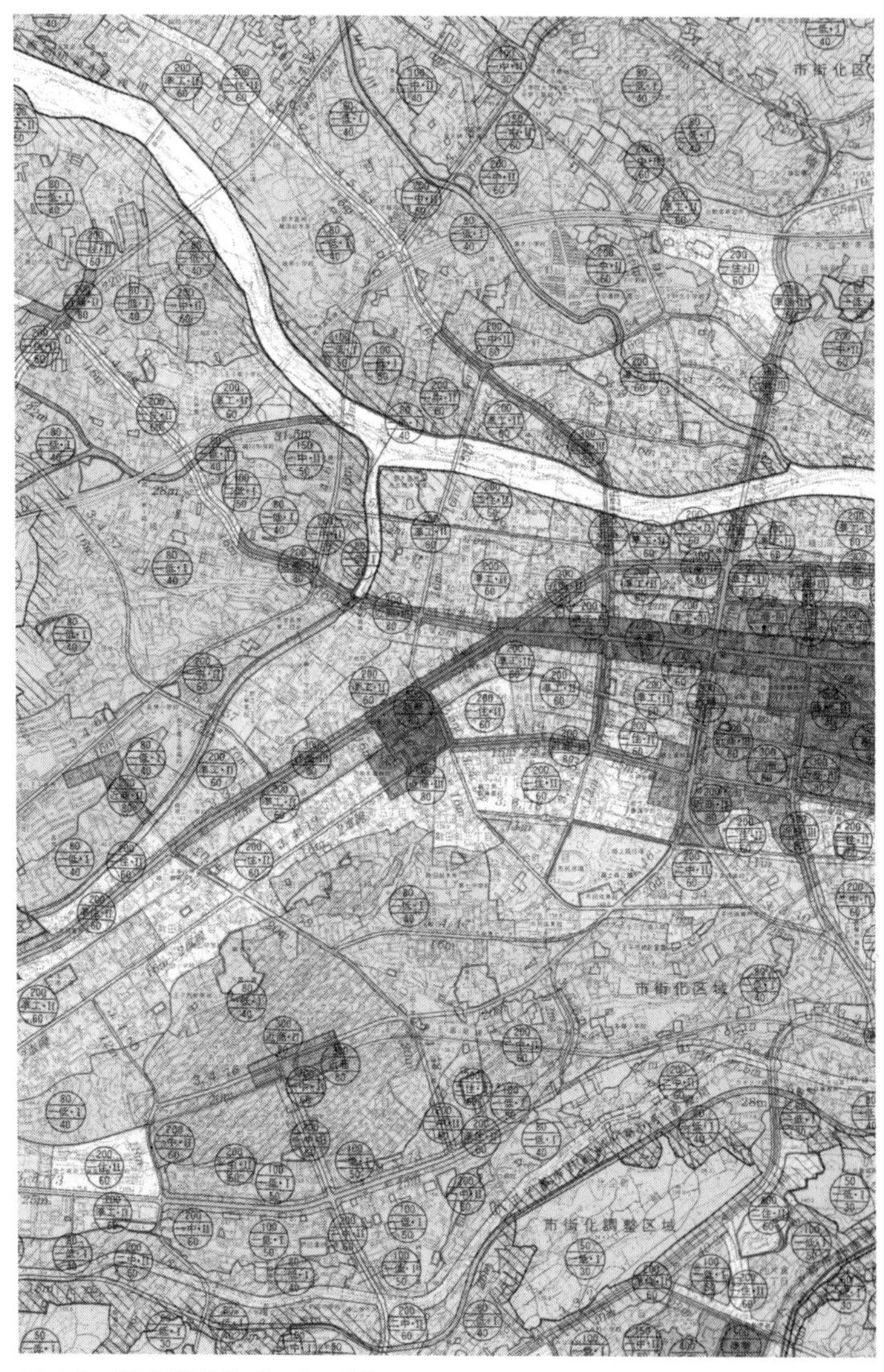

図 4-3　都市計画図（H 市の例）

る。それは例えば法による都市計画において「こういう広場をつくろう」と考えても、住民が「この方が使いやすい」、あるいは市場が「この方が効率的に整備できる」と提案し、その中で最も合理的な選択肢が実現されていくような都市計画である。その時、マスタープランが数字と図面で正確に、がんじがらめに表現されていたら、身動きが取れなくなってしまう。マスタープランに求められるのは、住民と市場が共有できる大まかな目標であり、住民と市場が独自に解釈でき、住民と市場によるたくさんの都市計画の余地を作り出せることであった。その時に数字と図面に加えて使われたのが、「言葉と絵」である。10人を集めて「縦15m、横10mの建物が幅6mの道路に沿って5軒並んだ町並みの図面を描いてください」と数字を使ってお願いすると、全員が同じ図面を描く。しかし、同じ10人に「5軒の建物が並んだ美しい町並みの風景を描いてください」と言葉を使ってお願いすると、全員が異なる絵を描く。つまり数字をもとに誰が描いても同じになるのが図面であり、言葉をもとに誰が描いても同じにならないのが絵である。言葉と絵の使い方は難しく、言葉と絵が抽象的に過ぎれば解釈が増えすぎてしまう、具体的であればあるほど解釈の余地がなくなり、数字と図面と変わらなくなってしまう。都市計画マスタープランには、数字と図面で表現された都市計画図とペアとなるような、適切な言葉と絵が試行錯誤されながら組み立てられることになった。

6 言葉と絵の表現

その言葉と絵がどのように組み立てられたのか、一例として東京郊外のC市の都市計画マスタープランを読み解いてみよう（図4-2）。ある手段のペアとなる目的が、より高次の目的の手段となる、という関係があると述べたが、都市計画図の目的である都市計画マスタープランの計画図書の内部も、このペアが4層に組み上げられた構成になっている。もっとも高次の目的は「まちづくりの理念」と「将来都市像」にまとめられている。前者には「①〝ほっとする〟まちをつくる、②自然との共生を意識してまちをつくる、③循環型のまちをつくり、④人がつなぐ、つながりあうまちをつくる、⑤住み続けられるまちをつくる」という5つの言葉が、後者には「住み続けたい緑につつまれるまちC」という言葉が掲げられている。どちらも絵ではなく言葉が使われている。そして次の層にこれらを実現する手段として示されているのが「将来都市構造」であり、言葉と絵の組み合わせで表現されている。そして将来都市構造を実現する手段として、3番目の層に「交通」「水と緑」「福祉」「防災」「住環境と景観」「合意形成」の6項目の「まちづくりの基本方針」がまとめられている。そしてこのまちづくり基本方針を実現する手段として、4番目の層に市内を4地域にわけた「地域別の整備方針」が言葉と絵の組み合わせで示されている。この4層構造の都市計画マスタープランを実現するための手段が、都市計画図にまとめられた都市計画なのである。

　都市計画マスタープランの役割は、それまでの都市計画を抜本的に見直すことではなく、数字と図面で表現されたそれまでの都市計画に対して、言葉と絵で表現される目標を加えることであった。そこにどのように言葉と絵を組み合わせるのかは、それぞれの市町村に委ねられ、そこでの住民参加は、政府の言葉と住民の言葉をまぜあわせる初めての挑戦だった。そこでの会話はぎこちなく一方向的であったかもしれないし、まぜあわせに失敗したところもある。そして描かれた言葉と絵がすぐに実現されるわけではなく、その効果は住民にとってはわかりにくかったかもしれない。しかし、ともかくも「数字と図面」の都市計画に、「言葉と絵」を持ち込む第一歩が踏み出されたのである。

都市計画マスタープランは完成までに3年ほどの期間をかけることが多く、法改正からすぐに着手する市町村ばかりでもなかったため、五月雨式に策定が進んでいった。平成末期（28年）には対象となる1352の市町村のうち、1168の市町村で策定されている。計画期間は10年程度であったので、平成期の間に見直しや改定を行った市町村も少なくなく、当たり前のように存在する計画図書として定着していった。また、こういったマスタープランをつくることは、都市計画に限らず平成期に多く取り組まれた。都市計画に関連が深い分野でも、例えば緑や景観や住宅のマスタープランがつくられ、そこでは「数字と地図」と「言葉と絵」を組み合わせた目標が描かれた。地方分権とともに市町村には自分たちで考えることが問われ、マスタープランの策定はその中心にあったのである。

7　第1次・第2次地方分権改革

マスタープランの解説が長くなったが、図4-1で整理した3つの論点のうち、残る②権限、③プロセスについてみていこう。

平成4年の大改正のすぐあと、平成5（1993）年より第1次地方分権改革が始まり、その中で都市計画の地方分権も詳細に検討されることになる。検討は地方分権推進委員会によって精力的に進められ、その成果は5次にわたる勧告としてまとめられていく。都市計画については、その第1次勧告（平成8年12月20日）で「市町村の決定する範囲を大きく拡大する方向で、都市計画決定権限のあり方を見直す」とされ、続く第2次勧告（平成9年7月8日）ではその方向が詳細に検討された。具体的にそこでは、a．都市計画の決定主体については市町村が中心的な主体となるべき、b．都道府県の市町村に対する後見的関与は排除すべき、c．国の都道府県に対する後見的関与は排除すべき、d．市町村の都市計画審議会を法定化すべきといった項目が示された。a、b、cが権限に関する論点、dがプロセスに関する論点である。これらの検討の結果は平成11（1999）年の地方分権推進一括法へと結実し、それにあわせて地方自治法も改正され、都市計画法も改正されることになる。そこまでが第一次分権改革と呼ばれる流れである。

第一次分権改革でもたらされた大きな変化は、地方自治法の改正によって導入された、「法定受託事務」と「自治事務」という政府の仕事の分類である。それまでの政府の仕事は「団体委任事務」と「機関委任事務」に分類されていたが、地方分権の中で特に問題となったのは後者である。機関委任事務とは「国やほかの公共団体から市町村の長に法律または政令によって委任された事務」であり、それまでの都市計画も大部分が機関委任事務であった。要するに国や都道府県の仕事を市町村が下請けしていただけ、という関係であり、市町村が自分の仕事としていたわけではなかった。そのままでは市町村の仕事とは言えないので、第一次分権改革では、国が市町村に委託せざるをえない仕事、例えば国政選挙、旅券の発行などを限定的に「法定受託事務」とし、それ以外の大部分の仕事については「自治事務」と仕事を分類した。そして都市計画の大部分も自治事務へと分類された。それまでの都市計画では、国や県が細かいやり方を定めたり、その決定過程に強く関わっていたりしたが、それも変化し、助言する、勧告する、協議する、要求するといった、非権力的な関わり方となった。つまり上下関係でなく水平的な関係へと変化したのである。

既に述べた通り、第一次分権改革だけでは地方分権は終わらず、平成16（２００４）年からの三位一体の改革を経て、平成18（２００６）年からの第二次分権改革へと続けられていく。お金の改革である三位一体の改革については後ほど詳しく述べることにして、次に第1次と第2次分権改革の際の都市計画の変化をまとめて見ていくことにしよう。

8　権限の移譲とプロセスの充実

都市計画法は平成11（１９９９）年、平成12（２０００）年、平成14（２００２）年、平成23（２０１１）の4回にわたって小刻みに改正され、蛇口をゆっくりと開いていくように地方分権が段階的に進められていく。

まず権限からみていこう。図4-4は平成4年の改正から平成23年の改正まで、都市計画区域、区域区分、用途地域、都市施設、市街地開発事業のそれぞれを決定する権限が、都道府県から市町村へどのように移されていったのかをまとめたものである。移譲は段階的に進められ、平成23年には、ほぼ全ての都市計画の権限は市町村へ移譲された。

図の表現がややわかりにくいが、蛇口の開き方に2つの技があったと思っていただければよい。一つ目の技は「部分限定」とでも呼べるもので、例えば公園についての権限の移譲であっても、広い範

市町村			都道府県						国
市街地開発事業	都市施設	用途地域		市街地開発事業	都市施設	用途地域	区域区分	都市計画区域	
平成4年改正									
例）20ha以下の土地区画整理事業	例）4ha未満の公園	三大都市圏県庁所在地25万人以上の市等以外	市町村の都市計画の認可	例）20ha超の土地区画整理事業	例）4ha以上の公園	三大都市圏県庁所在地25万人以上の市等	全て	全て	都道府県の都市計画の認可
第1次地方分権改革　平成11・12年改正									
例）指定都市の全て、及び指定都市以外の50ha以下の土地区画整理事業	例）指定都市の全て、及び指定都市以外の10ha未満の公園	指定都市及び三大都市圏以外	市町村の都市計画の協議・同意	例）指定都市を除く50ha超の土地区画整理事業	例）指定都市を除く10ha以上の公園	指定都市を除く三大都市圏	全て	全て	都道府県の都市計画の協議・同意
第2次地方分権改革　平成23年改正									
例）国・都道府県施行の50ha超のものを除く全ての土地区画整理事業	例）国・都道府県が設置する10ha以上のものを除く全ての公園	全て	市町村の都市計画の協議・同意	例）指定都市を除く国・都道府県施行の50ha超の土地区画整理事業	例）指定都市を除く国・都道府県が設置する10ha以上の公園		指定都市を除く全て	全て	都道府県の都市計画の協議・同意

図 4-4　都市計画の権限移譲

出典：内閣府「都市計画における地方分権」に筆者加筆

囲の人々が利用する大規模な公園の決定権限については都道府県に残し、狭い範囲の人々が利用する小規模な公園については先行的に市町村に分権するというものであった。二つ目の技は「地域限定」とでも呼べるもので、独立した都市圏を持っている地方の市町村には先行的に権限を移譲し、都市圏が市町村の範囲を越えて連続している三大都市圏の市町村においては、広域的な調整が必要であるという理由で都府県に権限をとどめておくものであった。一般的に大都市の市町村の方が都市計画の専門能力が高いことが多く、笑い話のようなことだが、小さな市町村の職員は自分たちに権限が移譲されたことに自覚が無く、大きな市の職員がなかなか変わらない自分たちの権限にいらだつこともあった。そしてそのいらだちも、平成23（2011）年にはほぼ解消したということになる。[3]

次に都市計画を決めるプロセスの変化を見てみよう。平成11（1999）年には都市計画を決定するときの国や都道府県の関わり方が明確にされ、国の役割は都道府県の都市計画を「認可」する役割から「協議・同意」する役割へ、都道府県の役割は市町村の都市計画を「認可」する役割から「協議・同意」する役割へと変化する。その時につくられたのが、都市計画運用指針という文書である。これは平成12（2000）年に初版が発行されたもので、それまで国が都道府県や市町村に出していた、都市計画のやり方についての細かな指示や命令を再編成し、国として都市計画をどのように運用していくことが望ましいと考えているか、どのような考え方の下で運用されることを想定しているかについての原則的な考え方を示したものである。「指針」という名称の通り、市町村の都市計画の道しるべとなる参考資料と位置付けられるものであり、指示や命令といったものではない。都市計画運用指針はその後の平成期の間に改訂が重ねられ、平成30（2018）年の第10版は約350ページの分厚い電話帳のようなものになった。

それまでの都市計画は機関委任事務であったので、下請けの市町村に細かな指示をすることは当たり前のように行われていたが、それが自治事務に変わったあとも、運用指針をつくるなどして国や都道府県が形を変えて関与しようとした理由はいくつかある。その大きな理由に、市町村が都市計画を行う十分な仕組みを持てていないのではないか、という懸念があった。そこで権限を受け取る側の市町村の仕組みが発達できるようにも法が変わっていく。

平成11（1999）年には、市町村の都市計画審議会が法定化された[4]。これはその市町村の全ての都市計画の案を審議する会議である。また、市町村が都市計画を決めていく時、判断の重要な根拠となるのは住民の声であるので、住民参加の仕組みも整っていく。平成12（2000）年の都市計画法改正では、都市計画を決定する際の情報の透明化が位置付けられたほか、住民に身近な地区計画の作成を住民が申し出ることができる仕組みがつくられた。都市計画は政府が決めるものなので、例えば住民が地区計画をつくろうと考えたとしても、政府が腰を上げなければその検討は始まらない。この申し出の仕組みは、その政府の腰の重さを改善するものだった。そして、平成14（2002）年の法改正において、地区計画だけでない都市計画全般を対象とした「都市計画提案制度」が創設される。これはその都市計画が関係する土地の3分の2の地権者の同意があれば、そこの土地の都市計画を提案することができる、という仕組みである。これにより地区計画だけでなく、用途地域や道路などの都市計画についても提案できるようになり、例えば平成26（2014）年には、東京都に対して高速道路の計画を廃止する提案が提出されている[5]。

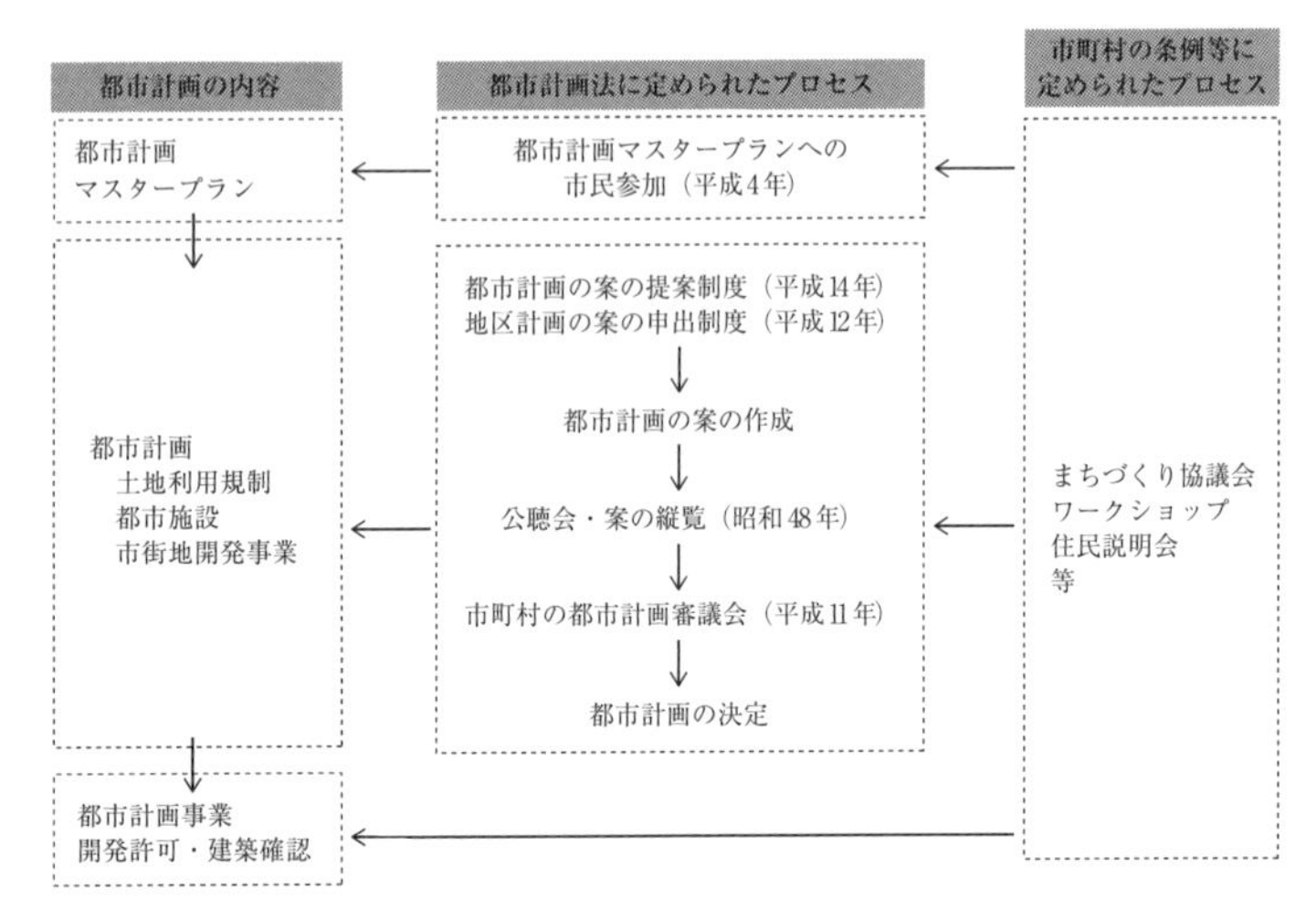

図 4-5　都市計画のプロセスの充実

なお都市計画の提案制度は、都市計画の白紙撤回を提案できる仕組みではなく、都市計画を検討するプロセスの俎上に提案を乗せることができるという仕組みにすぎない。つまり、通常の都市計画と同様、提出された提案が都市計画マスタープランと矛盾していないか、十分な機能を果たすことができるのか、他の都市計画とバランスがとれているか、といった視点が検討され、不適合なものは廃案になる。都市計画の地方分権が行ったことは、市町村が権限を持つ都市計画に対して住民参加のプロセスを充実化させることであって、住民に、つまり住民の制度に都市計画の権限を移すというものではない。法による都市計画と、住民の制度による都市計画の接続部分が充実した、ということである。

その住民参加の仕組み、法と制度の接続部分が平成期にどのように充実していったのか、あらためて**図4-5**にまとめておこう。図には、都市計画の目的を考える段階から実現手段を決める段階まで、いわば川上から川下に向かってのプロセスを縦方向に示してあるが、平成4（1992）年の都市計画マスタープランの創設から、平成14（2002）年の都市計画提案制度の導入まで、プロセスの様々な段階で住民が参加したり、提案したりする仕組みが充実していったことがわかる。

都市計画が機関委任事務から自治事務になったことにより、法律に明確にダメと書いていなければ、都市計画の実行のために市町村独自の法の制定が可能になったことから、「まちづくり条例」と総称される法が市町村によってつくられるようになり、独自の都市計画のプロセスを組み立てる市町村も多くあった（内海（2010））。例えば東京郊外の小さなまち、国分寺市で平成17（2005）年に施行された「国分寺市まちづくり条例」には、公募により選出された市民と専門家がまちづくり条例を運営する「まちづくり市民会議」や、都市計画を提案できる「地区まちづくり協議会」、都市計画の提案制度を市民が積極的に活用できる支援制度などが位置づけられている（松本（2005））。このように地方分権時代の市町村が都市計画を行う仕組みが充実していったのである。

9 お金の分権

最後に、平成13（2001）年から平成18（2006）年の三位一体の改革の中で進められた、お金についての分権、都市計画に欠かせない公共投資の資金の改革を見ていこう。行政の都市計画は税を財源とするが、地方分権まではその使い途は国のコントロールを強く受けるものであった。ごく単純化すると、税は一度国に吸い上げられ、国がその配分を細かく決定し、市町村に分配していたのがそれまでのやり方だった。三位一体の改革は、このやり方を変えていく。

　三位一体の改革は国から地方への税源移譲、国庫補助負担金の改革、地方交付税の改革の三つを指すが、このうち二番目の国庫補助負担金の改革の中で実現したのが、平成16（2004）年に創設された「まちづくり交付金」である。これはそれまでの国庫補助負担金の一部を廃止・縮減し、かわりに作り出された。平成16（2004）年の予算では約3277億円の国庫補助負担金が廃止され、約1330億円のまちづくり交付金が始められた。この変化は子供の「お小遣い」に例えるとわかりやすい。国庫補助負担金の仕組みは、欲しいものができたら、子供がそのたびに自分の親に使い途を示してお小遣いをもらう、という仕組みであった。これだと、常に親は自分の子供に「なぜそれが欲しいのか」ということを訊ね、子供がお金を無駄にしてしまわないように教育することができる。国庫補助負担金の仕組みにおいても同様に、市町村は道路を作る時には道路の資金を申請する、公園が必要な時は公園の資金を申請する。そして資金がなぜ必要なのかが申請のたびに逐一問われ、もし何らかの事情で整備が中断してしまったら、その資金を返納しなくてはならなかった。

　一方で、毎月子供に決まった額を渡し、子供はそのお金の範囲内で好きなものを買うことができる、というお小遣いの仕組みもある。これだと、子供は自分の親から細かな干渉をうけることなく、自分でお金の使い途の内訳を考えて欲しいものを買うことができる。まちづくり交付金の仕組みはこれと似たものである。市町村が住民の協力を得て計画を作ったとしよう。計画に沿って道路や公園を整備するための資金が必要になり、国にまちづくり交付金を申請する。しかし実際に都市計画を進めていくと細かな変更がよく起きる。こうした時に状況に柔軟に対応して、もともと道路のために使おうと

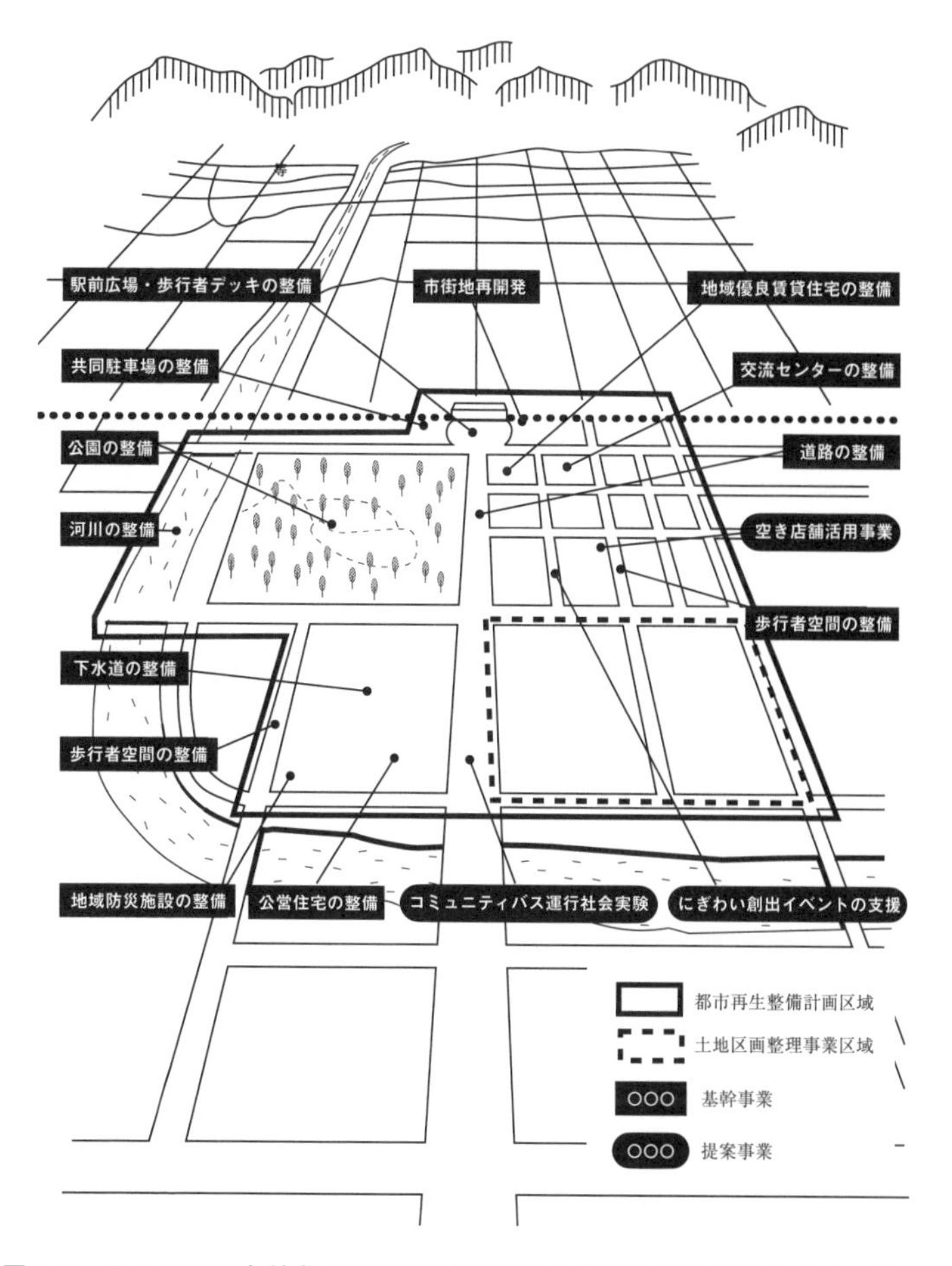

図 4-6　まちづくり交付金（現都市再生整備計画）で実現できる都市のイメージ
出典：国土交通省（2018）を参考に筆者作成

思っていた資金を、先に公園整備に振り分けることができる。これがまちづくり交付金の仕組みであり、市町村が住民とともに考えた都市計画を、より確実に、柔軟に支えることができる資金の仕組みである。図4－6に示すような、総合的な都市空間の整備に使いやすい資金だったのである。

当初は355地区で使われ始めたまちづくり交付金は、平成22（2010）年からは「都市再生整備計画事業」へと再編され、平成期の終わりまでに累計で3000近い地区で使われている。

10　市町村の自由

このように都市計画の地方分権は、市町村に都市計画の目標となるマスタープラン、都市計画の権限、自由度の高いお金をもたらすものだった。昭和43（1968）年から始まる成熟期の後半を費やして、それまで都市計画を下請けしていただけの市町村に、独自の都市計画を実践する自由が与えられてきたということだ。都市計画の150年の歴史に位置付けてみると、地方分権は都市計画が人口増加の波を捌ききり、そこそこ良好な都市空間を作り上げたあとに実現したものである。人口減少と地方分権の関係に何らかの必然性があるわけではなく、地方分権が実現するときにたまたま人口減少社会を迎えてしまったのだが、結果的には市町村の自由は、もう人口が増えない都市空間、急激な変化が起こりにくい都市空間を改善したり、再生したりするために使われていくようになるだろう。

その自由とは、市町村が都市計画の目的を実現するために、工夫を重ねて法をつくる自由でもあり、都市計画の実現のために法と制度を組み合わせる自由でもある。住民や市場が作り出す都市計画の制度とどのように関係を結び、目的を実現する仕組みを作り上げていくかが問われている。

では、平成期を通じてどのように住民と市場による都市計画の制度が育ってきたのか、第5章では住民の制度について、第6章では市場の制度について見てくことにしよう。

〈補注〉

1　昭和55（1980）年に都市計画法の一部として創設された地区計画は、①案の作成段階での地権者等の住民参加を位置付けたこと、②決定に際して都道府県知事の関与を限定したこと、③その内容は「地区整備の方針」と「地区整備計画」で構成されるが「地区整備の方針」のみの地区計画が認められたこと（つまりマスタープランに相当する仕組みであったこと）、の3点から、都市計画の地方分権の重要な一歩として捉えられる（増田（2019））。「24年ぶりの大改正」という表現は野口（1993）に倣ったが、68年、80年、92年とほぼ10年おきに大改正があったという見方もできる。

2　当時の文書や各種の論説には「委譲」と「移譲」の二つの言葉が使われているが、本書では引用箇所を除き「移譲」に統一して用いる。

3　本書執筆時点で東京都の特別区（23区）だけにはすべての権限が移譲されておらず、例えば用途地域は東京都が決定する。

4　なお、都市計画法改正以前にも市町村の条例に基づく都市計画審議会が存在する自治体もある。

5　外郭環状道路に対する杉並区の住民からの提案であり、東京都に受理されたのち、「都市計画を変更しない」旨の通知が2015年6月24日に送付された。詳細は伊藤（2015）に詳しい。

〈参考文献・資料〉

内海麻利（2010）『まちづくり条例の実態と理論』第一法規

都市計画法令研究会（2000）『地方分権後の改正都市計画法のポイント』ぎょうせい

社団法人日本都市計画学会地方分権研究小委員会（1999）『都市計画の地方分権』学芸出版社

松本昭（2005）『まちづくり条例の設計思想　国分寺条例にみる分権まちづくりのメッセージ』第一法規

伊藤久雄（2015）「都市計画提案制度と地区計画申し出制度の現状と課題――人口減少、都市縮小時代における都市計画のあり方に関する一考察」『自治総研』通巻４４５号、pp.22-48、地方自治総合研究所

国土交通省（2018）「社会資本整備総合交付金　都市再生整備計画事業（旧まちづくり交付金）」パンフレット、国土交通省

後藤知彦・渡辺俊一・伊藤史子（1998）「市民参加の新手法としての「市民版マスタープラン」の現状」『都市計画論文集』33、pp.475-480、日本都市計画学会

調布市（1998）「住み続けたい緑につつまれるまち　調布　調布市都市計画マスタープラン」調布市都市建設部都市計画課

都市計画中央審議会（1991）「経済社会の変化を踏まえた都市計画制度のあり方についての答申」

社団法人日本都市計画学会市町村の都市計画マスタープラン研究小委員会（1996）「市町村の都市計画マスタープランの現状と課題」日本都市計画学会

野口和雄・福川裕一・南勝震（1993）「１９９２年都市計画法改正をめぐる論点と改正法の評価」『都市計画論文集』28(0)、pp.277-282、日本都市計画学会

増田優一（2019）「地区計画制度の創設時の論点とその後の展開」『都市計画法制定１００周年記念論集』pp.169-177、都市計画法・建築基準法制定１００周年記念事業実行委員会

第１次勧告（地方分権推進委員会（1996））、内閣府地方分権アーカイブ（意見・勧告）、https://www.cao.go.jp/bunken-suishin/archive/category03/archive-i.html、２０２０年４月最終閲覧

第２次勧告（地方分権推進委員会（1997））、内閣府地方分権アーカイブ（意見・勧告）、https://www.cao.go.jp/bunken-suishin/archive/category03/archive-i.html、２０２０年４月最終閲覧

国土交通省（2018）「第10版　都市計画運用指針」https://www.mlit.go.jp/toshi/city_plan/content/001347836.pdf、２０２０年４月最終閲覧

内閣府「都市計画における地方分権」https://www.cao.go.jp/bunken-suishin/doc/st_08_toshikeikaku.pdf、２０２０年４月最終閲覧

第5章 コミュニティの発達と解体

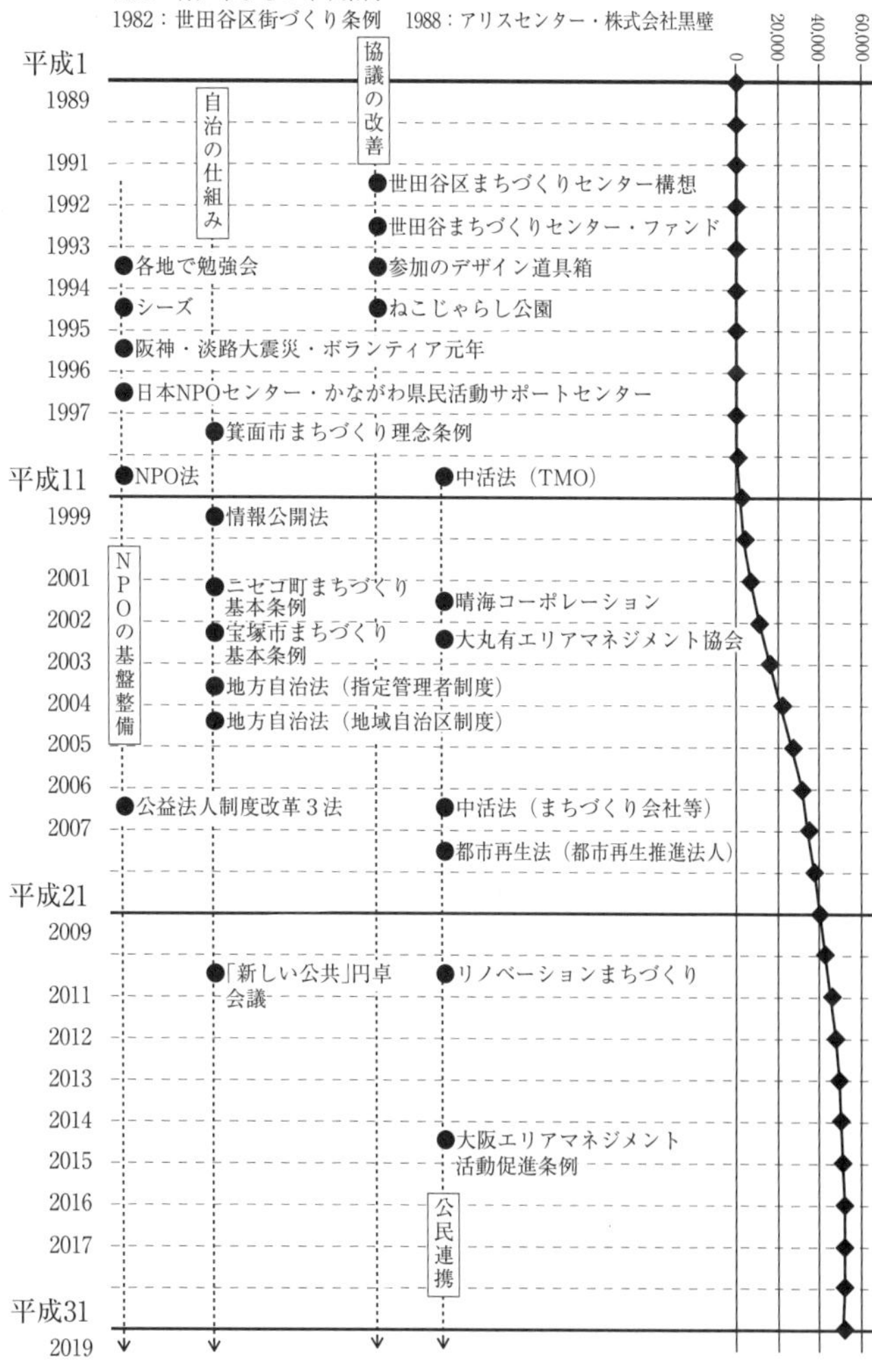

1　コミュニティというプロトコル

市場と住民の制度は、分権された政府のパートナーとみなされていた。そして、住民が作り出す制度は常に「コミュニティ」という言葉とともにあった。この言葉は成熟期が始まったころに定義され、平成期を通じて都市計画の一部を確実に担うものとして成長していく。しかし、結論から先に述べておくと、平成期を通じて住民が作り出す制度は増えていったが、コミュニティは分解され、変形していく。学者が議論を通じてそうさせたのではなく、多くの都市の、多くの都市計画の現場において分解され変形していくのである。少し言い方をかえると、コミュニティという言葉は法と住民の制度の間におかれた、暫定的なプロトコル＝法と制度の間のやりとりに関する取り決めであった。暫定的なプロトコルを通じて住民の制度は法と会話をはじめ、やがてそれは不要になり、分解され、変形したもっとたくさんのプロトコルで結びつくようになったのである。本章では平成期におけるコミュニティの分解と変形のプロセスを見ながら、最終的にどのようなプロトコルによって法と制度が結びついたのかを見ていく。まずは都市計画の成熟期が始まったころの状況から整理を始めよう。[1]

2　トップダウンとボトムアップ

昭和29（1954）年から始まった高度経済成長期は、産業の成長と人口の増加が両輪となったものであるが、産業と人口、人口と人口はあちこちでぶつかることになり、昭和30年代には各地で住民運動が起きることになる。公害が大きな社会問題になったのもこの頃である。こういった運動を受け、住民の意見を都市計画に取り入れたり、住民の力によって都市計画を実現したりすることが昭和40年代ごろより各地で取り組まれることになる。

これらは「トップダウン型」と言われる都市計画に対して、「ボトムアップ型」と呼ばれ、都市計画とは対立的に取り扱われることも少なくない。しかし、トップダウンであろうがボトムアップであろうが、その取組みを「誰かが他者の土地に対して、公共的な提案をし、それを実現していく取組み」ととらえると同じことである。二つの違いは「誰か」と「実現手段」の違い、つまり「誰か」が政府なのか住民なのか、その実現手段が法に基づく権力なのか人々が作り出した制度なのか、という違いである。昭和30年代のボトムアップの動きは、同じ目的を達成するために、法と制度が初めてぶつかり、お互いの望ましい関係をつくろうとした動きであると理解できる。

こうした社会の変化を受け、成熟期の都市計画法には住民が参加する仕組みが初めて盛り込まれた。それは「公聴会」というもので、住民参加の仕組みが充実した現在から見るとささやかな仕組みではあるが、これを皮切りにして、その後の都市計画法の改正のたびに住民参加の仕組みが充実し、平成期にその仕組みが一応の完成をみたことは第4章に述べた通りである（104ページ、図4-5など）。公聴会は堅苦しい都市計画の法と住民が作り出す制度の間につくられた最初のプロトコルであり、これをきっかけとして、成熟期の都市計画においていくつものプロトコルがつくられていったということだ。

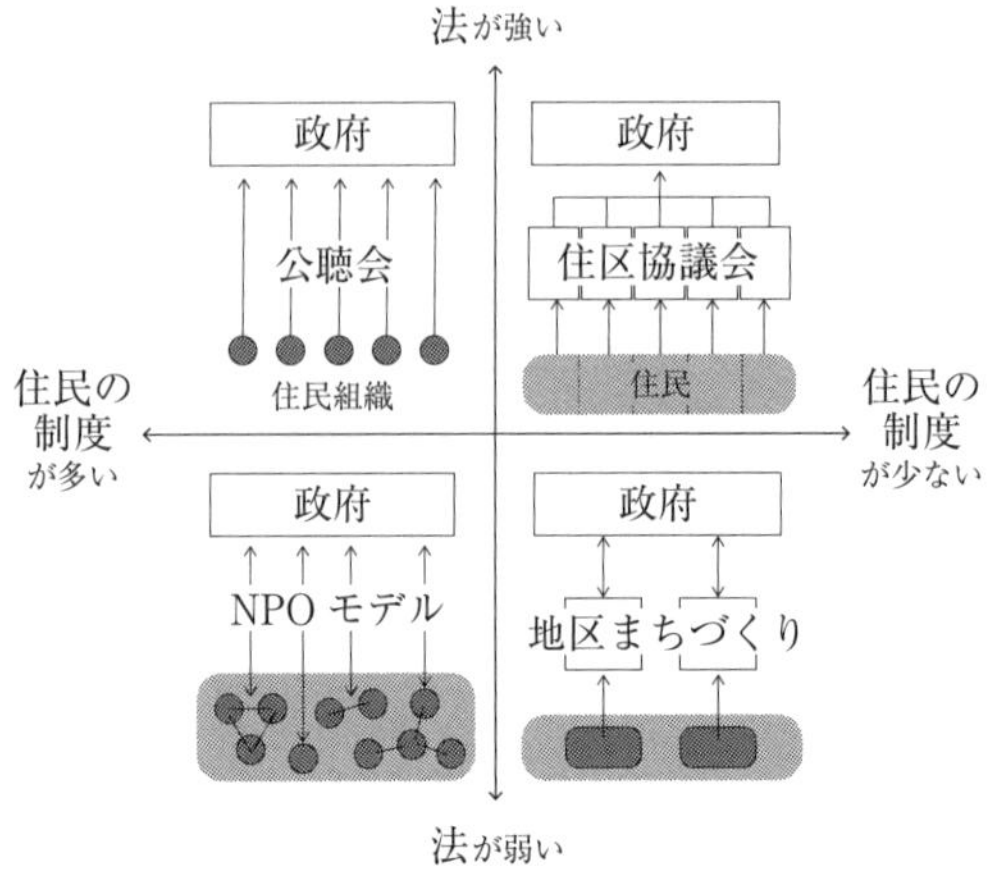

さて、詳しくは後に述べるが、実は公聴会という最初のプロトコルは、あまり使われるものにはならなかった。かわって発達をしたのがコミュニティというプロトコルである。プロトコルは法と制度の間をつなぐものとしてつくられるが、法と制度の状態を読み違えると、使いにくく、使われないプロトコルがつくられることになる。昭和43（1968）年の公聴会以後、たくさんのプロトコルがつくられたが、使われなかったもの、定着しなかったものも多くある。使われなかったものも含めた試行錯誤の歴史を整理しつつ、平成期に入る前に確立されたプロトコルへの流れを見ていきたい。

図5-1　4つのプロトコル

図5-1は、縦軸に「法の強さ」を、横軸に「住民の制度の多さ」の二つの軸をおき都市計画に関する法と制度のせめぎあいの状況を整理したものである。[2] プロトコルはこの状況を読み取ってつくられるが、例えば住民の制度が多いと考えてそれを受け止めるようにつくったのに、住民の制度が全く発達していなかったためプロトコルが形骸化することもあるだろうし、法が強いと考えてつくったら、住民の制度からの反発をうけてプロトコルが成立しないということもある。成熟期において発達したコミュ

ニティやまちづくりというプロトコルは、この中で「法が弱く、住民の制度も弱い」状況を前提としてつくられたものであり、他の状況を前提としてつくられたプロトコルはそれほど使われるものにはならなかった。そこにはどういった模索があったのだろうか。

3　公聴会

昭和30年代に強い政府にぶつかるようにして、住民運動が多く活動したという状況があったためか、成熟期の初期のプロトコルは「法が強く、制度も多い」状況を想定してつくられた。地域にはたくさんの住民の組織が活発に活動しており、その地域において行政が主導的に公共政策を提供するという状況である。この場合のプロトコルは、個々の住民の組織が等しく意見を表明し、議論し、決定できるようなプロセス、つまり法と制度の調整プロセスを豊かにするようにつくられる。例えば荒廃した地区における道路や公園などの環境整備に対して、住民やNGOが意見を述べることができる数多くの説明会や討論会を開催し、開かれた場で様々な住民が意見をたたかわせる中で、環境整備の方針を決定していくというプロセスである。[3] このプロトコルはアメリカのプランナーであるP・ダビドフが昭和40（1965）年に提唱した「アドヴォケイトプランニング」[4] という考え方に近く、成熟期の都市計画法で創設された公聴会も、様々な立場の住民がそれぞれの立場から異議を申し立て、それを公開の場でさばいていく、というまさしく「法が強く、制度も多い」状態を想定したものだった。

しかし公聴会というプロトコルは現在に至るまで、あまり使われることにはならなかった。なぜならば、日本の地域における住民の組織はそれほど多元化しておらず、それほど活発でもなかったからである。つまり、住民の制度が多いことを前提にプロトコルをつくったのに、現実には制度が少なかった、プロトコルをつくったときの想定が外れていたということである。

4　コミュニティの登場

では「制度が少ない」状況において、どのようなプロトコルが発達したのだろうか。そのことを考えるときに「コミュニティ」という言葉が重要になってくる。

コミュニティという言葉が一般に使われ始めたのは、それほど昔ではない。今でこそコミュニティは一般的な言葉になっているが、それは社会学者のマッキーバー（1975）が大正6（1917）年に提唱した概念であり、昭和40年代までは専門家の間でしか使われていなかった。この言葉を一躍日本の社会に浸透させたのは、昭和44（1969）年に自治省の国民生活審議会より刊行された「コミュニティ　生活の場における人間性の回復」という報告書であり、それを踏まえて全国に展開された自治省のコミュニティ政策である。[5] そこではコミュニティという言葉を「生活の場において、市民としての自主性と責任を自覚した個人および家庭を構成主体として、地域性と各種の共通目標をもった、開放的でしかも構成員相互に信頼感のある集団」と定義している。成熟期の都市計画法が始まったのは昭和43（1968）年のことであるが、それとほぼ同時に、コミュニティという言葉が政策の言葉になったのである。[6]

多くの人は、身の回りで「コミュニティセンター」や「コミュニティ協議会」といった言葉を聞いたことがあるだろう。この言葉は、政治的な立場に関わらず、広く受け入れられたという。右であろうが左であろうが、保守であろうが革新であろうが、この政策は浸透していった。昭和46（1971）年に生まれた筆者は小学生のころに「コミュニティ」という言葉が当たり前のように使われていたことを覚えているが、この言葉はそのわずか10年前に政策の現場に持ち込まれ、あっという間に日本の地域社会に馴染んだ言葉だった。

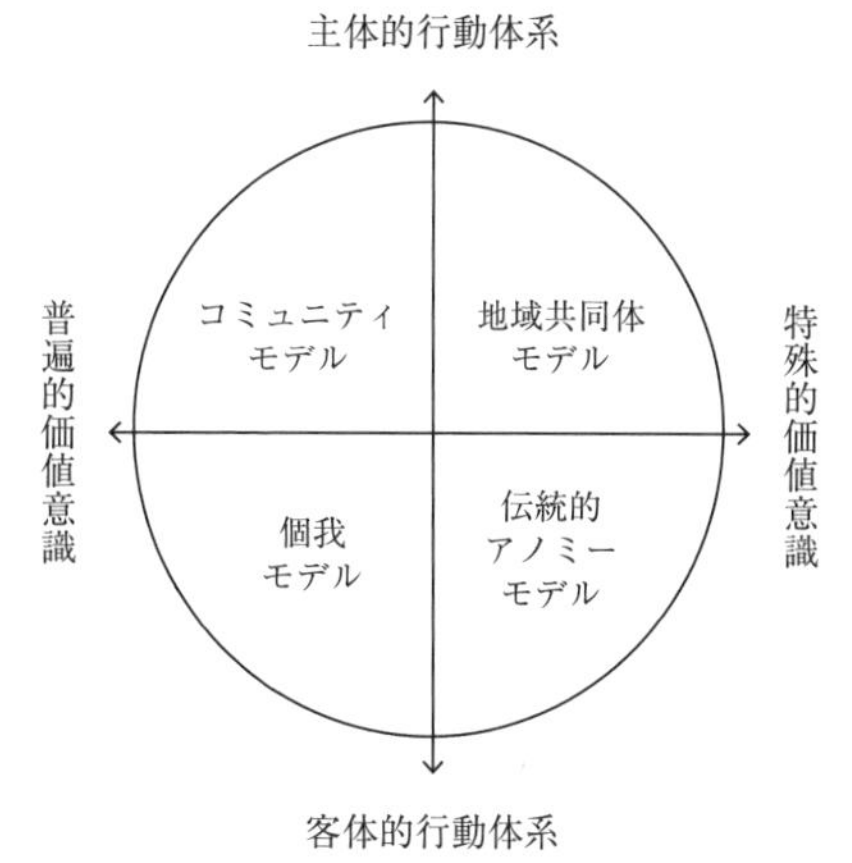

図 5-2　コミュニティモデル
出典：奥田（1983）

それはどのような言葉として持ち込まれたのだろうか。コミュニティ政策の支えとなった理論の一つに、都市社会学者の奥田道大（1983）が提唱した「コミュニティモデル」がある（図5−2）。それによるとコミュニティは「主体―客体」と「特殊―普遍」の二つの軸により四つに類型化される。第一の類型は伝統的な「地域共同体モデル」、第二の類型は都市化により地域への帰属感が弱く、無関心派な住民が多くなってしまった「伝統的アノミーモデル」、第三の類型は反対運動のような権利要求型住民によって構成される「個我モデル」である。そして最後に到達するのが自らをまちづくりの主体と位置づけ、コミュニティに必要なさまざまな事柄を自らの手で実現していこうとする「コミュニティモデル」である。

このモデルが考え出されたのは高度経済成長期が終盤にさしかかったころである。急激な経済成長は公害をはじめとする様々な歪みをもたらし、全国のあちこちで住民運動が起きていた。農村だったところが急激に都市化し、そこでは古くからの住民と新しい住民の軋轢も起きていた。コミュニティモデルはこういった現状に直面し、それをどのように解決しようかと考えていた人たちに道筋を与えるものとして受け入れられ、4つのモデルは段階性を持った、地域社会がのぼるべき階段として受け止められた。農村だったところへの新しい住民の流入は「地域共同体モデル」から「伝統的アノミーモデル」への進化であると、住民たちの運動は「伝統的アノミーモデル」から「個我モデル」への進化であると理解され、最後のゴールは「個我モデル」から住民たちが主体性を獲得した「コミュニティモデル」である。この整理によって、当時の地域社会の状況は、コミュニティというゴールにたどり着くまでの遷移の過程にあると理解され、コミュニティはつくることができるもの、そしてそれを促進するのが政策の役割であるということになったのである。

段階を上がっていくような図式はわかりやすく、受け入れられやすい。このモデルは各地で住民の運動と相対していた専門家に、その理解の方法、そのあるべき姿、あるべきつくりかたのイメージを与えることになった。

奥田が実証データに基づかず、仮説としてこのモデルを提示したことに注意する必要がある。この仮説を受けて、複数の都市社会学者が実証に取り組むが、このモデルは最終的に時代遅れのものになったという。しかし、こと都市計画においてはこのモデルは共感をもって受け入れられ、影響を発揮しつづけた。それは都市計画のもつ「計画する」という態度と、「コミュニティはつくれるものだ」という仮説の親和性が高かったからだろう。そしてこの「コミュニティはつくれるものだ」という発想が、「制度が少ない」という状況に合致する。つまり都市計画の制度が未発達の地域社会に専門家が介入し、「コミュニティはつくれるものだ」という仮説のもと、専門家が住民の都市計画の制度を育てていこう、という発想に展開していくのである。

コミュニティという言葉は都市の集団をあらわす言葉であったが、都市計画の世界では、そこに都市の空間像がセットになって浸透していく。昭和4（1929）年にアメリカで発表された近隣住区論がこのころによく読み直された。近隣住区とは人口1万人程度の小学校区程度の広がりを持つ都市のまとまりであり、近隣住区論はそこにおける住宅の数、公園の数、学校の数といった、あるべき空間像を整理した理論である。この理論と「コミュニティはつくれるものだ」という仮説は合流し、「都市には住民が作り出すコミュニティという制度があり、それは地区の広がりを持っており、地区には制度が必要とする一揃えの都市施設が揃っている」というイメージへと展開していく。

この確固たる空間を持つコミュニティというものがあるべきで、それをつくることができる、という発想は第二、第三のプロトコルの展開につながっていく。第二のプロトコルは「法が強く、制度が弱い」状況を想定してつくられ、第三のプロトコルは「法が弱く、制度が弱い」状況を想定してつくられていく。順番にみていこう。

第二のプロトコルは、都市をあるべきコミュニティの単位に分割し、それぞれの単位にそこを代表する議会のような会議体を作り上げようとした取組みである。こういった取組みは様々な名称のもとで行われたが、先進事例の一つである東京都目黒区の住区協議会にならって、「住区協議会」と総称することにしよう。

5 住区協議会

「住区」とはコミュニティの地理的な範囲を指し、実際には小学校区や中学校区、あるいは町会の連合会の範囲などがそのまま使われることが多かった。人口や地理的範囲に基づいて自治体の範囲を均等になるように切り分けた単位である。それぞれの住区を、学校、公園緑地、コミュニティセンター、福祉の施設などを公平に整備する、都市計画の基礎単位として位置付ける自治体もあった。そしてそれぞれの住区の住民を代表する会議体として設置されるものが住区協議会である。そこでは住区で起こる様々な課題とその対策が検討され、行政は住区協議会の決定に基づいて政策を行う。住区協議会はこういった考え方に基づいてつくられたプロトコルだった。

このプロトコルが、組織体としてではなく会議体として、そして住民の制度＝コミュニティがそこに存在するかどうかにかかわらずつくられていることに注意が必要である。住区というあるべき空間単位が先にたち、そこに住民の制度が未発達であったとしても、公平に、均等に会議体が設置され、コミュニティセンターが整備された。本来プロトコルは、政府の法と住民の制度をつなぐためのものであるが、一方の住民の制度が不在の状態でプロトコルだけが架橋されたのである。「法が強く、制度が弱い」状況を想定し、法から制度へやや強引に踏み込もうとしたプロトコル、と言い換えることもできる。例えるならこれは、誰も住んでいないところに鉄道を通すようなものであるが、鉄道があることによって、そこに誰かが住み始めることもある。住区協議会への期待もまさしくそのようなものであった。住区協議会を起点として、そこから住民の制度が、コミュニティが組成されていくだろうという、当てずっぽうな仮説が背景にあったのである。

ではその仮説は正しかったのだろうか。狙った通りに、住区協議会を起点にして、住区にはコミュニティが作り出されていったのだろうか。

地域の様々な問題を議論して対策を決定していく会議体が住区協議会であるが、それは自治体に設置されている「議会」と似たような会議体である。住区協議会を小さな議会のようなものだと考えると、仮説の限界がはっきりとしてくる。読者の住む自治体の議会をイメージしてほしい。自治体議会には長い歴史があるが、議会が住民のコミュニティを作り出した、という経験を持っている読者はどれくらいいるだろうか。そういった経験は「ゼロではないが、ごく少ない」が答えだろう。

議会とコミュニティはそもそも、並列の概念ですらない。議会は何かを議論し決定する場ではあるが、何かを実行する場ではない。議員たちは、自分たちの決定に基づいて、自分たちで公園を整備したり道路を建設するわけではなく、決定に基づいて実行するのは行政である。議会は、緑の問題、高齢者福祉の問題といった特定の課題だけを議論する場ではなく、そこに持ち込まれるありとあらゆる課題をいわば受動的に議論する場である。一方のコミュニティに期待されていたのは、何かを能動的に議論し、決定し、実行する組織体である。つまり、二つは全く異なるものであり、議会からコミュニティが、住区協議会からコミュニティが組成されるのは稀であることが理解できただろうか。

住民は制度を作り出せていない。そこにコミュニティの代表となる会議体をつくれば、コミュニティが作り出されていくと住区協議会は目論んでいた。しかし、それは議会のようなプロトコルであったためコミュニティはあまり出来ず、さらに当たり前のことだが、従来からの自治体の議会に加えて「議会的なもの」を増やした。それぞれの住区に小さな議会を置くとなると、自治体議会の事務局を行政がつとめていることと同様、それぞれの事務を行政の職員が担当しなくてはいけなくなる。そこまでの力を住区協議会に充てられた自治体は少数であった。結果的にこのプロトコルも我が国の中で大きく広がることはなかった。[7] このプロトコルも、やはり状況を読み誤っていたのである。

6　地区まちづくり

そして最終的に、第三のプロトコルが残っていく。それは、多くの住民組織が活発ではないが、その中でも活発な住民組織と政府が戦略的に関係をつくり、都市計画の法と住民の制度の関係を組み立てていく、というものであった。すでに実態のある住民の制度を前提としているので、何もないところに当てずっぽうで鉄道を通すようなことにはならない。住区協議会よりは限定的であるため、全地区に資源を投入しなくてすみ、戦略的に公共投資ができて効率的である。このプロトコルが一般に「まちづくり」と呼ばれているものである。まちづくりという言葉には広い意味が含まれて分かりにくなるので、本書では便宜的にこのプロトコルを「地区まちづくり」と呼ぶことにしよう。

地区まちづくりのプロトコルがどのようなものか、具体的な事例を見てみよう。地区まちづくりの先駆として有名な神戸市の真野地区は、住宅と工場が混在し、道路が狭いために古い木造住宅の建替えが進まず、防災上危険である、という課題を抱えた地区であった。一方でそこには公害問題に対する活発な住民運動や、地域の高齢者福祉に携わる住民活動が存在した。そこで住民の代表を集めた「真野地区まちづくり検討会議」が昭和53（1978）年につくられ、都市計画の専門家が派遣されて地区の詳細な都市計画が検討された。2年という時間をかけてまとめられた都市計画の提案は、一つひとつの建物の建替えを誘導しながら地区の中で住宅と工場を移動して土地利用を集約する、建物を少しずつ後退させて道路を作り出す、移動した住民の受け皿になる公営住宅を地区の中に建設するといったきめの細かいものであった（**図5-3**）。この都市計画はもちろん行政が取り組まないと実現しないものであったが、私有地を動かすため住民の納得と協力が必要であるし、何よりも長い時間がかかる。この提案を受け取った神戸市と「真野地区まちづくり推進会」と名前を変えた住民組織は協力関係を築き、その後40年以上にもわたって都市計画を進めていくことになる。[8]

真野地区では防災の課題に政府が住民と取り組むために地区まちづくりのプロトコルが使われた。他にはどのような課題に取り組むときに使われたのだろうか。昭和40年代に全国で多く使われたのは、町並みの保存や景観の向上といった取組みにおいてであった。例えば歴史的な町並みが残っている地区においては、住民を代表する組織がつくられ、そこで町並み保存の計画や規制などがつくられた。第8章で後述するが、町並み保存は住民が主導して都市計画が始まることが多く、プロトコルは住民

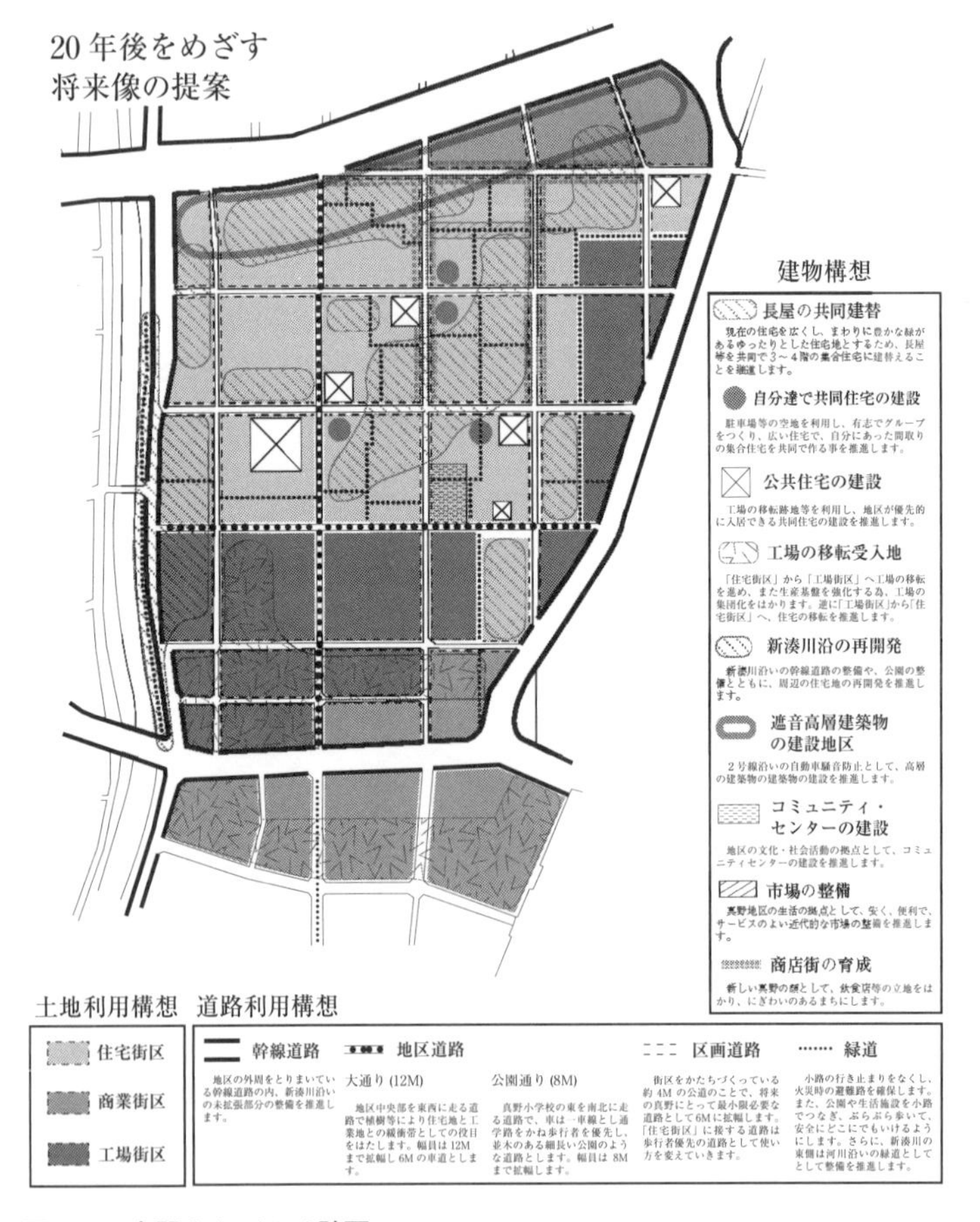

図 5-3　真野まちづくり計画

の制度側からの要請でつくられたものであった。商業が集積する地区における商業環境の整備についてもこのプロトコルが使われることがあった。商店街では商店主たちが組合をつくり、アーケードや街路の整備の意思決定をしていく。再開発事業や土地区画整理事業によって駅前の商業空間を整備するときには、そのための協議会がつくられ、そこで政府とやりとりを重ねながら都市計画が進められた。このように、行政と住民が、法と制度が関係をつくり、都市計画の権力を構成していく。そのために地区に行政のパートナーとなる組織をつくり、その組織と行政が協議を重ねながら都市計画を行っていく、それが地区まちづくりというプロトコルである。

このプロトコルは昭和50年代を通じて洗練されていく。昭和55（1980）年には都市計画法に地区ごとに詳細な都市計画を定めることが出来る地区計画が創設され、神戸市では、このプロトコルを地区計画へと接続する自治体独自の法をつくる。その「まちづくり条例」と呼ばれる法では、地区の住民が都市計画のための組織をつくることができる、組織を介して政府と協議をすることができる、組織が自分たちの地区の都市計画を行政に提案することができる、行政がその提案を受け付けて都市計画を実現していく、という「組織」「協議」「計画」「実現」の四つが定義された。

前置きが長くなったが、この地区まちづくりというプロトコルが、平成期に入る前の法と住民の制度の関係の到達点である。地区まちづくりは全国に爆発的に増えることはなかったが、確実にその数を増やしていった。そして、本章の冒頭で述べた通り、平成期を通じてこのプロトコルは解体されていく。何が解体されていくのかを理解するため、プロトコルの特徴をあらためて確認しておこう。

図5-1に示されている4つの類型のうち、本章では「公聴会」からはじまり、「住区協議会」を経

て「地区まちづくり」へと至る変化を述べてきたが、このうち「地区まちづくり」と「住区協議会」の違いをみてみよう。住区協議会は一つの都市を区域にわけ、一つひとつの区域に会議体を設置するというプロトコルであった。区域を全て足し合わせると一つの都市になるわけで、都市の「全てを均等に公平に」覆い尽くそうと考え方である。この考え方をここでは「均等平等主義」と呼ぶことにしよう。そして地区まちづくりは、住区協議会から区域という広がりを引き継いだが、均等平等主義は引き継がず、都市の中の「特定の区域」でだけ行われる、ということが特徴であった。この考え方をここでは「戦略主義」と呼ぶことにしよう。

二つの言葉をつかって整理をすると、住区協議会においては、区域（＝住区）の中に起きる課題を全て解決しようとする考え方と、都市の中に起きる課題を全て解決しようとする考え方は一貫したものであったが、地区まちづくりにおいては、区域（＝地区）の中に起きる課題を全て解決しようとする均等平等主義と、都市の中に起きる課題をすべて解決しないという戦略主義が共存していた。相反する二つの考え方は、それでも平成期の前にはつりあいがとれていたが、平成期に入るとそのつりあいがゆらいでいく。平成期を通じて均等平等主義が解体していくのである。

7　ワークショップ

解体につながるゆらぎはどこから始まったのだろうか。それは例えば住民の暴動や、行政の暴走といったような、決定的な失敗から始まったわけではなく、地区まちづくりを改善しようとするなかから始まった。改善の対象となったのは、プロトコルの心臓部ともいえる、行政と住民組織の「協議」の場である。そこでは、住民の代表が集まり、堅苦しい会話が行われることが多かった。地区まちづくりを改善しようと考えた専門家たちは、協議の場における会話の質を上げようと考え、そこに導入されたのが「ワークショップ」と総称される会話の技法であった。

バブル経済期は、生活が豊かになり、それまでの大量生産・大量消費型の開発ではなく、デザインを重視した開発が行われはじめた時期でもある。都市においても「都市美」や「都市デザイン」という言葉のもとで、デザイン性の高い公園や街路やコミュニティセンターなどの公共施設がつくられていった。その中で、建築家やデザイナーがデザインするだけでなく、デザインの過程に住民を巻き込む、住民参加型のデザインも取り組まれるようになってくる。そこに導入されたのがワークショップである。[9]

先駆的な取組みとされる、東京都世田谷区の「ねこじゃらし公園」のワークショップを見てみよう。平成6（1994）年に完成した約2700㎡のこの公園は行政が整備したものであるが、計画の中心となったのは地域の住民グループや町会であり、彼らと行政の担当者、専門家が「公園を考える会」を開催して案を作成した。当初は温水プールやスケボーランプといった施設を要望する声があったそうだが、議論を重ねる中で「何もない草っぱら」が基本的な考え方となり、公園のデザインが進められた。その検討を豊かなものにしたのが、「ご近所探検ミニウォークラリー」「デザインゲーム」「使い方シミュレーションゲーム」「原寸確認ワークショップ」といった手法であり、これらが「ワークショップ」と総称されるものである。例えば「デザインゲーム」は公園の模型を使って企画案を考えるもので、住民による4つの案を作り出したという。それは堅苦しい会話からは生まれてこないアイデアであった。

ワークショップという言葉には本来、広い意味があるが、都市計画の分野においては、住民参加型のデザインを行う時に住民を集めて開催される、工夫を凝らした会議の技法を指す。例えば議論を小さなグループに分かれて進める、教室型でなく円卓型で会議を進める、参加者の誰もに発言の機会を与える、ファシリテーターとよばれる中立的な立場の専門家が参加者の意見の交通整理をする、机上に模型や地図を持ち込んで、参加者がそれらを媒体として自分たちの意見を表現し交換する、実際に現場に出てみて体験型で議論をする、体を動かした簡単なゲームを通じて参加者同士の交流をはかり活発な意見交換ができるようにする……といった工夫である。ねこじゃらし公園も含むいくつかの先駆的な取組みの成功を得て、ワークショップの手法は地区まちづくりの協議の場に導入されていく。それは会議での堅苦しい会話を、創造的なものへと変えていく。

ワークショップの導入はもちろん、地区まちづくりというプロトコルの進化を目指すものであったが、進化の陰には必ず淘汰があることを忘れてはならない。ワークショップによって地区まちづくりにおける協議の場は構造化され、はっきりとした目的を持つものになり、協議の場での決定は機能性の高い決定へと転換されていった。その陰で、目的をつよく持たない、じっくりと地域の合意を醸成していくような堅苦しい会話は淘汰されていく。その堅苦しさは、協議の場の出席者が持っている、地区や都市を背負っているという自負、地区まちづくりのプロトコルに残っていた均等平等主義に基づくものだった。協議の場へのワークショップの導入は、やがて地区まちづくりというプロトコルを変化させていくことになる。会話の変化が、プロトコルの変化をうながしていったのである。その変化こそが、平成期の変化である。それはどのような変化だったのか、詳しく見ることにしよう。

8 NPOモデル

「まちづくり協議会」とねこじゃらし公園をつくる時に登場した「公園を考える会」は、どう違うのだろうか。どちらも行政のパートナーとなった住民組織であることは共通している。しかし、前者は区域の中に起きる課題をすべて解決しようとするのに対し、後者はそうではない。例えば交通問題に興味がある人は、前者には参加しようと考えるかもしれないが、後者には参加しようとも考えない。つまり、総合的か専門的か、全てのものを扱おうとするかどうか、ということに違いがある。

しかし交通問題をつきつめて考えていくと、例えば子供たちが自動車から安全に遊べる場が必要、ということに考えが至り、それが公園の問題へと展開することもありそうだ。つまり、総合的であるか専門的であるかと入り口が異なったとしても、扱う課題は同じようになってくることもある。そう考えれば、地区まちづくりだけが都市計画の権力を構成するのは少し筋が通らない、専門的な課題について集まった住民のグループも都市計画の担い手と言えるのではないかということになる。

ここで、図5−1で整理した第四の類型が登場することになる。住民組織の主体性をより重視し、それらが作り出すネットワークと行政が関係をつくり、都市計画を実現していくというプロトコルである。平成が始まったころにはＮＰＯという言葉は存在しなかったが、のちに確立されるＮＰＯがこのプロトコルの主役となっていくので、これをＮＰＯモデルと呼ぶことにしよう。

このプロトコルを使うと、たくさんの課題に取り組めるようになる。地区まちづくりは特定の区域の中の都市計画しか担えなかったが、ＮＰＯモデルは区域の境界を越え、様々な住民組織がネットワークを組みながら都市計画に取り組んでいくものだった。バブル経済期を経て、このころには都市は豊かになっていた。最低限の都市計画は法にまかせておけばなんとかなる。それよりも多様化した価値観を踏まえた固有の都市計画を実現しようと考えたときに、ＮＰＯモデルは有効だった。

一方でそれは、住区協議会から地区まちづくりへとプロトコルが変化したときに遺伝子のように残された均質平等主義をゆっくりと消し去っていくものだった。地区まちづくりが区域の中で起きる問題を均質に、平等に解決しようとする構えを持っていたのに対し、住民の興味関心に基づくＮＰＯモデルは、興味関心にない問題を引き受けることができない。住区協議会から地区まちづくりに変化するときに半分ほど残っていた均質平等主義は、このＮＰＯモデルへの変化によってゆっくりと失われていく。

真っ先にＮＰＯモデルを意識したプロトコルをつくったのは世田谷区である[10]。昭和50年代に神戸市と同じような地区まちづくりのプロトコルを作り上げた世田谷区は、昭和から平成期に切り替わるころに検討を重ねた「まちづくりセンター構想」を平成３（１９９１）年に発表する（図5-4）。構想図では行政、企業、市民のそれぞれの円の中間に「まちづくりセンター」がおかれている。まちづくりセンターの円はさらに「活動グループ」と「ハウス」と名付けられた小さな円で構成されているが、前者は住民のグループ、後者は専門家のグループを指す。これらのグループが組む緊密なネットワークが「まちづくりセンター」であり、それが区内で様々にまちづくりを実現していく、これが世田谷区で考えられた構想である。

この構想に基づいてつくられた二つの仕組みを見ていこう。緊密なネットワークそのものを「まちづくりセンター」とする構想は先進的すぎたそうで、「世田谷まちづくりセンター」は実際には住民を技術的に支援する専門家集団として平成4（1992）年に設立された（平成18（2006）年に「一般財団法人世田谷トラストまちづくり」に改組された）。そこには住民による計画づくりや合意形成を支援する技術を持った専門家が雇用され、ワークショップの手法の講座を開いたり、時には自分たちが出かけていってワークショップを開催して計画を作成し、行政との関係も調整する、といったことまでを担った。

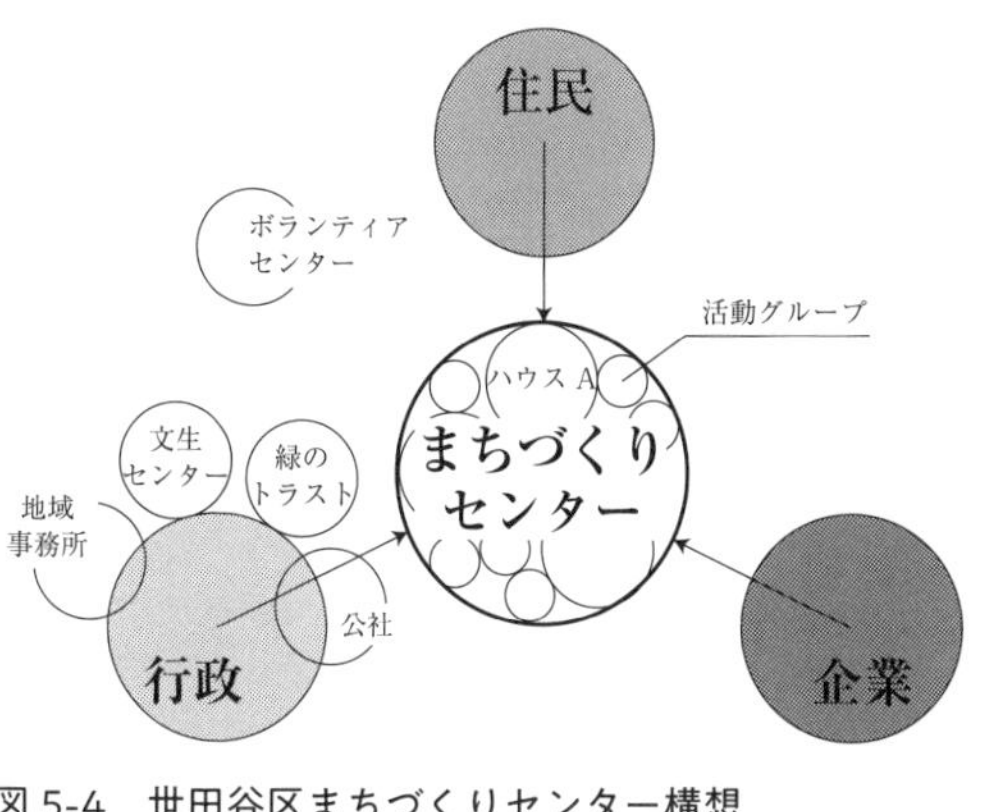

図5-4　世田谷区まちづくりセンター構想

もう一つの仕組み、平成4年に立ち上げられた「世田谷まちづくりファンド」は一つひとつの小さな住民グループの活動を支援する仕組みである。世田谷まちづくりファンドは年に一度、住民からのまちづくり活動の提案を募集する。住民グループは自分たちが取り組んでみたい活動を提案し、その提案が公開審査会によって認められたら活動資金を獲得し、1年間の活動に取り組むことができる。活動にあたっては、まちづくりセンターの支援を受けることができるし、年に2回の活動報告の場において、住民グループがお互いの活動を知ることもできる。年間で20近いグループが区内のあちこちで活動を行い、思い思いの成果をあげていく。一つひとつは小さなグループであるが、その横のつながりが徐々に生まれ、やがてそれが網の目のようなグループのネットワークへと成長し、多様化した世田谷の都市計画を担っていく。こんなことがまちづくりファンドの狙いであった。

まちづくりセンターとまちづくりファンドは、まちづくり構想に描かれた一つひとつの小さな円を育てていった。平成期の間に小さな円はいくつ増えたのだろうか、まちづくりファンドが始まってから平成30年までの間に25回の助成が行われ、374の住民グループが支援を受けて活動を行ったという。実に様々なテーマの活動が取り組まれたのである。

このようにNPOモデルは、一つひとつの小さな住民グループとそのネットワークで都市計画をカバーしようとするものだった。区域を設定しその都市計画をカバーしようとするまちづくりが「面」であるとすれば、NPOモデルは市民グループとネットワーク、つまり点と線で都市計画をカバーしようとするものだった。そしてこの「点」と「線」が平成期を通じて強化されていくことになる。

9　NPO法人

まず、「点」すなわち個々の住民グループを強める法がどのように整えられていったのかを見てみよう。その大きな変化は、平成10（1998）年の特定非営利活動促進法、通称NPO法の創設である。都市計画の領域に限らない大きな社会変化であるが、重要な変化であるためその経緯を少し詳しく見ておこう。[11]

平成期の初めに、市民団体のリーダーや研究者、生活協同組合や研究機関などによって、市民社会の発展を研究する小さな研究会がいくつか同時多発的に誕生した。総合研究開発機構の「市民公益活動の基盤整備に関する調査研究」グループ、東京ランポの「市民活動促進制度研究会」、市民フォーラム２００１の「ＮＧＯ活動推進委員会」といったものである。これらの研究会が掲げていた問題意識はどのようなものだったのだろうか。

市民グループは１９７０年代、80年代を通じて増加していた。グループによっては継続的に活動を行い、地域社会において確固たる役割を果たしているものも少なくなかった。しかしそれらのグループが活動するための「基盤」が不足していたことが問題であった。基盤とは、例えば活動を進めるための安定的な財源や、拠点として使える場所であるが、当時の市民グループは銀行の口座すらつくれないし、事務所を賃借することもできない、不安定な状態で活動をしていた。こうした問題意識から、当時活動していた研究会の関係者が集まって議論を重ね、「市民団体の簡易な法人格、市民活動を促進する税制の整備、市民活動情報の公開」という目標をかかげた「シーズ＝市民活動を支える制度をつくる会」という運動団体を平成６（１９９４）年に結成し、あるべき法人格の制度、税制についての具体的な法律案までを作り上げた。

そして、その矢先の平成７（１９９５）年に発生した阪神・淡路大震災が、ＮＰＯ法の成立を加速することになる。阪神・淡路大震災は被災地の行政や消防が一時的に機能不全に陥るほどの被害をもたらした。機能不全に陥った行政に変わって活躍したのがボランティアである。各地からボランティアが駆けつけ、その数は延べ167万人、多い時で1日に2万人が活動したと言われている。この年はのちに「ボランティア元年」と呼ばれるようになった。

法律案が完成していた状況でボランティアが活躍するような大震災が起きた。震災は不幸な出来事であったが、結果的に震災が法律案の成立を大きく推進することになった。当初「市民活動促進法」と呼ばれていた法律案は15ヶ月にわたって国会で審議され、平成10（1998）年3月に特定非営利活動促進法が成立した。NPO法の特徴は、法人の設立を政府による「許可」ではなく「認証」にしたことにある。これはNPOの設立に対する政府の関与を低くするものであり、政府の意向をうかがうことなく、自由に法人を設立することができるというものであった。市民が法人を設立するときの障壁を少なくするものであり、結果的には活発に法人が設立されることになる。

NPO法人は、翌年には1000法人を、4年後にはあっさりと1万法人を超え、平成期の終わりには5万法人を超えるNPOが設立されている。これだけの小さな住民グループが社会を支えるようになったこと、社会に顔が見える組織が増えたことが平成期の大きな変化であった。それまでの地域社会において顔が見える組織とは、町会や自治会といった自治組織だけであったが、NPOという顔の見える継続的な組織が作り出され、住民の核にもなるし、行政のパートナーにもなる。それはNPOモデルにおける「点」をよりはっきりと、わかりやすいものにしたのである。

10　中間支援組織

では、このように強く、存在感を増した一つひとつの点を結んでいく「線」はどのように強くなっていったのだろうか。点と点をつなぐ線、つまりＮＰＯ同士の関係を強くしたものと、点と政府をつなぐ線、つまりＮＰＯと行政の関係を強くしたものを順番に見ていこう。まずは前者である。

点と点の関係を強くしたのは、「中間支援組織＝intermediary」と呼ばれる組織である。中間支援組織とは、現場で活動するＮＰＯ同士、ＮＰＯと行政、ＮＰＯと民間組織の「中間」に立って、それらをつないでいく組織である。一つひとつのＮＰＯは目の前の課題を解決することで手いっぱいで、自分たちの団体の経営がおろそかになることが多くある。中間支援組織は一つひとつのＮＰＯの経営を支援したり、行政や企業の支援を引き出して個別のＮＰＯにつなげていく役割を果たすものである。先駆的な中間支援組織として、昭和40（１９６５）年から活動していた大阪ボランティア協会、昭和54（１９７９）年に奈良の町並み保存運動の中から生まれた奈良まちづくりセンター、昭和63（１９８８）年から神奈川県で活動していたまちづくり情報センターかながわ（通称アリスセンター）といった組織があげられる。

中間支援組織はどのようにその機能を作り出して行ったのか、アリスセンター（2004）の事例に見てみよう。アリスセンターは昭和63年に、神奈川県内で活動していた市民団体や生活協同組合のリーダーたちが設立した。当時の市民団体のほとんどには専従の職員がいなかったが、生活協同組合が資金を出して、アリスセンターには20代の若い専門家が職員として雇用されていた。まちづくり情報センターという名前の通り、当初は様々な市民団体の集会やイベントの情報を集約するニュースを発行したり、市民団体が情報を交換するためのパソコン通信のシステムを運営したりするところから始まった。インターネットが一般的でない時代に、個々の市民団体は分野ごとに分かれて細かく活動を行っており、市民団体同士の横のつながりがなかった。こうした状況を改善するために情報を共有する取組みを始めたのである。

しかしやがて彼らは、情報共有だけでは社会を変えることにはつながらないと考え、市民団体の起業の支援を行うようになる。市民団体は思いだけが先行し、組織として十分な機能を持っていないことがある。アリスセンターその問題に目をつけ、設立された団体の事務局を引き受ける「事務局支援」という活動を始めた。そこから例えば「ファイバーリサイクルネットワーク」という古着のリサイクルのネットワークが立ち上がったり、「市民ネットワーキング・相模川」という、大きな河川の流域で活動する市民団体のネットワーク組織が立ち上がったりした。支援は、一般的に「人」の支援、「もの」の支援、「金」の支援、「情報」の支援に分けられる。アリスセンターはこのうち「情報」の支援からスタートし、やがて不足する人材を補うという「人」の支援を展開していく。このように中間支援組織の機能が確立されていくのである。

平成期にはこういった活動がモデルとなり、各地にＮＰＯセンターと呼ばれる中間支援組織が誕生していく。現在、日本には４００近いＮＰＯセンターがあると言われている。それらはＮＰＯの中間に立って様々な関係をつなぎ、住民の制度をより豊かで複雑なものにしている。

11　ＮＰＯと行政の協働

つぎにＮＰＯと行政の関係の変化をみてみよう。ＮＰＯモデルにおいてその関係には「協働」という言葉があてられるようになる。これは２０００年頃に使われ始めた言葉で、特定の課題を解決するために、ＮＰＯと行政が力を出し合って共に働くという意味がある。「住民参加」という言葉と対比するとその意味ははっきりする。住民参加には、行政が決定・実行する事柄に対して住民が参加するという意味があり、決定・実行をするのはあくまでも行政であり住民ではない。それに対して、住民自らが実行することを前提として決定に関わり、実行まで対等な関係で共に取り組むことが協働である。

この言葉は第3章で述べた地方分権の流れの中においてさかんに使われるようになっていく。地方分権は政府の権限を市町村へと移し、法と制度の距離を縮めていく改革であったが、そこにＮＰＯモデルが組み込まれていく。具体的にそれは「自治基本条例」とよばれる、自治体が自分たちの自治の方針や方法を定めた条例に位置付けられる。自治基本条例の名称は様々であるが、大阪府箕面市の「まちづくり理念条例」（１９９７年）、北海道ニセコ町の「まちづくり基本条例」（２００１年）、兵庫県宝塚市の「まちづくり基本条例」（２００２年）などが先駆的な条例として知られており、公共政策研究所（2019）の調べによると、平成期に３７６の自治体において条例が定められたという。例えば宝塚市の条例は「この条例は、本市のまちづくりの基本理念を明らかにするとともに、市民と市の協働のまちづくりを推進するための基本的な原則を定め、もって個性豊かで活力に満ちた地域社会の実現を図ることを目的とする」とし、市民と行政の協働をはっきりと市政運営の中心に位置づけるものだった。（なお、宝塚市の条例における「まちづくり」という言葉が、本書で使っている言葉よりも広義に、市政全般を指すものであることに注意されたい。）

協働は具体的にはどういった取組みだったのだろうか。具体的な取組みをひとつ見てみよう。

平成15（2003）年に指定管理者制度という仕組みが始まった。それまで行政が行っていた公共施設の管理運営を、企業やNPOなどに包括的に委託して任せることができる仕組みである。行政による管理は非効率であることもある。そこで管理を企業やNPOに委託することで行政コストを削減し、行政が提供する画一的な管理ではなく、企業やNPOによる創造的な管理を期待するということが指定管理者制度の狙いであった。指定管理者に選ばれたNPOは行政と契約を結ぶ。契約は永遠ではなく、時間が区切られ、そこにはNPOと行政の役割が明記される。この契約に裏打ちされて、NPOと行政の協働はしっかりとした関係へと変化し、それは一つひとつの点であるNPOも強くしていった。NPOは「やりたいこと」が先に立ち、活動場所が無い、活動資金が無い、活動を担う職員も十分ではない、という問題を構造的に抱えていた。指定管理者制度はそういったNPOの経営基盤を強くすることにつながった。NPOは自分たちの分野の公共施設の指定管理者となることによって安定的な収入を得て職員を雇用することができる。そしてその上で、その施設を活動の拠点として自分たちの独自の事業を実践できるようになる。このようにしてNPOモデルというプロトコルは行政と住民をつなぎ合わせ、行政の持つ資源を住民の制度へと移転していったのである。

協働は、住民と政府の関係を、契約を介したしっかりとした組織と組織の関係へと変化させた。契約とは限定された目的を実現するために結ばれる関係であり、それまでの地区まちづくりにおける住民と政府の関係とははっきりと異なるものだった。例えるなら、地区まちづくりにおける住民と政府の関係は、親子関係のようなものである。子供が生まれた時に、将来的に子供が抱える問題の全てを予見して、契約を結ぶ親子などいないだろう。子供が問題に直面したらそれを一つずつ一緒に解決していくのが親の役割である。地区まちづくりもそれと同様に、地区に暮らす人々の課題を均等平等主義にもとづいて解決するものであり、あらかじめ具体的な目的を定めず、地区で起きる様々な問題を事後的に全て受け止めて解決していこうとするものである。一方で協働の関係は、企業と企業の関係のように、目的を立て、目的を達成するための適切な方法を選択する機能的な関係である。

親子関係から機能的な関係へ転換することで、NPOモデルは高度に発達していくことになる。一つひとつの目的にあわせて住民と政府の関係がオーダーメイド型でつくられ、組み合わされていく。そして高度化したプロトコルは、様々な課題、それまでの住民と政府の親子関係によってうまく解決することができていなかった課題も解決できるようになる。具体的にはどのような課題であろうか。平成期の中頃から政府の頭を悩ますことになった、空洞化した都市の中心市街地再生への取組みを例に見てみよう。

12 中心市街地の再生

まず課題の背景をまとめておこう。平成期の中頃に入ると、都市の中心部にある建物が一様に古くなってきた。建物の多くは昭和30年代まで続いた高度経済成長期以降につくられたものであるが、それらが建設当初に持たされていた役割を終え、古びた建物が低利用な状態で残っているという状況が顕在化した。その多くは小さな商店であったが、中心市街地が都市郊外の大規模商店に商業の中心地の座を奪われつつあり、そこで新しく商売をはじめようとする動きもほとんどなかった。ちょうどバブル経済崩壊のタイミングが重なり投資が冷え込んだという不運もある。中心市街地に空き店舗だらけのシャッター商店街が出現し、新たな都市課題となったのである。この課題に対応するために、平成10（1998）年に中心市街地における市街地の整備改善及び商業等の活性化の一体的推進に関する法律（平成18年に「中心市街地の活性化に関する法律」と改称されるが、以下では「中心市街地活性化法」と略す）がつくられた。この法は、商店街への支援策をまとめたもので、区画整理事業や都心住宅といった空間整備に関することと、商業者向けのソフトの支援を充実させたものである。

商業の再生は、そもそも政府が苦手とすることの一つである。公園や道路といった公共空間の整備は政府が得意とすることであるが、豪華な公園、使いやすい道路をつくったところで、一つひとつの商店が魅力的にならなければ、中心市街地は再生されていかない。どれほど豪華なテーブル（＝公共空間）を準備しようとも、美しい皿（＝商店）に美味しい料理（＝商品）がのっていないとレストランが繁盛することがない、ということだ。しかし政府は商店主になりかわれるはずもなく、一つひとつの皿と料理には関わることができない。政府にできることは使われるかどうかわからないテーブルを買い集めることだけだった。中心市街地の再生のためには、新しい皿と料理を作り出せる住民の制度が必須であり、その制度を再生するために、政府と住民の制度が関係を結ぶプロトコルが試行錯誤されることになる。

最初に中心市街地活性化法で準備されたプロトコルは、タウンマネジメント機関（以下「ＴＭＯ」）と呼ばれる民間の組織を中心としたものであった。まず市町村の政府は中心市街地を活性化するための計画をつくる。それはアーケードや駐車場の整備といったテーブルに関することと、空き店舗の賃貸といった皿と料理に関することが含まれる計画である。そしてＴＭＯになろうとする組織は、後者の皿と料理に関する構想を作成する。その構想が市町村から認定されることによって、国や市町村から財政的な支援を得て、ＴＭＯとして活動ができるというプロトコルであった[12]。

ここで初めて都市計画の中にタウンマネジメントという言葉が登場した。その意味は「中心市街地における商業集積を一体として捉え、業種構成、店舗配置等のテナント配置、基盤整備及びソフト事業を総合的に推進し、中心市街地における商業集積の一体的かつ計画的な整備をマネージ（運営・管理）すること」とされる。中心市街地の一つひとつは小さな商店の集積であるが、タウンマネジメントはそれを一体のものとして捉えるものだった。その時に大きな障壁となるのは、皿の所有者と料理人の分離、つまり商店の所有者と商売をする人を分けることだった。伝統的にこの二者は同じであり、そのことが、ある時期までの商店街を効率的で強固なものにしていたが、一方で所有者が高齢化すると、空き店舗が増加することにつながっていた。

筆者はある地方都市で中心市街地の活性化に取り組んだことがあるが、高齢化で閉じてしまった店舗を若い商業者に貸し出すように所有者に呼びかけても、実際に貸し出す人は少なかった。聞くと、店舗と住宅の境目がはっきりしておらず他人に店舗を貸すことが難しい、そして自分は十分に稼いだので、もう商売をする気がない、ということであった。こういった状況を変えるために、店舗の所有者が新しい事業者に店舗を貸し出していけるようになるにはどうしたらよいか。一つひとつの店舗の所有権と利用権をわけ、利用権を中心市街地で新しく事業を立ち上げる人に渡していく、それを積み重ねることによって中心市街地が面的に再生されていく、このことがタウンマネジメントであり、それを実現する組織がＴＭＯであった。

しかし問題は耳慣れないＴＭＯなる組織の担い手であった。ＴＭＯのモデルのひとつは滋賀県の長浜市の中心市街地を観光客で賑わう場所に再生した株式会社黒壁（昭和63（１９８８）年）であったが、どの都市にも黒壁のような組織が自生的に活動しているわけではない。ＴＭＯとなるべく期待されたのは商工会議所であり、実際に認定されたＴＭＯのほとんどが商工会議所であった。しかし、商業者の会員組織である商工会議所が、所有と利用の分離という、個々の商業者にとって耳が痛い改革をすることは難しく、人手も十分にないこともあった。その効果は限定的であり、結果的にＴＭＯというプロトコルは平成18（２００６）年の法改正によって、法的な位置付けを失ってしまう。

平成18年の法改正で、ＴＭＯにかわって重視されたのは、まちづくり会社や中心市街地整備推進機構と呼ばれる組織であった。名前からはわかりにくいが、ＴＭＯが中心市街地全体を広く浅く扱う組織であったのに対し、これらは具体的な建物の再生やサービス提供といった事業を行う組織である。そしてこれらの組織が参加する「中心市街地活性化協議会」がつくられる。実態は様々であると考えられるが、法改正の狙いだけからこの変化を整理すると、総合商社のように全ての活性化の取組みを行おうとしたTMOをプロトコルの中心に置くのではなく、専門特化した組織のネットワークが活性化の取組みを行うことを前提とし、協議会をその連絡調整や意見集約のためのプロトコルとして置く、という変化であった。この変化を本書のこれまでの言葉で言い換えると、当初のプロトコルであるTMOには、地区まちづくりと同じように均等平等主義が色濃く残っていた。そしてそれが失敗し、一つひとつの点であるまちづくり会社を重視する戦略主義へ変化したということだ。

そしてこのプロトコルは中心市街地の課題を解決できるようになる。平成22（2010）年頃より大きな動きになった「リノベーションまちづくり」という動きを見てみよう（清水（2014））。これは中心市街地にある中古の低未利用の建物＝空き店舗を使った事業の計画を立案し、一つひとつを再生する。そして同じエリアにある複数の建物を連鎖的に再生することでエリア全体を再生していこうという方法であった。中古の低未利用の建物の賃料は安価であるため、その場所で新しい事業を立ち上げたいと考えている事業者にとっては起業が容易になる。リノベーションという建物設計の手法名が前面に出ているのですこしわかりにくいが、小規模な商業者が小規模な建築ストックを再利用して起業していく環境を形成するというまちづくりであった。このまちづくりにおいて「リノベーションスクール」と呼ばれる事業計画のアイデアを競う集中的なワークショップがなんども開催される。そこに起業を検討する事業者の卵が集まり、彼らと再生される建物の所有者をマッチングすることがこのまちづくりの中心にあり、これは「所有と利用の分離」を一つずつ解きほぐすものであった。TMOに残っていた「区域の中に起きる課題を全て解決しようとする考え方」を捨て、一つひとつの物件ごとに結ばれる関係を中心におくというまちづくりがリノベーションまちづくりである。

13　エリアマネジメント

TMOという言葉の広がりとともにタウンマネジメント、あるいはエリアマネジメントという言葉が都市計画で使われるようになった。新しく都市を拡大していく時代から、出来上がった都市を維持管理していく時代へと変化したことに対応する言葉である。広がりを持ったエリアにおける建物や道路公園などのインフラを、NPOや民間企業などが政府にかわって維持管理することをさす。

この考え方は中心市街地の再生が課題となった平成10年代ごろから検討されるようになった。アメリカのBID（ビジネス開発地区、Business Improvement District）というエリアマネジメントの仕組みが紹介されたのもこのころである（保井（1998））。いくつかの動機があり、一つは前述した疲弊した中心市街地の再生であるが、もう一つは大規模な都市開発によって作り出された高質な都市空間の維持管理の必要性である。こうした空間に対し、画一的なサービスしか提供できない政府にかわって、NPOや民間企業がサービスを提供することで、質の高い、きめ細かい維持管理ができる。例えば、東京臨海部の晴海地区に平成13（2001）年に開発された6haの大規模な再開発事業である晴海アイランドトリトンスクエアでは、開発とともに「晴海コーポレーション」という会社が作られ、開発エリア全体に植えられた緑の維持管理、それを使ったイベント等の活動を行っている。晴海コーポレーションは晴海アイランドトリトンスクエアのビルの賃料の収益によって財政的に独立して運営されており、開発から20年近くが経過した現在もビルの環境が美しく保たれ、新しいイベントが次々と行われている。

図5-5　晴海トリトンスクエア

このようにエリアマネジメントには財源の確保が必須である。晴海の場合はそれを賃料収入で賄っていたが、これは一体的な開発エリアであったから成立したことである。バラバラの個人や企業が土地や建物を持っている市街地において、地権者からどのように財源を調達するかが鍵となる。そもそも政府は住民や企業から税を集めることで都市の維持管理を行っているが、その権利、つまり課税し徴税する権利をエリアマネジメントの主体にどう渡せるのか、という問題である。大阪市では大阪エリアマネジメント活動促進条例（２０１４年）をつくり、行政権限で地権者から分担金を徴収し、エリアマネジメント組織の財源にしようという仕組みがつくられている。

エリアマネジメントは一定の広がりがある地区の全てを対象とするものであり、地区まちづくりとＮＰＯモデルのプロトコルの良いところをまぜあわせたものである。つまり、地区まちづくりが持つ均質平等主義と、NPOモデルが持つ戦略主義を組み合わせたものであるといえる。エリアマネジメントは中心市街地などの地価の高いところでしか成立しないものなので、一般解になるとは考えにくいが、平成期の後半にたどり着いた、プロトコルの一つの到達点である。

14 コミュニティの解体

最後に、平成期を通じて、プロトコルとしてのコミュニティはどのように変化してきたのか、整理しておこう。ここまで見てきたとおり、成熟期の初めに「公聴会」がつくられたが十分に機能せず、昭和44（1969）年のコミュニティレポートを受けて暫定的におかれた「コミュニティ」というプロトコルの中に、「住区協議会」がつくられ、さらに「地区まちづくり」が加わり、最後に「NPOモデル」が加わってプロトコルは充実化してきた。コミュニティという言葉は、成熟期が始まってから平成期を通じて、たくさんの人たちに何度も再定義されながら、プロトコルを充実化し、住民の制度を育て、住民の制度と法を架橋し続けた。50年前にこの言葉をプロトコルにしようと考えた人たちは、今ごろ「してやったり」と膝を叩いているに違いない。

しかし、116ページに示した、50年前の定義をあらためて読み返してみて、「どうも自分が理解しているコミュニティという言葉の定義とは違うようだ」と感じた読者もいるかもしれない。この言葉は形をかえたり、別の言葉にくっついたりして、まるでウイルスのようにあちこちで増殖し、自分の意味を少しずつ変化させてきた。そこでは何が変化してきたのだろうか。議論をわかりやすくするために、少しだけ用語にこだわってみるところから考えたい。

すでに述べた通り、コミュニティという概念は社会学者のマッキーバーが大正6（1917）年に提唱したものであるが、それは「アソシエーション」という概念の対概念として提唱された。「共通の目的を持った機能的な結社」と定義されるアソシエーションに対して、コミュニティは「一定の地理的範域に居住し共属感情をもつ人々の集合体」とされる。目的で結びつくのがアソシエーション、土地で結びつくのがコミュニティである。この二つの概念に照らし合わせてみると、昭和44（1969）年に自治省から出されたコミュニティという言葉には、アソシエーションの要素が最初から混ぜ込まれていたと理解できる。昭和44年のコミュニティの定義には、「各種の共通目標をもった」とはっきりと書かれているからである。そして私たちがこのプロトコルを50年間にわたって使い続け、変化させるなかで起きたことは、コミュニティがどんどんアソシエーションの集合体になっていくこと、コミュニティに仕込まれたアソシエーションの要素がどんどんふくらみ、それがコミュニティというプロトコルの主役にならんとしていることではないだろうか。

都市計画の専門家たちは、「コミュニティはつくることができる」とこの言葉をうけとった。コミュニティの設計、いわゆるコミュニティデザインは、最初は身近な小さな公園を設計する、安全で心地よい生活道路を設計する、みんなが集まれるコミュニティセンターを設計するといった空間を設計する技術だったが、やがてそれは、人と人のつながりを設計する技術へと設計の対象を広げていく。

例えば道端に小さなベンチを設計する。これは空間の設計である。そしてそのベンチがあることによって近隣の人たちの交流が生まれ、やがては豊かな人間関係が組成されてくることがある。このベンチは特定の人たちによる目的を持たされてない。そこには誰でも座ることができるし、誰も座らなくてもよい。これを「コミュニティのベンチ」と呼ぶことにしよう。

しかし全てのコミュニティのベンチから豊かな人間関係が組成されるわけではない。よく使われる「当たり」のベンチもあれば、使われない「外れ」のベンチもある。空間の設計とはこのように当たるか外れるかよくわからないものである。そしてその外れ率を下げるために、豊かな人間関係を求めている人たちに集まってもらって、そこから必要なベンチを導き出していくということをやり始める。これが「人と人のつながり」の設計である。集まった人たちは出来上がったベンチを大切にし、確実にそのベンチに座り、そのまわりには交流が生まれていく。このベンチは特定の人たちによる目的を持たされているからである。しかしそこには誰もが座ることができるわけではない。いや、「『誰でも座ることができる』というルールを誰かが意識的につくらない限り、そこは誰でも座れるようにはならない」というほうが正確だろうか。これを「アソシエーションのベンチ」と呼ぶことにしよう。

「コミュニティはつくることができる」と考えた都市計画の専門家は、当初はコミュニティのベンチを設計していたが、平成期に入るころからアソシエーションのベンチの設計に熱中し始める。専門家たちは「コミュニティはつくることができないが、アソシエーションはつくることができる」ということに気づいたのである。そして平成期が終わる現在、多くの専門家が「コミュニティデザイン」として実践しているもののほぼすべては、アソシエーションのデザインである。このこと、つまり「コミュニティデザイン」から「アソシエーションデザイン」への変化が、平成期に行われた地区まちづくりからNPOモデルへのプロトコルの切り替えである。

アソシエーションは目的によって結びつく結社であるので、よい目的をつくることがアソシエーションデザインの成功につながる。「やりたいことをやろう」「ビジョンを明確にしよう」「稼げるようにしよう」とアソシエーションの目的をさらに尖らせることが強調され、それは、誰でも座ることができ、誰も座らなくてもよいコミュニティのベンチを都市の中から追い出していく。つまり、平成期の間に都市計画を担う住民の制度は、「尖ったアソシエーションと弱いコミュニティ」の組み合わせで構成されるようになったのである。図と地の対比の中で考えると、アソシエーションを図と、コミュニティを地と言い換えてもよいかもしれない。弱く消えそうな地の上に、たくさんの、小さな図が描かれているということだろうか。そしてこれは効率の悪い均等平等主義から、小さく確実に成果をあげていく戦略主義への切り替えであった。

このことは、大きな問題ではないかもしれない。機能性の高いアソシエーションの集合こそが平成期に住民が発達させてきた都市計画の制度であり、「自分たちが都市計画を担っている」という平成期の住民の実感の多くは、アソシエーションへの関わりを通じてもたらされたものであろう。しかし、土地で結びつくのがコミュニティ、目的で結びつくのがアソシエーションであることを思い出してほしい。土地と目的のどちらが長持ちするだろうか、どちらがしぶといだろうか。

実体のある土地は滅多なことでなくなるものではないが（福島の原子力発電所の事故の被災地では稀なことが起きた）、実体のない目的はうつろいやすく、なくなってしまうこともある。「土地はそこにあるもの」、「目的はつくるもの」と考えると、コミュニティはそこにあるもので、アソシエーションはつくるものであり、アソシエーションがリーダーの交代などによってその機能を失ってしまうことは多い。例えば、平成期の終わりにNPO法人は5万1469法人にまで増えたが、そのうち1万7731法人はすでに解散している。つまり、平成期をかけてつくりあげてきた「尖ったアソシエーションと弱いコミュニティ」による都市計画の制度は、実に変わりやすいバランスの上に成り立っているものである。

ここから先の時間の中でコミュニティとアソシエーションのバランスは常に変化し、高齢化や人口減少によってたくさんのアソシエーションが魔法のように失われてしまう、ということもあるだろう。しかし、たとえ目的が全て失われたとしても、そこに土地は残り、そこにはコミュニティが残っているはずだ。その時に都市計画はコミュニティだけによって担われるものになるのだろうし、そこでは地区まちづくりや住区協議会といったプロトコルが息を吹き返すかもしれない。

〈補注〉

1 まちづくりやコミュニティ政策に関する歴史をまとめたものとしては、小泉（2016）、松野（2004）、米野他（2000）、饗庭（2003）がある。

2 プロトコルの類型については、佐藤・饗庭（2005）を自己参照した。

3 例えば神戸市板宿地区で1971年に編み出された「協議会方式」と呼ばれた方式は、住民運動組織が集まり、行政と調整の場としての「都市計画協議会」を設けるという方法であり、こういった方法の萌芽的なものとして捉えられる。

4 アドヴォケイトプランニングについては西尾（1975）で紹介されている。

5 コミュニティ政策の形成とその評価については、広原（2011）、山崎（2014）を参照した。

6　なお、並行して建設省は地区計画の検討を行う。これは地区単位の詳細な都市計画の仕組みであり、後述するように昭和55（１９８０）年の都市計画法改正で創設される。自治省のコミュニティ政策と同時代的な動きであるが、後発の地区計画には素案を地権者がつくるなど、丁寧な住民参加の仕組みが組み込まれていた。

7　大きく広がらなかったとはいえ、いくつかの優れた実践が行われた。また、平成の市町村合併時には広域化した自治体行政をきめ細かく補完するものとして住民による「地域自治区」の仕組みが地方自治法で創設された。住区協議会は平成期のあいだ、地方自治の変わらぬモチーフであったとも言える。名和田（1998）は都市計画の専門家に影響を与え、日本都市センター（2004、2014）は「近隣政府」という概念をあて、住区協議会を評価している。

8　神戸市ではその後、１９８９年に策定された「インナーシティ総合整備基本計画」を契機に、真野地区で構築された協議会を中心とした組織モデルを見直し、大規模プロジェクトを中心とした、より行政主導色の強い組織モデルを描き、新開地地区などで実践している。真野地区については今野（2001）に、神戸市の展開については広原（1996）、塩崎（2001）に詳しい。

9　ワークショップが初めて導入されたのは、昭和55（１９８０）年の山形県の飯豊町であり、ハルプリン（1989）の手法を直輸入する形で青木志郎、藤本（1984）、木下（2007）らが開催した。横文字には抵抗があると考えられたため「講」という訳語があてられている。その後各地で実験的な導入が進み、世田谷まちづくりセンター（1993）やサノフ（1993）の体系的な紹介によって全国に広がっていった。

10　世田谷区での展開については原（2003）、小山（2018）に詳しい。

11　総合研究開発機構のレポートは木原勝彬他（1994）であり、立法の経緯は小島（2003）、原田（2018）に詳しい。

12　ＴＭＯについては、中小企業庁（2001）、ＴＭＯのあり方懇談会（2003）、国土交通省（2018）を参照した。

〈参考文献・資料〉

奥田道大（1983）『都市コミュニティの理論』東京大学出版会
木下勇（2007）『ワークショップ――住民主体のまちづくりへの方法論』学芸出版社
小泉秀樹（2016）『コミュニティデザイン学　その仕組みづくりから考える』東京大学出版会

小島廣光（2003）『政策形成とＮＰＯ法――問題、政策、そして政治』有斐閣
小山弘美（2018）『自治と協働からみた現代コミュニティ論――世田谷まちづくり活動の軌跡』晃洋書房
今野裕昭（2001）『インナーシティのコミュニティ形成――神戸市真野住民のまちづくり』東信堂
佐藤滋・饗庭伸 他（2005）『地域協働の科学――まちの連携をマネジメントする』成文堂
サノフ・ヘンリー（1993）『まちづくりゲーム――環境デザインワークショップ』晶文社
清水義次（2014）『リノベーションまちづくり　不動産事業でまちを再生する方法』学芸出版社
世田谷区（1991）『まちづくりセンター構想』世田谷区
世田谷まちづくりセンター（1993）『参加のデザイン道具箱』世田谷まちづくりセンター
名和田是彦（1998）『コミュニティの法理論』創文社
西尾勝（1975）『権力と参加――現代アメリカの都市行政』東京大学出版会
日本都市センター（2004）『近隣自治の仕組みと近隣政府――多様で主体的なコミュニティの形成をめざして』日本都市センター
――（2014）『地域コミュニティと行政の新しい関係づくり～全国８１２都市自治体へのアンケート調査結果と取組事例から～』日本都市センター
原昭夫（2003）『自治体まちづくり』学芸出版社
原田峻（2018）『ＮＰＯ法制定までの市民の取り組み』まちと暮らし研究、地域生活研究所
ハルプリン・ローレンス（1989）『集団による創造性の開発――テイキング・パート』牧野出版
広原盛明（1996）『震災・神戸都市計画の検証――成長型都市計画とインナーシティ再生の課題』自治体研究社
――（2011）『日本型コミュニティ政策　東京・横浜・武蔵野の経験』晃洋書房
マッキーヴァー・Ｒ・Ｍ（1975）『コミュニティ』ミネルヴァ書房
松野弘（2004）『地域社会形成の思想と論理　参加・協働・自治』ミネルヴァ書房
山崎仁朗（2014）『日本コミュニティ政策の検証――自治体内分権と地域自治へ向けて』東信堂
饗庭伸（2003）「参加型まちづくりの方法の発展史と防災復興まちづくりへの展開可能性」『総合都市研究』（80）、pp.79-96、東京

都立大学都市研究センター

アリスセンター（饗庭伸・石塚貢子・川嶋庸子）（2004）「かながわの市民社会をつくる——アリスセンター」『まちづくり』（2）、pp.84-92、学芸出版社

木原勝彬 他（1994）「市民公益活動基盤整備に関する調査研究」『ＮＩＲＡ研究報告書』№９３００３４、総合研究開発機構

塩崎賢明（2001）「神戸市都市計画における参加と協働」広原盛明編『開発主義神戸の思想と経営』pp.161-220、日本経済評論社

藤本信義（1984）「手づくりのまち・いいでの10年」青木志郎編『農村計画論』pp.449- 475、農山漁村文化協会

保井美樹（1998）「アメリカにおけるBusiness Improvement District」『都市問題』89（10）、pp.79-95、東京市政調査会

米野史健・饗庭伸・岡崎篤行 他（2000）「参加型まちづくりの基礎理念の体系化——先駆者の体験・思想に基づく考察」『住宅総合研究財団研究年報』（27）、pp.101-112

公共政策研究所「全国の自治基本条例一覧」http://koukyou-seisaku.com/policy3.html、２０１９年10月最終閲覧

国土交通省（2018）「中心市街地活性化ハンドブック」https://www.mlit.go.jp/crd/index/handbook/、２０２０年４月最終閲覧

中小企業庁（2001）「ＴＭＯマニュアルＱ＆Ａ」https://www.chusho.meti.go.jp/shogyo/shogyo/download/13fytmo.pdf、２０２０年４月最終閲覧

ＴＭＯのあり方懇談会（2003）「今後のＴＭＯのあり方について」中小企業庁、https://www.chusho.meti.go.jp/shogyo/shogyo/2003/030919TMO_hokoku.htm、２０２０年４月最終閲覧

第6章

図の規制緩和と地の規制緩和

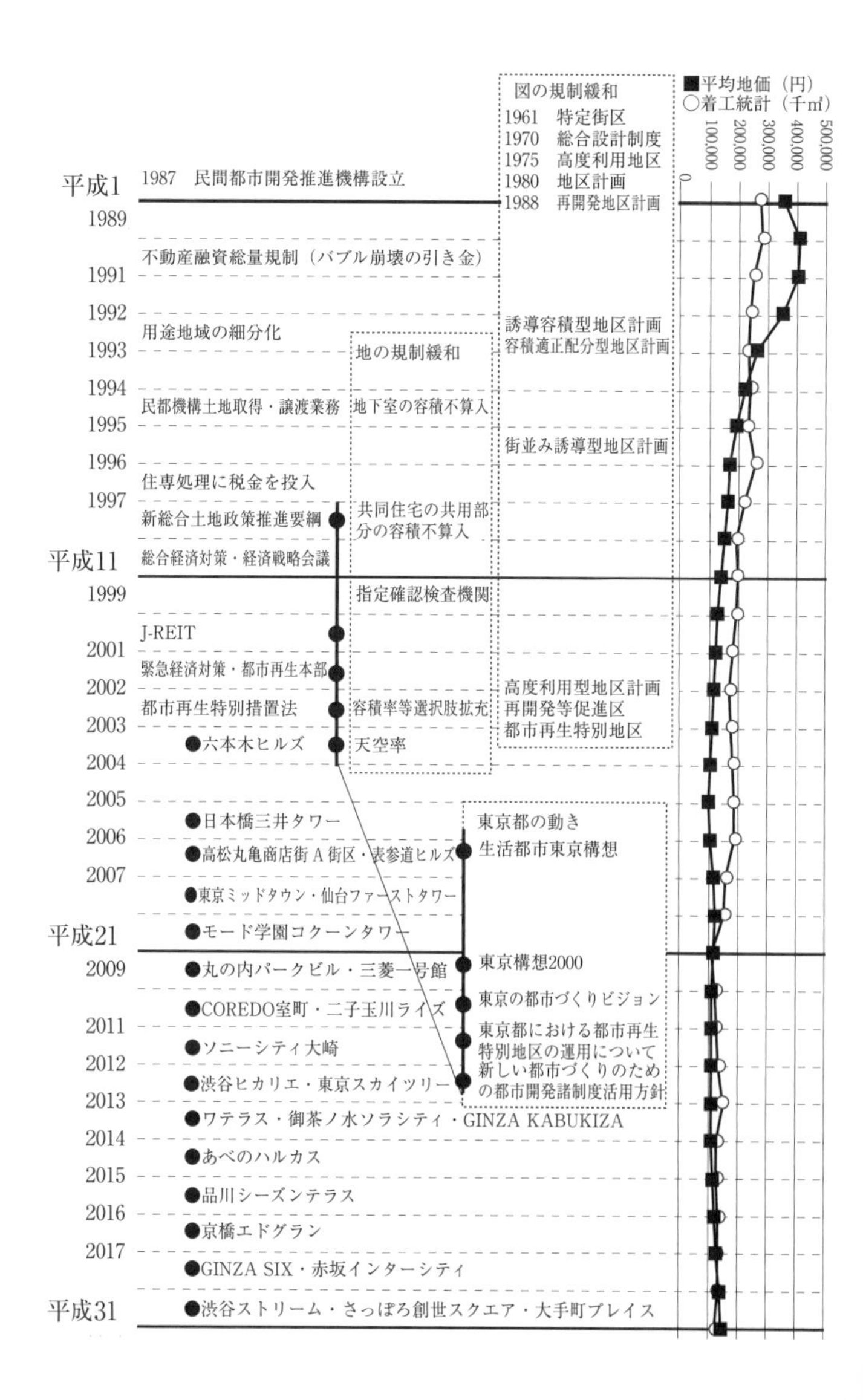

1　図の規制緩和と地の規制緩和

バブル経済期のあいだ、都市計画は最後まで規制緩和をしなかった。容積率をはじめとする都市計画の「呪い」の力はまだ都市にかかっていたのである。そして、この呪いは、バブル経済崩壊後の市場の制度を復活させるために外されていく。平成期の規制緩和は、壊れてしまった市場の制度を再び立ち上がらせ、そしてそこから壊れにくい制度を再び組み上げていくために、カンフル剤のように使われたのである。そこには二つの種類の規制緩和があった。

一つ目の規制緩和は特区型の緩和である。例えば容積率が200%の土地の持ち主が、開発にあわせて誰でも使える広場を整備したら、その広場と引き換えに土地の容積率を400%に緩和するというものである。これによって土地の開発の可能性が倍になり、所有者は開発に踏み切ることができ、政府は公共空間を手に入れることができる。この一つ目の規制緩和は、地と図のうちの図をつくりだし、図の設計と引き換えに規制を緩和するものである。これを「図の規制緩和」と呼ぶことにしよう。

二つ目の規制緩和は、全ての土地にかかっている規制の一律の緩和である。例えば日本中の200%の容積率が指定されている土地の容積率を一律に400%に緩和すると、全ての土地の開発の可能性が倍になる。この規制緩和は、地と図のうちの地に一律に効く規制緩和であり、そこに設計は存在しない。これを「地の規制緩和」と呼ぶことにしよう。

二つの規制緩和の本質が異なることは重要である。図の規制緩和は法と市場の制度の間にプロトコルをつくるもの、地の規制緩和はプロトコルをつくらないものであり、政府と開発業者がそれぞれの意向を細かく調整して都市の設計に反映できるのが前者、一律の規制で開発が進み細かな調整ができないのが後者である。そしてこの二つはそれぞれ異なる都市像を目指すものでもあった。大きな敷地に巨大な建物と公共空間がある都市をつくるのが前者であり、小さな敷地にバラバラに開発された都市をつくるのが後者である。

平成期には二つの規制緩和は競うように都市計画の呪いを外していった。平成期を通じて、どちらの規制緩和および都市像が優勢だったのだろうか。もしバブル経済が崩壊せず、平成期に経済の再生が課題とならなかったら、呪いを外そうとする圧力はそれほど強いものにならず、呪いは違った形で外されていったはずだ。もしかしたら、都市を図1−5（35ページ）でいうところの「設計的な態度」でつくっていこうという考え方が優勢になり、図の規制緩和が優勢になったかもしれない。しかし経済再生のために呪いを外そうという力は強く、結果的に地の規制緩和が多く行われ、以前から優勢だった「規制的な態度」で引き続き都市がつくられることになった。

二つの規制緩和がどのように行われ、そこにどのような都市がつくられていったのかを見ていこう。

2　市場の制度の修復

バブル経済崩壊後の都市にはたくさんの空き地があった。それは誰かがその土地を担保にして開発のための資金を借り、それを返せなくなったため、権利が複雑になって誰も触ることのできなくなった土地であった。いわゆる不良債権となった土地が都市のあらゆるところにあらわれたのである。土地を買っても値下がりをしてしまうので誰も買おうとしなかったし、建物をつくってもいくらで売れるかが読めなくなったため、誰も新しい建物をつくろうとはしなかった。そして不動産の開発は経済の全体にしっかりと組み込まれていたため、この状態は経済が停滞してしまうことを意味していた。

都市計画はしばらく「地価を適正な値段にすること」を目的にしていたバブル経済期の政策を踏襲して、土地の価格を適切に抑制しようとしていた。第10章でも触れることになる平成4（1992）年の用途地域の細分化がその例である。おそらく当時は、その後に経済不況が10年、20年、30年と長く続くことなど予想できず、いずれ地価も回復するのだろうと楽観的に構えている人が多かったのだろうし、何よりも市場の失敗に政府が関与する必要がない、と考えている人が多かったのだろう。

しかし、経済は一向によくなる気配をみせなかったため、都市計画は方向を転換していく。土地を抑制の対象として見るのではなく、活用の対象として見る方向転換である。

まず行われた、不良債権となった土地を再び市場に戻すための取組みを見てみよう。民間都市開発推進機構（略称「民都機構」）という組織が昭和62（1987）年に設立されている。「民間事業者が行う良好な都市開発事業に対して資金面・情報面等から多様な支援業務を行うことにより、良好な市街地の形成と都市機能の維持及び増進を図り、あわせて地域社会の発展に寄与する」ことを目的とする財団法人である。バブル経済崩壊後の総合経済対策のうち、平成6（1994）年の4回目の対策の中に掲げられた「公共用地の先行取得、民間都市開発事業による土地の有効利用の推進、土地の有効利用等のための税制上の措置」という方針を受け、民都機構の業務として創設されたのが「土地取

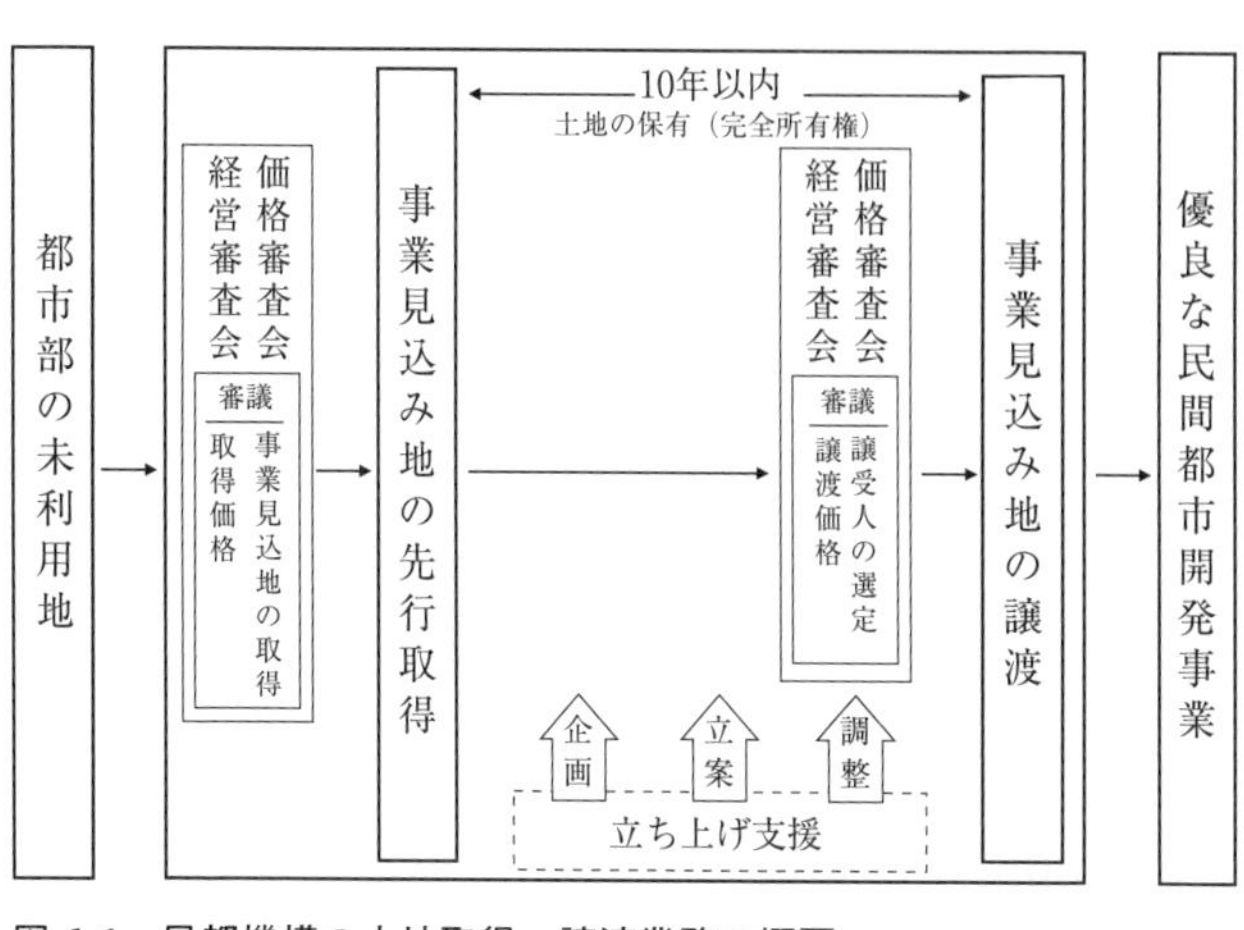

図 6-1　民都機構の土地取得・譲渡業務の概要

得・譲渡業務」である。「民間事業者による優良な都市開発事業の促進を図るため、民間都市開発事業の用に供される見込みの高い、都市部の低・未利用地を先行的に取得し、当該事業を施行する者に譲渡」するというもので、平成16（２００４）年まで続けられた（図6―1）。言うならば、使いでのない土地を持って困っていた市場へのつなぎ融資のようなものである。この方法により、２２７件、総額にして1兆４６４億円の土地取得が進められた（山本（2002）、小峰（2011）、民都機構（2020））。[1]

同じような取組みとして、住専への対策も忘れてはならない。不良債権の多くは、住宅金融専門会社、通称「住専」と呼ばれる数社の金融機関が抱えるものであった。住専はその名の通り、本来は個人向け住宅への融資を専門としていたが、バブル経済期に様々な開発に手を出してしまい、バブル崩壊によって巨額な損失を抱えてしまった。[2]それは合計で6・4兆円もの損失であり、とても民間企業の手に負えるものではなかった。放置すると日本の市場を崩壊させるほどの脅威であったため、平成8（1996）年に政府がその救済に乗り出すことになった。その処理に7000億円の税金を投入すること、住宅金融債権管理機構を新設して住専の債権回収にあたることが決定されたのである。市場の失敗の救済に政府が乗り出すことには当然のように大きな反発があったが、不良債権となった土地から債権を一つずつ取り除いて綺麗にして再び市場へと戻していくという、政府による市場の修復作業が進められることになった。

こうした修復を進めつつ、大きな方向転換を宣言したのが、平成9（1997）年に橋本龍太郎内閣によって閣議決定された「新総合土地政策推進要綱」である。そこには①適正な土地利用を推進する、②居住環境と都市環境の質的向上に重点を置いた土地利用、③土地取引の活性化、④二度と地価高騰が起きないようにするの4つの目標が掲げられていた。④においてバブル経済期の教訓を踏まえつつも、他の3つの目標は土地を再び経済成長のツールにしようとするものだった。土地政策の重点が地価抑制から土地の有効活用へとはっきりと転換されたのである。同じ橋本内閣によって平成10（1998）年に打たれた「総合経済対策」には、土地債権の流動化、土地の有効活用、トータルプランといったことが打ち出される（山本（2019））。

土地の取引を活発にするには、お金の流れをつくらなくてはならない。平成12（2000）年の投資信託及び投資法人に関する法律の改正によってスタートした「J-REIT」とよばれる日本版の不動産投資信託が大きな変化をもたらした。投資信託とは、投資家からお金を信託＝信用されて託された専門家が、そのお金を株式や債券などに投資・運用し、運用で得た利益を投資家へと戻すという金融商品であるが、平成12年の改正はその投資の対象に不動産を加えるものであった。この改正によって不動産の開発をしようとする開発業者は資金を投資家から集めやすくなり、都市の開発が再び活性化することになったのである。

土地政策要綱による宣言、民都機構と住専処理による土地の浄化、J-REITによる金融の自由化といった変化のなかで、都市計画の法の規制緩和も進んでいく。図と地の二つの規制緩和が具体的にどのようなものであったのか、まずは地の規制緩和から見ていこう。

3 地の規制緩和

都市に建つ一つひとつの建物は、建築基準法をはじめとする法による規制を守ってつくられる。建築基準法は「国民の生命、健康及び財産の保護を図り、もつて公共の福祉の増進に資する」という目的の達成のために、建物の構造、材料、空調設備などのそれぞれについて規制を定めており、都市計画に関わるものとしては「集団規定」と呼ばれる建物の形態に関する規制が定められている。規制は一度法に定められてしまうと、なかなか変えられることがない。しかし技術の発達や社会環境の変化によって、規制が無用になったり、過剰であったり、別の方法で同じような目的が達成されるようになることがある。このことは、建物をつくるときに、古くなった規制のために無駄なコストをかけてしまうことを意味しており、それはひいては市場の健全な成長をさまたげる。地の規制緩和は、こうした無用であったり、過剰であったり、代替可能であったりする規制を見直し、それを緩和することによって開発を活発化させようという政策であった。それは段階的に行われたが、都市に大きな影響を与えた5つの規制緩和をみておこう。

①地下室の容積算入に関する規制緩和

平成6（1994）年の規制緩和である。これは住宅の地下室の面積のうち、住宅の全ての延床面積の3分の1までの面積を容積率に算入しない、というものであった。直接的にどういう効果があるのかわかりにくいが、容積率規制によってある土地に1000㎡の建物しか建てられなかったとしても、地下であれば、500㎡程度の床を余計につくることができるという規制緩和であり、地下室を持つ住宅の開発を増加させることにつながった。一見すると3階建のような2階建の戸建て住宅、斜面地に階段のように開発された集合住宅などである。特に後者は「斜面地マンション」あるいは「地下室マンション」と呼ばれ、周辺の住宅地との格差から住民運動を引き起こすことも多く、横浜市や川崎市のように独自に法をつくって規制をした自治体もあった[3]。

②共同住宅の共用部分の容積算入に関する規制緩和

平成9（1997）年の規制緩和である。これは集合住宅の面積のうち、それまでは容積に含まれていた玄関ホール、共用の階段や廊下などの面積を容積に含まないとする規制緩和であった。これは開発された建物のうち、販売したり賃貸したりすることができる面積を直接的に増大させるものであり、集合住宅の開発を増加させることにつながった。

③指定確認検査機関の導入

平成11（1999）年の規制緩和である。これは集団規定の規制緩和ではなく全てにかかる。建物を建てる時には建築基準法を守る必要があるが、そのために建築確認という手続きが必要である。建築士が設計図を含めた書類を準備して申請し、適法であれば建設が承認されるのだが、その窓口は特定行政庁と呼ばれる規模の大きな自治体の中にあり、建築主事と呼ばれる専門家がそれを判断する役割を負っていた。そしてこの規制緩和は、建築確認の機能を自治体だけでなく「指定確認検査機関」と呼ばれる民間企業に開放するもの、つまり建築確認行政の民営化であった。その狙いは、建築主事の負担を軽減して、建築確認だけでなく、建築確認通りに建物がつくられているのか、中間検査や完了検査を充実させるというものであり、その背景には多くの建物が施工上の問題で大きな被害を受けた阪神・淡路大震災の経験があった（那珂・井上（2019））。しかし結果的にこれは建物を建てる時の手間や時間を合理化することとなり、やはり開発を活発化させることにつながっていった。

指定確認検査機関は民間企業なのでサービスを競う。建築確認は本来は厳密に、誰が判断しても同じであるべきだが、民営化による競争は、審査が厳しい機関と緩い機関、審査にかかる時間が速い機関と遅い機関といった差を生むことにつながった。こうした民営化の問題が知れ渡ったのが、平成17（2005）年に発覚した構造計算書偽造問題である。この事件は建築士が構造計算書を偽造した問題であるが、その確認申請を受けた民間の指定確認検査機関がその偽造を見抜けなかったのではないかと社会問題となった[4]。

④用途地域における容積率等の選択肢の拡充

平成14（２００２）年の規制緩和である。容積率や建ぺい率の制限は用途地域に連動して指定されている。ひとつの用途地域にひとつの容積率の数字が対応しているわけではなく、地域の実情に応じて、複数の容積率を選ぶことができるようになっている。この平成14年の規制緩和はその選択肢を増やし、同じ用途地域であっても高い容積率の指定を可能にするものであった。

⑤天空率の導入

平成15（２００３）年の規制緩和である。建物の大きさは容積率や建ぺい率によって規制されているが、それに加えて「斜線制限」と呼ばれる規制がある。図6-2（上段）を見た方がわかりやすいだろう。敷地にはその周囲から様々な「斜めの線」がひかれている。敷地の大きさによって規定される容積率や建ぺい率に対し、斜線制限は敷地の周りの環境によって規定されるものであり、敷地の周辺に日が入るように、圧迫感を感じさせないように、建物の形を斜めの線の下におさめなくてはならないという規制である。「道路斜線」と「隣地斜線」と「北側斜線」の3種の斜線があり、それぞれ、道路、隣の敷地、敷地の北側に日照を確保したり、圧迫感を軽減したりするために定められる。

斜線制限は周辺の環境から、容積率や建ぺい率は敷地の状態から、と異なる根拠から規定されるため、二つの規制は一つひとつの敷地の中でぶつかることになる。例えば狭い道路に面した敷地に建つ建物が、容積率と建ぺい率を目一杯使って建物を建てようとしても、斜線制限にひっかかり、容積率を使い切ることができない。斜線制限は周辺の環境から規定されるものなので、小さな敷地であれば

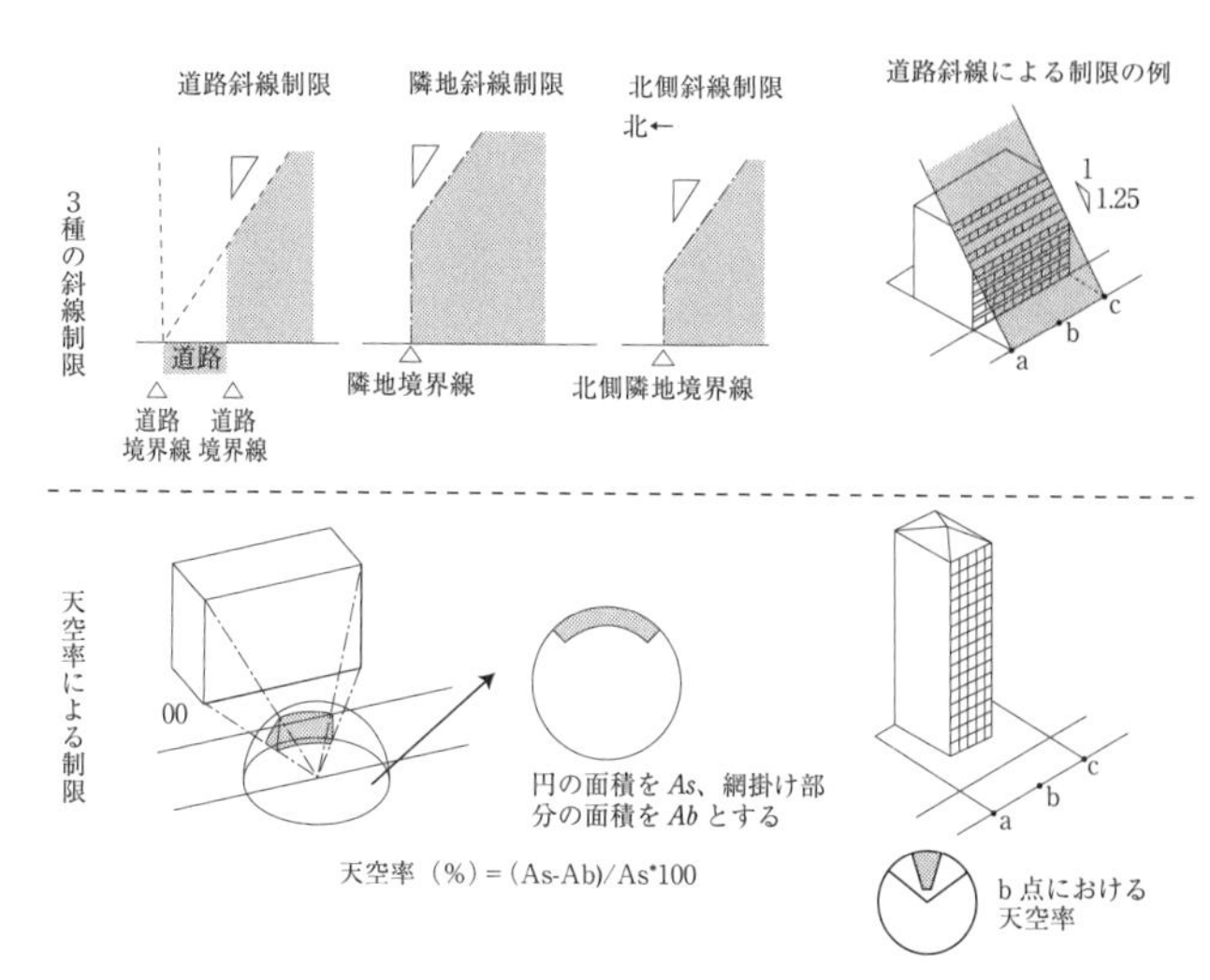

図 6-2　斜線制限と天空率
出典：大澤昭彦（2018）

あるほど周辺の環境の影響を受けやすく、容積率や建ぺい率を使い切ることができなかった。

天空率の導入はこの斜線制限の規制緩和である（図6-2下段）。天空率とは、ある地点から見上げたときに、そこにどれだけ天空が見込まれるかの割合である。斜線制限は敷地の周辺に日の光を入れ、圧迫感を軽減することを意図するものであるが、天空率は斜めの線を引くという方法よりももっと精密にその意図を実現するものであった。そして、従来の斜線制限の範囲内で建てられる建物と同等以上の天空率を建築物の周辺で確保できるような建物の形態であれば、斜線制限が適用されない、ということが規制緩和の内容である。

この規制緩和により、従来の斜線制限によって規制されていた建物の形態のうち、天空率が同等のものについてはつくることができるようになる。天空率の導入は「規制の精密化」であり、厳密には規制緩和でないと言えるが、それは斜線制限によって形態が厳しく制限されていた小さな敷地の開発可能性を向上させるものであった。

このように段階的に行われた5つの規制緩和は、バブル経済の崩壊によってくたびれていた不動産の市場に対する絶え間ないカンフル剤として機能した。斜面緑地だと思っていたところに階段型の集合住宅が建つ、2階建ての落ち着いた町並みの住宅地に3階建てに見える地下室付き住宅が建つ、以前に建っていた集合住宅よりも一回りほど大ぶりな集合住宅が建つ、斜線制限によって形づくられていた町並みにそれを突破するような細長い建物が建つ、こういった変化に対して、近隣の住民と紛争になることもあった。自治体によってはその紛争を調停したり、未然に防いだりするための法を新たにつくることもあった。こうした小さな争いと調整はあったものの、そこにはプロトコルが存在しなかった。市場の制度は法と対話することなく成長する。開発業者は新しい建物をつくりつづけて成長し、市場はその制度を回復していったのである。

4　地の風景

地の規制緩和は、都市の中心部には中小の集合住宅が雨後の筍のように建つ町並みを、郊外部には3階建ての木造住宅を中心としたミニ戸建ての町並みを出現させた。このうち真っ先に効果があらわれた東京都心の神田の風景を見てみよう（饗庭（2014））。

このあたりは、関東大震災後の土地区画整理事業で整備された。そこに多くの人たちが小さな土地を所有し、個々の意志で自分の土地を開発することでつくられてきた。バブル経済期に不動産業者が土地を買収して大規模な開発を行った場所もあるが、一つひとつの土地の個別の開発や、隣り合う土地を数軒単位で再編成した共同化でつくられている場所も多い。

そこを歩くと細い街路沿いまでびっしりと開発された集合住宅を見ることができ、地の規制緩和はオフィスでも商業施設でもなく、集合住宅の開発を誘発したことがわかる（図6-3）。いくらかバルコニーや階段が立派なつくりをしているように見えるが、それは共用部を容積に算入しない規制緩和の影響だろう。斜線制限の町並みから細長く突出した集合住宅がある。これらは規制緩和によるものである。図6-4のように、異なる時代の規制によってつくられた建物が混在し、スカイラインがノコギリの刃のようにガタガタになっているところもある。

図6-3　神田の風景

不揃いな集合住宅がびっしりと建つ町並みを乱雑な都市景観と批判することは簡単だが、それは慎重に議論しなくてはならない。東京の都心は戦後からドーナ

図 6-4　規制が混在する町並み

ツ化現象に悩まされており、人口の回復が大きな課題であったからだ。バブル経済期には都心の住宅はオフィスや商業施設に建て替えられたが、地価の下落によって開発の主役は集合住宅になり、東京都心の人口は回復した。つまり市場の構造変化によりドーナツ化現象が解消されたということだ。

　建物の足元に目を向けると、集合住宅の1階に駐車場、エントランスホール、自動販売機といったものが多くつくられている。これらが路上のにぎわいや多様性を削ぐものであることは論を俟たないだろう。しかしそれは全てではなく、1階に事務所、居酒屋、小規模なスーパーマーケットが入った集合住宅などもあり、にぎわいや多様性が生まれつつあることも感じ取れる。住宅が増えるということは、そこに中長期にわたって居住する人が増えるということである。新しい居住者が必要とする空間は周辺に出来ていくだろうし、少し時間が経つと、居住者自身が新しい空間を作り出していく可能性もある。ほぼ全てが小さな集合住宅で構成される町は、平成期につくられたこれまでの日本になかった新しい種類の町であり、それがどのようになっていくのか、注視しておく必要がある。

5　図の規制緩和

もう一つの規制緩和、図の規制緩和の流れを次に見ていこう。

図の規制緩和は、平成期になって降って湧いた方法ではない。地に広くかかった呪いを、設計によって解いていく仕組みは以前から存在していた。第1章で「魔法」と呼んだそれは、具体的には昭和36（1961）年から続く特定街区、昭和45（1970）年から続く総合設計制度、昭和50（1975）年から続く高度利用地区、昭和55（1980）年から続く地区計画の4つの仕組みである。都市に広くかけられる普通の土地利用規制は、どのように開発されるかわからない土地に対して大雑把に規制をかけるものであるが、4つの仕組みは地区や敷地を限定し、事前にその地区や敷地の開発の方針を立て、そこにどのような空間が出来るかを踏まえて詳細な都市計画を決定するものである。

総合設計制度は、一定の広さの敷地に建つ建物の足元に一定の広さの「公開空地」とよばれる空地を設けることによって、容積率や斜線制限などの規制を緩和できるという仕組みである。これは建物が密集する市街地において一定の空地を確保することを目的としたもので、平成25（2013）年度末時点で3000件を超えるなど、様々な開発で多用されてきた。

特定街区は「既成市街地の整備・改善を図る」ことを、高度利用地区は「土地の合理的かつ健全な高度利用と都市機能の更新」することを目的とし、実質的には超高層建物の開発や市街地の再開発のために使われるものであった。特定街区の第一号は日本初の超高層ビルとして知られる霞が関ビルディング（1968年）であり、新宿西口の超高層ビル街にも使われている。

高度利用地区の第一号は市街地再開発事業が検討されていた東京都文京区関口一丁目（1971年）であり、東京都内だけでも180近い地区で指定されている。

地区計画は、道路で囲まれた街区くらいの狭い範囲を対象とし、その利害関係の範囲が限られる3つの仕組みに対し、それよりは広い範囲に建つ建物や都市施設を詳細に規制するものだった。利害関係の範囲が広くなり、規制をつくった者とその規制を受ける者の距離があるため、地区計画は二段階の強さを持っていた。まず地区計画が決定されると、開発を行う者は地区計画の規制にあっているかを政府に届け出なくてはならず、規制を守らない場合は政府から勧告がなされる。しかし勧告だけだと従わない者も出てくるため、二段目が準備されている。より強い権力を持たせるために、市町村の議会がつくる条例を定めることによって、地区計画に罰則を付けることができる仕組みであった。

地区計画は、当初は詳細な都市計画を実現しようという設計の意図が前面に出たものであったが、バブル経済期の頃になると規制緩和の意図が前面に出るものに変化していった。その変化を決定づけたのが、昭和63（1988）年に創設された再開発地区計画である。同時期、都市の中にたくさん出現した大規模な工場の跡地や鉄道用地の跡地を計画的に開発するために考え出された。これも二段階の仕組みを持っており、大規模な敷地や広がりのある地区を対象として、まずは容積率や高さの上限といった規制緩和の枠組みを決め、その次に個々の土地の開発者と話し合いながら個々の開発を行政が認定していくという、政府と市場の間のプロトコルを内包したものだった。前段で法が枠組みを決め、後段で市場の制度を動員していくということである。

名称	創設年	目的
地区計画（一般）	昭和55年	建築物の建築形態、公共施設その他の施設の配置等からみて、一体としてそれぞれの区域の特性にふさわしい態様を備えた良好な環境の各街区を整備し、及び保全する。
用途別容積型地区計画	平成2年	区域の特性に応じて合理的な土地利用の促進を図るため、住居と住居以外の用途とを適正に配分する。
住宅地高度利用地区計画	平成2年	土地の合理的かつ健全な高度利用を図るため、都市基盤施設と建築物等の一体的な計画に基づき、事業の熟度に応じて住宅市街地のきめ細かな整備を段階的に進め、良好な住宅市街地の開発整備を誘導する。
誘導容積型地区計画	平成4年	公共施設が未整備の地区において、公共施設の伴った土地の有効利用を促進する。
容積適正配分型地区計画	平成4年	区域の特性に応じた合理的な土地利用の促進を図るため、区域を区分して容積率の最高限度を定める。
街並み誘導型地区計画	平成7年	区域の特性に応じて合理的な土地利用の促進を図るため、高さ、配列及び形態を備えた建築物を整備する。
再開発等促進区	平成14年	土地の健全かつ合理的な高度利用と都市機能の更新を図るため、一体的かつ総合的な再開発又は開発整備を実施する。
高度利用型地区計画	平成14年	区域の合理的かつ健全な高度利用と都市機能の更新を図るため、容積率の最高限度等を定める。

図 6-5　地区計画の種類

出典：和泉（2002）に筆者加筆

その後の平成期において地区計画は、政府が市場の制度に都市計画を委ねるのが主要な手法となっていく。政府は新しい課題が出るたびに、規制緩和と引き換えにそれを市場の制度に解決させるため地区計画の仕組みを作り出すようになる。平成2（1990）年には用途別容積型地区計画と住宅地高度利用地区計画が、平成4（1992）年には誘導容積型地区計画と容積適正配分型地区計画が、平成7（1995）年には街並み誘導型地区計画が、平成14（2002）年には高度利用型地区計画と再開発地区計画と住宅地高度利用地区計画を統合した再開発等促進区がつくられる（和泉（2002）、木下（2019））。それぞれの地区計画が、どのような課題を解決するためにつくられたのか図6-5に示しておこう。建設省、国土交通省において建築行政に携わった和泉（2019）が「困った時の地区計画頼み」というほど、平成期の前半には地区計画が充実していったのである。

6　都市再生

しかし、これだけではまだ不足だった。バブル崩壊によって痛めつけられた市場の制度が復活すること、ひいては経済が再生されるためには、さらなる図の規制緩和が必要だった。この問題意識を受けてつくられたのが、平成14（2002）年の都市再生特別措置法である。

これは、それまでの総合設計、特定街区、高度利用地区、地区計画ではなく、民間の開発業者などの提案を受けて「都市再生特別地区」という特区を設定し、そこで既存の都市計画を大幅に規制緩和できるというものであった。この仕組みが都市計画法とは別の法でつくられたこと、すでにあった4つの規制緩和手法を発展させたものではなかったことに注意が必要である。やや極端に言えば、この仕組みはそれまで積み上げてきた都市計画をバイパスするものであった。

どのような経緯でこの方法がつくられたのか、新総合土地政策推進要綱（平成9年）以降の政治の流れから見ていこう。[5] 平成10（1998）年7月の参議院選挙で自由民主党が惨敗したことを受けて、橋本内閣が辞職し小渕恵三が首相となる。この惨敗は経済が一向によくならないことへの国民の不満が原因であると考えられたため、経済政策を打ち出すために小渕内閣は「経済戦略会議」という会議を設置する。その最終答申において初めて登場したのが「都市再生」という言葉である。そこには

「都市再開発事業を一段と推進するための制度・環境整備やわが国の都市構造を抜本的に再編し都市の再生を実現する」と提案されていた。

小渕はこの提案を実現する前に急逝してしまうが、あとを引き継いだ森喜朗内閣によって平成13（2001）年4月に「緊急経済対策」が決定され、首相が小泉純一郎に替わったばかりの同年5月に都市再生本部が設置され、政策が始まる。「小泉都市再生」という言葉が使われるように、都市再生は小泉内閣の業績のようになっているが、それはこの時にたまたま森から小泉に首相が交代したためであり、小渕内閣の時代から流れがつくられていたという理解が正確である。

この流れの中で平成14（2002）年に制定されたのが都市再生特別措置法である。立法を準備しているときに、政府は民間の開発業者にヒアリングを行っている。[6] すでに述べたように都市計画には4つの規制緩和の手法があったが、都市再生を加速するには何が障害となっているか、というヒアリングである。その成果は平成13（2001）年に「土地再生のために緊急に取り組むべき制度改革の方向」としてまとめられた。そこでは民間事業者の力の発揮による都市再生の推進のために改善をはかる項目として、①手続きの並行処理などによるスピードアップ、②事前明示性の確保、③地区の実態に即した適切な規制等、④民間投資を誘発する完了寸前の都市計画道路の強力な整備の4点[7]がまとめられ、①民間の事業計画に基づいた思い切った都市計画変更、②民間事業者に一定の強制力をもった事業権能創設、③民間事業者に対する事前確定性の確保、④設計の自由度の向上による民間事業者の創意工夫の発揮の4点[8]が法改正の方向として示されている。

これらの点について、法の運用改善や都市計画道路や公共施設の重点整備など、すぐにできることが進められた。例えば総合設計は審査を経て適用されるものであったが、平成14年にその審査の基準を定型化し、事前に示された基準にあっているかどうか、テストの答え合わせのような手続きとし、迅速に適用できるようにした。

そして、都市再生特別措置法によって新しい方法がつくられる。そこではまず国が「都市再生緊急整備地域」を指定し、その地域内の規制緩和を民間事業者等が提案し、それを受けて都道府県が「都市再生特別地区」を決定し、そこで規制を緩和するという仕組みがつくられた[9]。第4章で見た通り、この頃には地方分権によって市町村が都市計画の中心となりつつあったが、国と都道府県が決定するということは、市町村をバイパスして都市計画の手続きの時間を短縮することを意図したものである。和泉（2019）によると、これは「地方分権の流れを、戦後初めて逆さに回した」ものであった。都市再生特別地区は民間の開発業者が提案できるようになったので、開発業者が考えた規制緩和がそのまま都市計画の案として検討されることになったのである[10]。

また開発業者の資金調達の支援の仕組みもつくられた。具体的には、開発業者が資金を民間の銀行などから借り入れる際に、政府が設立した民間都市開発推進機構や日本政策投資銀行が債務の保証をするという支援、開発業者が道路や公園などの公共施設を建設するときに費用を民都機構が無利子で融資するという支援であった。

平成14（２００２）年7月に指定された最初の都市再生緊急整備地域は、東京都、横浜市、名古屋市、大阪市の17地域、３５１５haであったが、平成期の末には全国の55地域、９０９２haにまで広がる（図6-6）。そして都市再生特別地区の第一号は平成15（２００３）年2月に決定された大阪市の

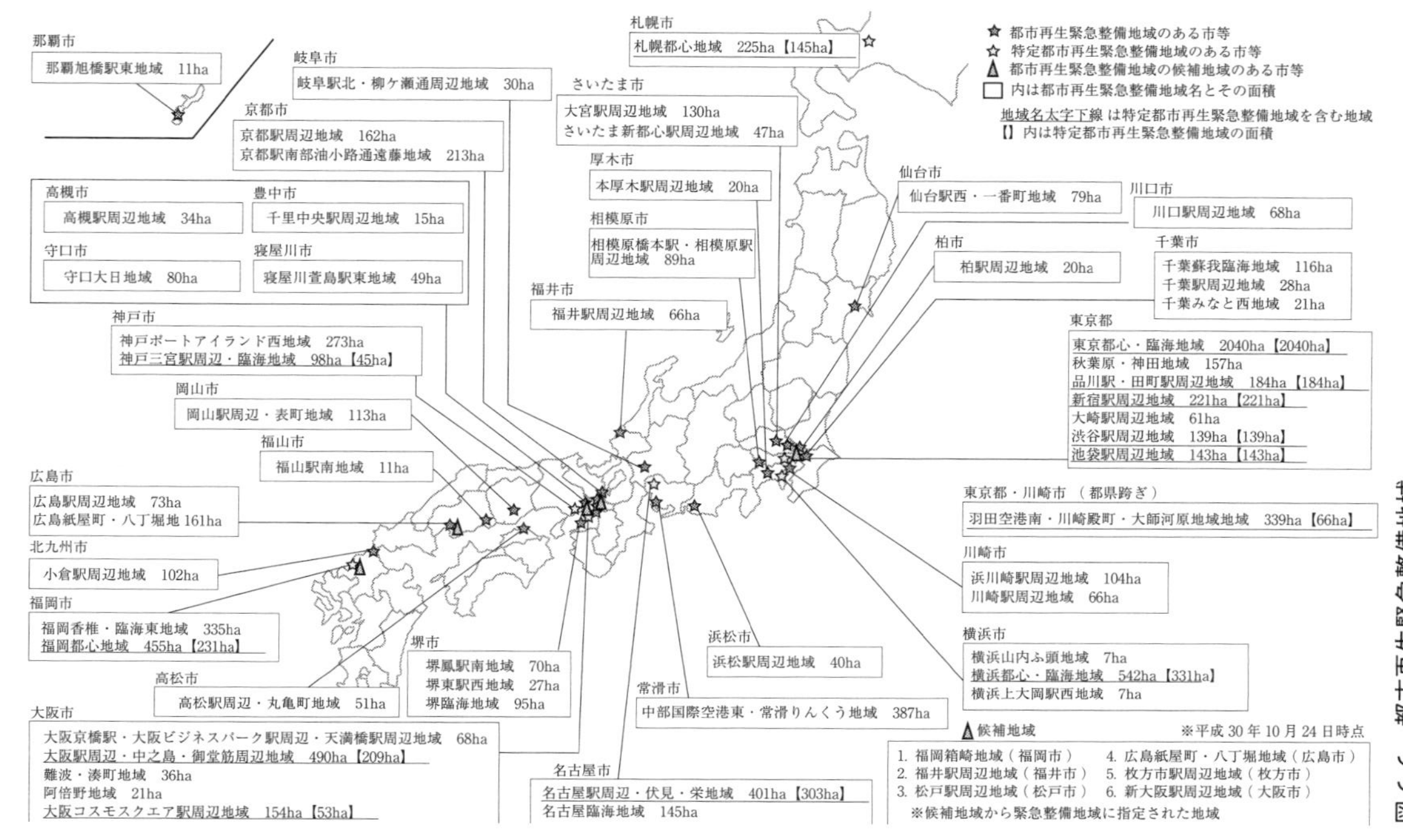

図 6-6　都市再生緊急整備地域

出典：国土交通省資料

心斎橋筋一丁目地区であり、以後指定が続いて、平成期の末には81地区にまで増えていく。

これを受けて実際の開発はどう動いていったか。都市再生特別地区の中でも最も早く完成したのは、仙台ファーストタワー（２００７年）である。その後に、渋谷ヒカリエ（２０１２年）、ワテラス（２０１３年）、歌舞伎座タワー（２０１３年）、あべのハルカス（２０１４年）、札幌三井ＪＰビルディング（２０１４年）といった有名どころが続いていく。なお、平成期の都市開発の象徴のように考えられている六本木ヒルズ（２００３年）や東京ミッドタウン（２００７年）は、都市再生特別地区によってつくられたものではなく、バブル経済期のころから検討が進められていたものである。都市開発は時間がかかるものであり、都市再生特別措置法はその時間を短縮するものではあったが、それでも法制定から第一号の仙台ファーストタワーの完成まで、目に見える成果が出るまで5年ほどかかったということである。

なおこの法は、制定当初においては10年間という時間と場所を限って集中的な支援を図る仕組みとされていた。筆者は法自体が特区のようなもので、経済再生が果たされたら使われなくなるのではないかと考えていたが、この法はその後どんどん成長し、平成期を通じてその影響範囲を広げていく（鈴木（2019））。もはや都市再生特別措置法は限定的・時限的なものではなく、都市計画法による都市計画と並列に都市再生特別措置法による都市計画があり、都市は二つの都市計画の重ねあわせによって制御されているというイメージでとらえるとよいと思う。

7　図の規制緩和のプロトコル

総合設計、特定街区、高度利用地区、地区計画そして都市再生特別地区――これらの図の規制緩和がもっともよく機能したのは、いうまでもなく東京である。東京都と区市が、それぞれ5つの仕組みを組み合わせて独特の図の規制緩和の仕組みを作り出した。このうち、東京都の仕組みを見ていくことにしたい。そこに政府と市場をつなぐプロトコルがどのようにつくられたのだろうか。

東京都は昭和期の後半には「多心型都市構造」という都市像を掲げていた（東京都都市づくり公社（2019））。これは東京の都心に集中する人口、集中する開発の密度をあちこちに分散するという、過密を解消する意図を持ったものであった。その考え方が変化したのは、平成9（1997）年に発表された「生活都市東京構想」であり、都心機能の更新や羽田空港の国際化といった都心集中型の政策がそこで掲げられた。なお当時の都知事は青島幸男であるが、都市像の転換を主導したのは青島ではなく東京都庁の役人である（青山（2004））。そして青島にかわって知事となった石原慎太郎のもとで発表された「東京構想2000」（2000年）、それをうけた「東京の都市づくりビジョン」（2001年）において描かれた東京の都市像は、東京都だけでなく千葉、埼玉、神奈川の3県を含んだ地域の中心に、巨大な「センター・コア」を据えるという一極集中型のものだった（図6-7）。

しかしそれは「コア」あるいは「極」というには広い範囲を指していた。それまでの多心型都市構造は、山手線のターミナル駅の近辺などに都心を分散するというものだったが、センター・コアの範

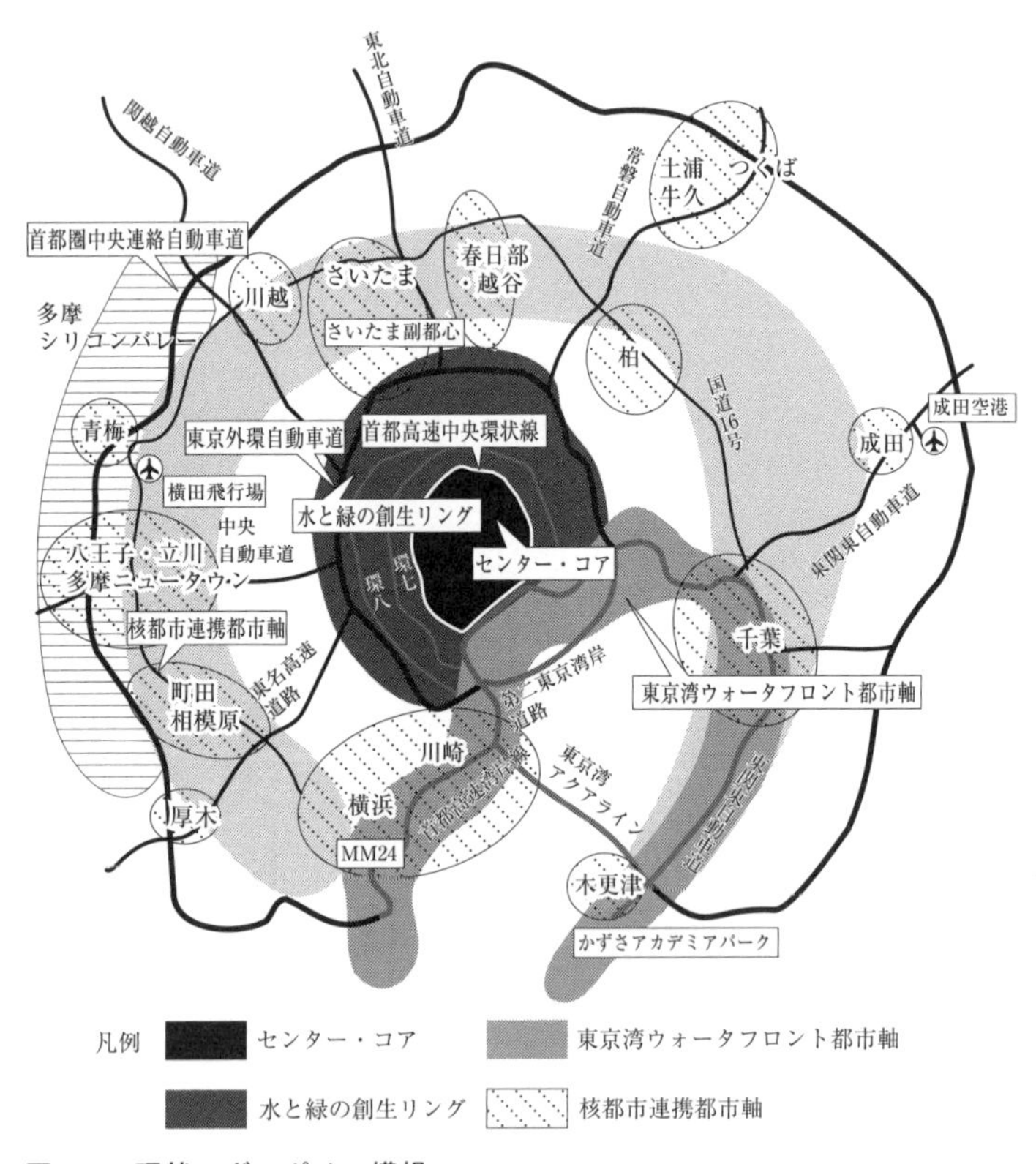

図 6-7　環状メガロポリス構想
出典：東京都（2001）

囲は、それらの全てを含んでいた。東京都はその全てを巨大な開発で埋め尽くそうと考えていたわけではない。その範囲のどこにおいても、市場が巨大な開発を提案してもよいという、「提案可能な場所」を示したものである。そして、少し具体的にその内容が記述された「センター・コア再生ゾーンの地域像」を見ると、そこには大ざっぱな地域区分とともに、文章で空間の将来像が示されている。第4章で、都市計画マスタープランは「数字と図面」の都市計画に「言葉と絵」を持ち込んだ、と解説したが、東京の都市づくりビジョンでとられた表現方法もまさにそのようなものだった。設計図のような詳細なマスタープランは描かれず、マスタープランは市場に範囲と言葉だけを示し、市場から創意工夫に満ちた「絵」、すなわち設計が提案されてくるのを受け取る、というつくりを持っていたのである。

しかし言葉だけを頼りに、自由に、好き勝手な設計を提案されても困る。また市場も、どういった設計がどういった規制緩和につながるのかが明らかでないと、具体的な設計ができない。そこで東京都はセンター・コアに必要なものと、その引き換えとなる規制緩和をメニューのように示し、市場がそれを組み込んだ提案をつくって提案する、という仕組みをつくった。そのメニューは「東京都における都市再生特別地区の運用について」（2002年）と「新しい都市づくりのための都市開発諸制度活用方針」（2003年）という文書に示される。後者はそれまでバラバラに運用されていた4つの図の規制緩和手法、総合設計、特定街区、高度利用地区、再開発等促進区を定める地区計画（旧再開発地区計画）の運用基準を一つに整理したものである。

このメニューには、どういった設計をすれば、どういった規制緩和を受けることができるのかが具体的に示されており、これを見ながら設計と規制緩和の組み合わせをつくることができる。北崎（2015）は、東京における26の都市再生特別地区の民間事業者の提案書より、そこにどういったメニューがあったのかを分析している。設計のメニューは都市機能、広場・通路、交通、地域貢献、防災、環境・景観の7分野に分けられ、交通分野ではバス・タクシープールの整備、地下駅前広場の整備が、地域貢献分野では劇場の整備運営、医療施設の導入といったメニューが挙げられている。それぞれの開発は、これらのメニューを組み合わせながら設計され、それに応じて規制が緩和されていく。

またこのメニューは、時代変化の中で生まれてくる課題を受け止めて更新されていく。東京都が環境基本計画を策定したら、それとあわせてカーボンマイナスや緑化増進についてのメニューが加えられ、東日本大震災が起きたあとは避難や防災のための施設がメニューに加えられた。メニューは残る平成期の間に2〜3年に1回くらいの頻度で書き換えられている。東京都からすればこれは、必要なものをメニューに加えるだけで手に入れることができるという、打ち出の小槌のような都市計画だったのである。

このメニューが使われるときに、政府と市場、法と制度がどのようにやり取りを重ねるのか見ておこう。東京都における都市再生特別地区の指定手続きをみる（図6-8）。まず、事業者は東京都と事前相談をすることとされている。6ヶ月から1年ということなので、実質的にこの期間に東京都と開発業者の間でメニューの組み合わせが決められていく。そしてメニューの組み合わせを決め、正式な提案がなされると、庁内の検討会を経て都市計画案が作成され、正式提案から6ヶ月以内に都市再生特別地区が都市計画として決定される。つまり、事前相談を含めて1年から1年半くらいで、図の規

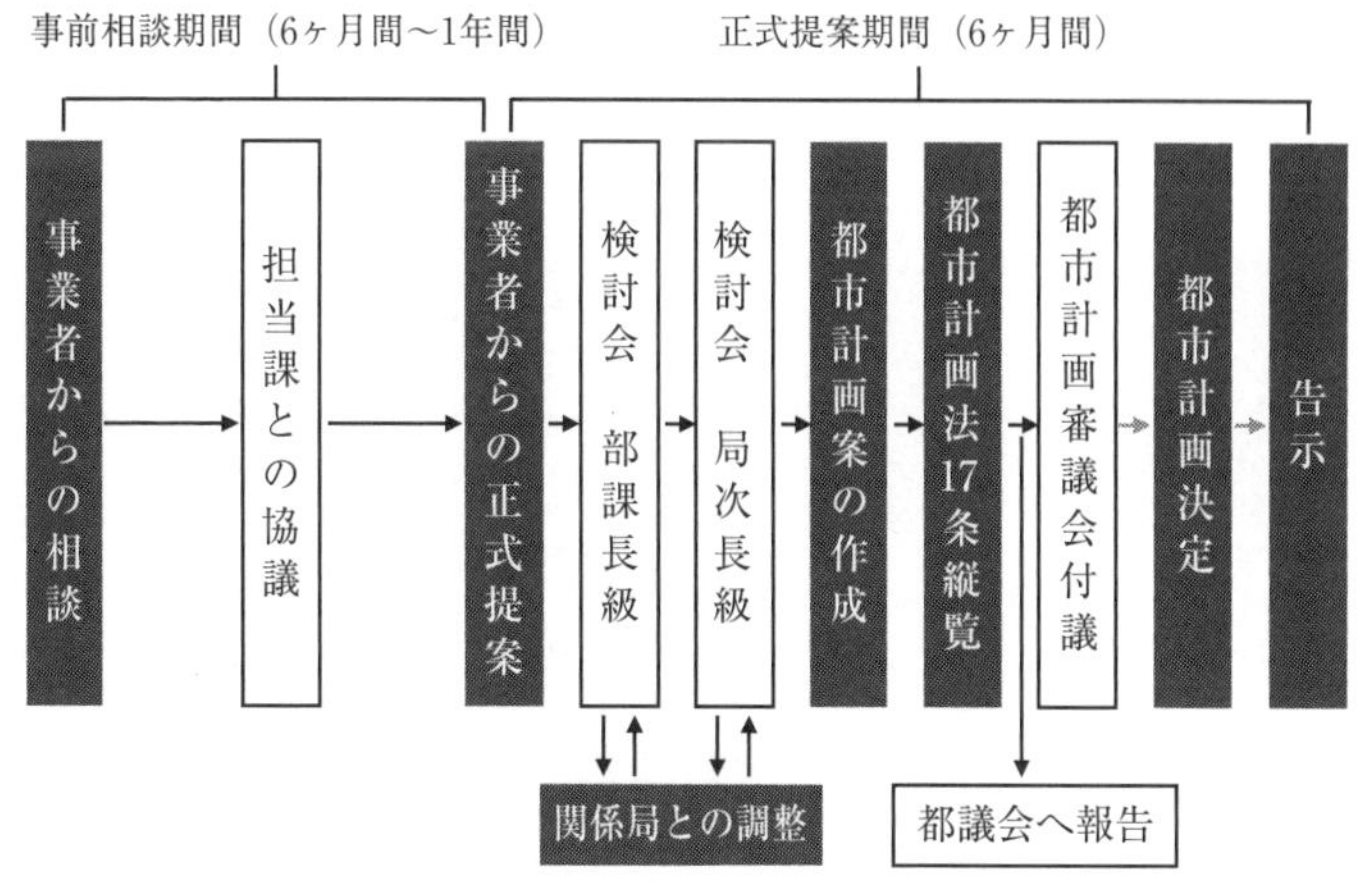

図 6-8　東京都における都市再生特別地区の指定手続き
出典：北崎（2015）p.130

制緩和が決定される。都市再生特別地区だけでなく、総合設計、特定街区、高度利用地区、地区計画についても基本的には同じようなプロトコルがつくられた。これらのプロトコルを使って、政府の法と市場の制度は協力して「センター・コア再生ゾーン」の都市計画を実現していったのである。

プロトコルのどちら側に立つかによって、設計と規制緩和の関係はあべこべになると考えるとわかりやすい。単純化すると、政府は詳細な設計のために規制を緩和する、市場は規制緩和のために詳細な設計をするのである。そしてプロトコルを通じて政府と市場のやりとりは充実していく。かたやより詳細な設計を実現するために、かたやより規制を緩和するために、プロトコルは何度も使われ、それは政府と市場の制度を発達させていく。東京で行われたことは、まさしくそのようなことであった。

8　図の風景

図の規制緩和がどのような風景をつくりだしたのか、センター・コア再生ゾーンの中心に位置する御茶ノ水駅の周辺を見ておこう。4節で見た神田からさらに北側に足を進めた地域である。靖国通りを渡り、小さな敷地にびっしりと建てられた集合住宅の間を抜けていくと、ひらけた広場と41階の超高層の建物が目に入る。目の前にあらわれたそれは、平成25（2013）年にオープンしたワテラス（図6-9）である。

図6-9　ワテラス

この名前になる前は長く「淡路町二丁目西部地区第一種市街地再開発事業」と呼ばれていた開発で、東京の中心部に残っていた小規模な建物が、地区にあった小学校の統廃合による跡地とともに再開発されたものである。住民の勉強会が始まったのが平成9（1997）年ということなので、完成までやはり15年ほどかかった計算になる。平成19（2007）年に都市再生特別地区が決定され容積率の緩和を受けているが、その引き換えとなったのは、オープンスペースと快適な歩行者空間の創出、多世代住宅の整備、公園機能の再編・拡充による緑地の創出といった9つの提案である。中でもユニー

クな提案は、学生向けの住宅をつくり、そこに居住する学生が地域の祭礼等に参加するというもので、弱体化しつつあった都心部のコミュニティ再生をはかったものである。

ワテラスのオープンスペースを抜け、建物を抜けるようにしてお茶の水駅に向かうと、次の開発の中に入っていく。同じく平成25（２０１３）年にオープンした御茶の水ソラシティ（図6-10）である。小さな敷地の統合によってつくりだされたワテラスと違い、もともとそこに建っていた日立製作所の本社ビルを23階の複合ビルに建て替えたものである。この地区も平成22（２０１０）年に都市再生特別地区が決定され、９７０％への容積率緩和を受けており、建物の足下に地上と地下あわせて４４０㎡の広場空間が整備されている。台地の上にあるお茶の水駅の周辺は斜面地形の中にＪＲ線と地下鉄線が輻輳しているが、それぞれの鉄道に人の流れをつなぎつつ、人々が滞留したり、都市景観を楽しんだりできる場所がたくみに作り出されている。ワテラスとの連続性は、もちろん偶然に実現したものではなく、同時期に進行した二つの開発の間に綿密な調整があったことは想像に難くない。連続する大規模開発の足元を丁寧につなぎ合

図 6-10　御茶の水ソラシティ

わせていったそこには、紛れもなく新しい都市空間が出現しているのである。

9　成長の偏り

「地の規制緩和」と「図の規制緩和」は異なる都市空間を作り出す。本章の冒頭に整理した通り、平成期を通じて経済再生のために呪いを外そうという力は強く、結果的に地の規制緩和が多く行われ、図の規制緩和は相対的に少なかった。しかし二つの空間は軋轢を生みだすことなく共存し、「地」にも小さな飲食店が開業するなど、図と地の規制緩和は相乗効果をお互いにもたらしたと言えるかもしれない。それは平成期の日本固有の規制緩和の成果ということである。

地の規制緩和と図の規制緩和は市場の制度を育て、それぞれ規制によってつくりだされた都市と、設計によってつくりだされた都市を出現させた。都市と市場は共犯関係にある。規制緩和によって力を得た市場の制度は都市を成長させ、そして、都市の成長にあわせて市場の制度が成長したのである。その成長はどのように評価できるだろうか。

小さな地下室付きの戸建て住宅、小さな敷地に建つ中小規模のマンション、郊外のロードサイド型の店舗など、市場の制度が平成期に生み出した開発の類型はいくつかあるが、ここではタワーマンションとよばれる超高層の集合住宅を例にとって考えてみよう。平成期に私たちの都市を成長させたそれは、地震に耐える建築の構造の技術、高速のエレベーターの技術など新しい技術の集成であったが、建設の技術だけでなく、資金の集め方、住宅販売の方法、売却後の維持管理といった技術の集成でもあり、それが市場の制度を構成した。なぜそこに技術が発達し、制度が組み立てられていったのか、それはタワーマンションがオフィスや商店に比べて分譲のニーズが高く、開発業者にとって、売りやすく収益をあげやすい事業だったからである。一般に同じ商品をたくさん作り、たくさん売却した方が収益はあがるが、特に住宅のニーズは、そこに人が住む限りこんこんと湧き上がるものであり、タワーマンションはその人たちに対してたくさんの住宅を売却できる素晴らしい発明品だったのである。

　このように、タワーマンションだけでなく、地下室付きの戸建て住宅、中小規模のマンションなど、それぞれは都市空間の新しい魅力を作り出すものだったが、全ては収益をあげることを原動力にして発達したものである。平成期にはこれら収益をあげやすい商品で都市が成長し、市場の制度はそれを速くたくさんつくれるように発達していった。

　この状況に対して、平成期に市場は収益をあげやすい都市しかつくれない制度を偏って発達させてしまった、という批判が成り立つかもしれない。都市づくりを庭づくりに例えるとすれば、そこですぐに食べることができる野菜ばかりが育てられ、目を楽しませる花を誰も育てられなくなったということである。都市が単調な野菜畑になってしまった、つまり都市から開発の多様性が失われたということ以上に、市場から花を育てる技術が失われてしまった、という問題が深刻であるかもしれない。もし、地の規制緩和ではなく、図の規制緩和が優勢だったら、つまり平成期を通じて規制的な態度ではなく、設計的な態度で都市がつくられることのほうが多かったら、図の規制緩和に内蔵されているプロトコルを通じて、小さな図がたくさん描かれ、それを実現するためにもう少し多様な市場の制度が発達したのかもしれない。政府の側では、市町村に法を渡していく地方分権が行われていたので、市町村の法と市場の制度の間でプロトコルを介したたくさんのやりとりが行われ、そこに多様な制度が成長していったかもしれない。

バブル経済が崩壊し、経済再生のために都市計画の規制緩和が手法として使われていったという経緯は、本章でまとめた通りである。そしてその中で市場の制度はやや偏った技術を発達させてしまったのかもしれない。これからの先の都市計画において、その偏りがどのように問題を引き起こすのか、あるいは可能性を開いていくのか。

市場の制度の変化は不可逆的であり、現在の制度の先にしか次の制度をつくることができない。それは次の時代の都市計画をどう担っていくのだろうか。

ここまで4つの章を使って、平成期において、都市計画の法、住民の制度、市場の制度が、地方分権、規制緩和、特区、コミュニティによってどのように変化してきたのかを見てきた。住民の制度は多数のアソシエーションとわずかなコミュニティの構成へと変化し、市場の制度は見事な復活をとげたものの、多様性に欠ける発達をしてしまった。地方分権によって、これらの制度を受け止めるのは市町村となり、法をつくり、法と制度を組み合わせることができるようになった。この新しいOSで、これからどのように都市計画が担われていくのだろうか。

〈補注〉

1　民都機構のウェブサイト（民間都市開発機構（2020））には、土地取得・譲渡業務の対象となった開発の一覧が公開されている。代表的な事例としてとりあげられているのは、大阪府大阪市のなんばパークス（南海電気鉄道株式会社（他1者））、兵庫県神戸市のミント神戸（株式会社神戸新聞社（他1者））、東京都港区の白金アエルシティ（株式会社長谷工コーポレーション）、東京都港区のシティタワー高輪（住友不動産株式会社）などである。（　）内の事業者は譲渡先の事業者である。

2　紺谷（2008）は、住専が親会社である銀行から住宅融資の顧客を奪われたため、不動産融資に手を出すことになったこと、加えて親会社から「融資したくない相手だが、融資しなければ何かとまずい」顧客を紹介されたことが原因で不良債権を抱えることになったとしている。住専が「いわば銀行の産廃場、不良債権のゴミ箱としての役割」を担わされたとしている。

3　例えば、川崎市斜面地建築物条例、横浜市地下室マンション条例など。横浜市の実態や対応については藤井（2004）に詳しい。

4　裁判では建築士による個人犯罪という判決が下されており、民間の指定確認検査機関には過失がないことが確定している。

5　参考文献として、政府の立場から書かれた山本（2002）、和泉（2019）、佐々木（2020）、政府に設置された経済戦略会議の委員の立場から書かれた竹中（1999）、これらに批判的な立場から書かれた五十嵐・小川（2003）、学術的な立場から書かれた北崎（2015）を参照した。

6　山本（2019）によると「ある程度の規模で民間都市開発投資を企図しておられる事業者があったら是非その計画を私たちに教えてください、公共団体と一緒になって、どういう手が打てるか議論しましょう、公共団体からも民間都市開発事業として進めたいものがあれば挙げてください」というもので、敷地面積1ha以上、少なくとも2、3年のうちには必ず事業に着手できるものを募ったところ、286のプロジェクトが出てきたという。プロジェクトの例は内閣府のウェブサイト（https://www.kantei.go.jp/jp/singi/tiiki/toshisaisei/dai5/5siryou1_3.html）で公開されている。

7　①手続きの並行処理などによるスピードアップについては、「当時竣工直前だった六本木ヒルズの再開発事業が十数年の時間がかかったことへの問題意識」があった（佐々木（2020））。②事前明示性の確保とは、規制緩和等の条件を事前に示すということであるが、それについては、「再開発地区計画を決めていくときに、例えば、その地区の整備方針を決める段階では、用途地域で決められている容積率をどこまで緩和できるかを都市計画決定権者からなかなか示してもらえないことが、事業計画の立案上非常に支障になっている」という問題意識があった（山本（2002））。

8　「土地再生のために緊急に取り組むべき制度改革の方向」がまとめられた平成13年12月4日の時点では既存の法改正が目指されていたが、12月14日に総理から「もっと思い切って民間都市開発を進めるために特別な立法を考えるように」という指示があり、都市再生特別措置法の立法につながった（山本（2002））。

9　同様の仕組みとして、昭和55（１９８０）年の都市計画法改正で、特に力を入れて再開発事業を進める地域を特定する「再開発方針」が創設されていたが、東京などでは広い範囲で指定されてしまい、戦略的な意味を失っていた。都市再生緊急整備地域は国が指定する地域であり、戦略性を重視していた（山本（2002））。

10　当時にどういう都市開発の方法が組み立てられ、どういった事例があったのかについては、エクスナレッジ（2002、2004）、都市構造改革研究会＋エクスナレッジ（2003）に詳しい。

〈参考文献・資料〉

青山佾（2004）『石原都政副知事ノート』平凡社
五十嵐敬喜・小川明雄（2003）『「都市再生」を問う』岩波書店
和泉洋人（2002）『容積率緩和型都市計画論』信山社
エクスナレッジ（2002）『都市建築・不動産企画開発マニュアル 2002-03』エクスナレッジ
――（2004）『都市建築・不動産企画開発マニュアル 2004-05』エクスナレッジ
北崎朋希（2015）『東京・都市再生の真実――ガラパゴス化する不動産開発の最前線』水曜社
紺谷典子（2008）『平成経済20年史』幻冬舎
竹中平蔵（1999）『経世済民「経済戦略会議の１８０日」』ダイヤモンド社
東京都都市づくり公社（編）（2019）『東京の都市づくり通史』東京都都市づくり公社
都市構造改革研究会＋エクスナレッジ（2003）『都市再生と新たな街づくり』エクスナレッジ
日本の土地百年研究会・財団法人日本不動産研究所・株式会社都市環境研究所（2003）『日本の土地百年』大成出版社

饗庭伸・大澤昭彦（2014）「東神田地区／小規模開発による都市再生　東京の都心再生を歩く——その成果を点検する」『季刊まちづくり』41号、学芸出版社

和泉洋人（2019）（インタビュー）「日本型『都市再生』はどのように生まれたか」『建築雑誌』第１３４集・第１７２５号、pp.38-41、日本建築学会

大澤昭彦（2018）「建築物のコントロール」『初めて学ぶ都市計画』市ヶ谷出版

木下一也（2019）「地区計画とその後の展開」『日本近代建築法制の１００年』pp.378-393、日本建築センター

鈴木毅（2019）「『都市計画法』改正の25年——規制緩和と制度運用」『都市計画』３３８号 Vol.68、№３、pp.72-75、日本都市計画学会

那珂正・井上勝徳（2019）「建築確認・検査の民間開放」『日本近代建築法制の１００年』pp.403-413、日本建築センター

東京都（2001）「東京の都市づくりビジョン」東京都

藤井祥子・内海麻利・小林重敬・柳沢厚・大野整（2004）「大規模地下室マンションの発生要因と対応方策に関する考察：横浜市を事例として」『都市計画別冊　都市計画論文集』（39）、pp.421-426

国土交通省「都市再生緊急整備地域の指定状況」https://www.mlit.go.jp/common/001262694.pdf、２０２０年４月最終閲覧

小峰隆夫・岡田恵子（2011）「バブル崩壊と不良債権対策（１９９０～96年を中心に）」バブル／デフレ期の日本経済と経済政策（歴史編）第1巻『日本経済の記録——第２次石油危機への対応からバブル崩壊まで—』、pp.371-559、内閣府経済社会総合研究所、http://www.esri.go.jp/jp/prj/sbubble/history/history_01/history_01.html、２０２０年5月最終閲覧

佐々木晶二（2020）「都市再生特別措置法の制定経緯について」「土地総研リサーチ・メモ」土地総合研究所、http://www.lij.jp/news/research_memo/20200507_3.pdf、２０２０年5月最終閲覧

東京都「東京都における都市再生特別地区の運用について」東京都、２０１９年最終改定、https://www.toshiseibi.metro.tokyo.lg.jp/seisaku/tokku/pdf/tokku_honbun.pdf、２０２０年４月最終閲覧

——「新しい都市づくりのための都市開発諸制度活用方針」東京都、２０１９年最終改定、https://www.toshiseibi.metro.tokyo.lg.jp/seisaku/new_ctiy/katsuyo_hoshin/hoshin_02.html、２０２０年４月最終閲覧

都市再生本部「都市再生のために緊急に取り組むべき制度改革の方向」都市再生本部第5回資料、内閣府地方創生推進事務局、https://www.kantei.go.jp/jp/singi/tiiki/toshisaisei/dai5/5siryou2.html、２０２０年4月最終閲覧
民間都市開発推進機構「土地取得・譲渡業務」http://www.minto.or.jp/archives/results_04.html、２０２０年5月最終閲覧
——「ＭＩＮＴＯ機構の歩み」http://www.minto.or.jp/about/history.html、２０２０年5月最終閲覧
山本繁太郎（2002）「動き出した都市再生～都市再生特別措置法施行される～」土地総合研究所第82回定期講演会講演録、土地総合研究所ウェブサイト、http://www.lij.jp/lec/php/lecdetail.php?id=82、２０２０年5月最終閲覧
ワテラス「ワテラスとは」ワテラスウェブサイト（https://www.waterras.com/about.html）、２０２０年4月最終閲覧

第7章

市場とセーフティネット――住宅の都市計画

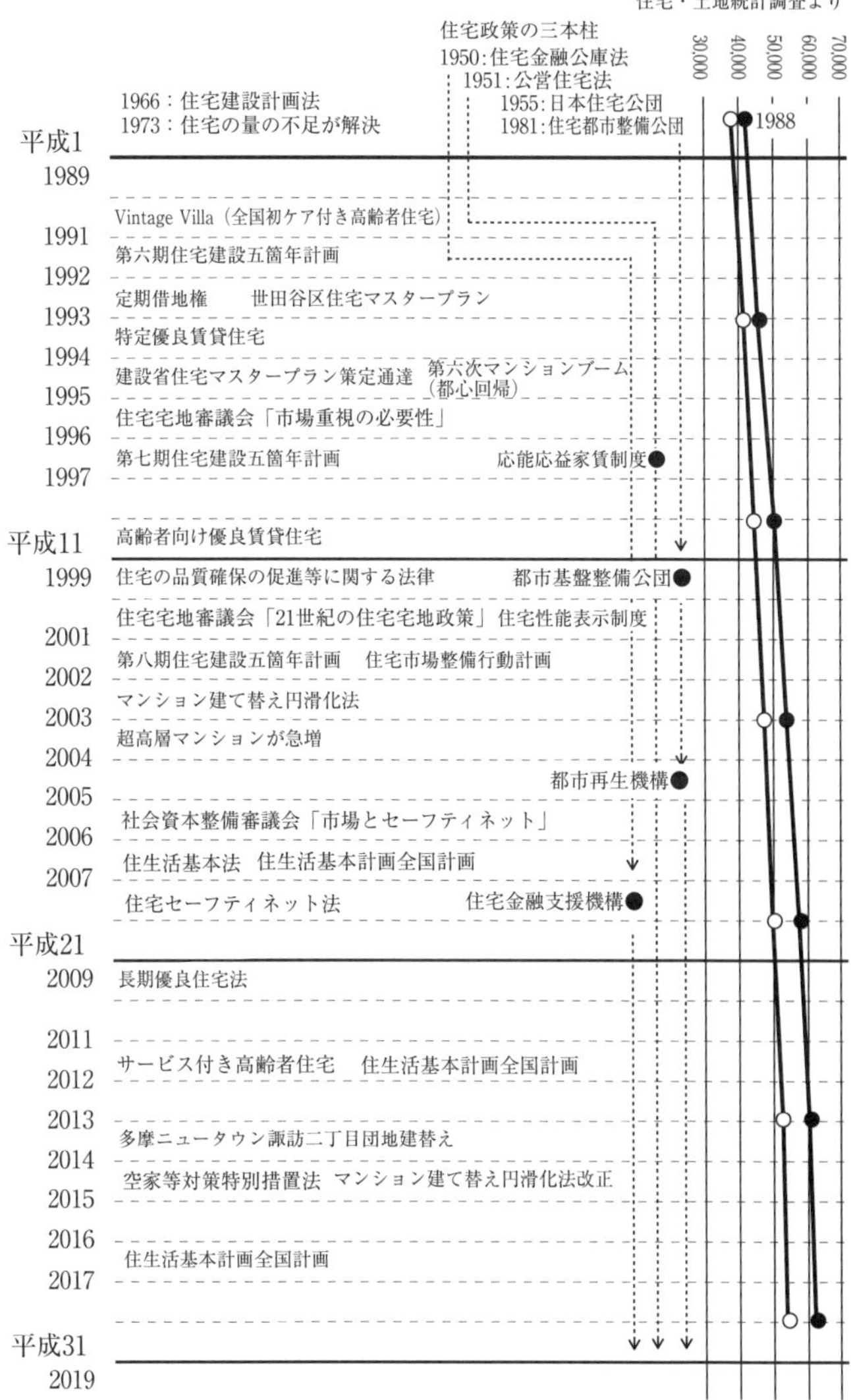

1　都市の地と住宅政策

前章までは政府、住民、市場といった都市計画のOSの変化を見てきたが、残りの4つの章では、OSの上で専門的に働くアプリケーション、つまり個別分野の課題解決に特化した都市計画の変化を見ていくことにしたい。住宅、景観、復興、土地利用の順に見ていこう。

身の回りの都市を見回してみると、都市の大部分が住宅でできていることがわかるだろう。都市を「図と地」に分けるとすれば、住宅は都市の巨大な「地」を構成している。その地はどのように耕すことができるのだろうか。

住宅に対しては、これまで二つの法と制度の体系が作られてきた。一つは本書の主題である都市計画の体系、もう一つは住宅政策とよばれる体系であり、二つは補いあいながら、住宅が織りなす都市の地を整えてきた。都市計画の仕事は、例えば環境が劣悪な「スラム」とよばれる住宅地を改善すること、それぞれの住宅の日照や通風といった環境を確保することなどである。しかし都市計画では住宅の配置や外形をコントロールすることはできるが、一つひとつの住宅の質を向上したり、住宅と人々の動きの関係を整えることはできない。それが住宅政策の仕事である。住宅政策の仕事は質の高い住宅をすべての人々に行き渡るようにつくることにある。そのために市営住宅や県営住宅とよばれる公営住宅をつくったり、良質な住宅の市場を育てたりしてきた。

住宅政策は巨大な波をさばくような政策でもある。住宅はすべての人の必需品であり、膨大な数がある。平成期が始まったころに4200万戸だった我が国の住宅数は、平成期が終わる頃に6200万戸まで増えた。単純計算で毎年68万戸にも及ぶその途方もない波の大きさを想像できるだろうか。象徴的な公共施設やきらびやかな商業施設のように、一つひとつの住宅は変わったものでも、目立つものでもない。そのためその変化は記憶に残るものではないが、確実に都市の地を変化させている。住宅の大きな波をさばく法と制度がどのように変化したのか見ていきたい。

2　住宅政策の三本柱

住宅政策には戦前から続く長い歴史があるが、平成期にそれは大転換したと言われている。それは「住宅政策の三本柱」と呼ばれる、3つの基本政策の転換である。住田（2015）、平山（2009・2017）、西山（1989）を参考にしながら、すこし歴史を遡って、三本柱の成り立ちから見ていくことにしよう。

住宅政策の三本柱は、戦後すぐの絶対的な住宅不足を背景に組み立てられた政策である。戦災によって多くの住宅が失われた状態から、ともかく住宅の量を増やす、質を向上する、という単純な目的を達成するために立てられた政策である。それらは公営住宅、公団住宅、住宅金融公庫であり、それぞれ公営住宅法（1951年）、日本住宅公団法（1955年）、住宅金融公庫法（1950年）によって誕生した。この体制を、政治の55年体制をもじって「住宅政策の55年体制」と呼ぶこともある（住田（2015））。

単純な目的をもつ政策は単純な組み立てを持つことが多いが、三本柱の組み立ても極めて単純であ

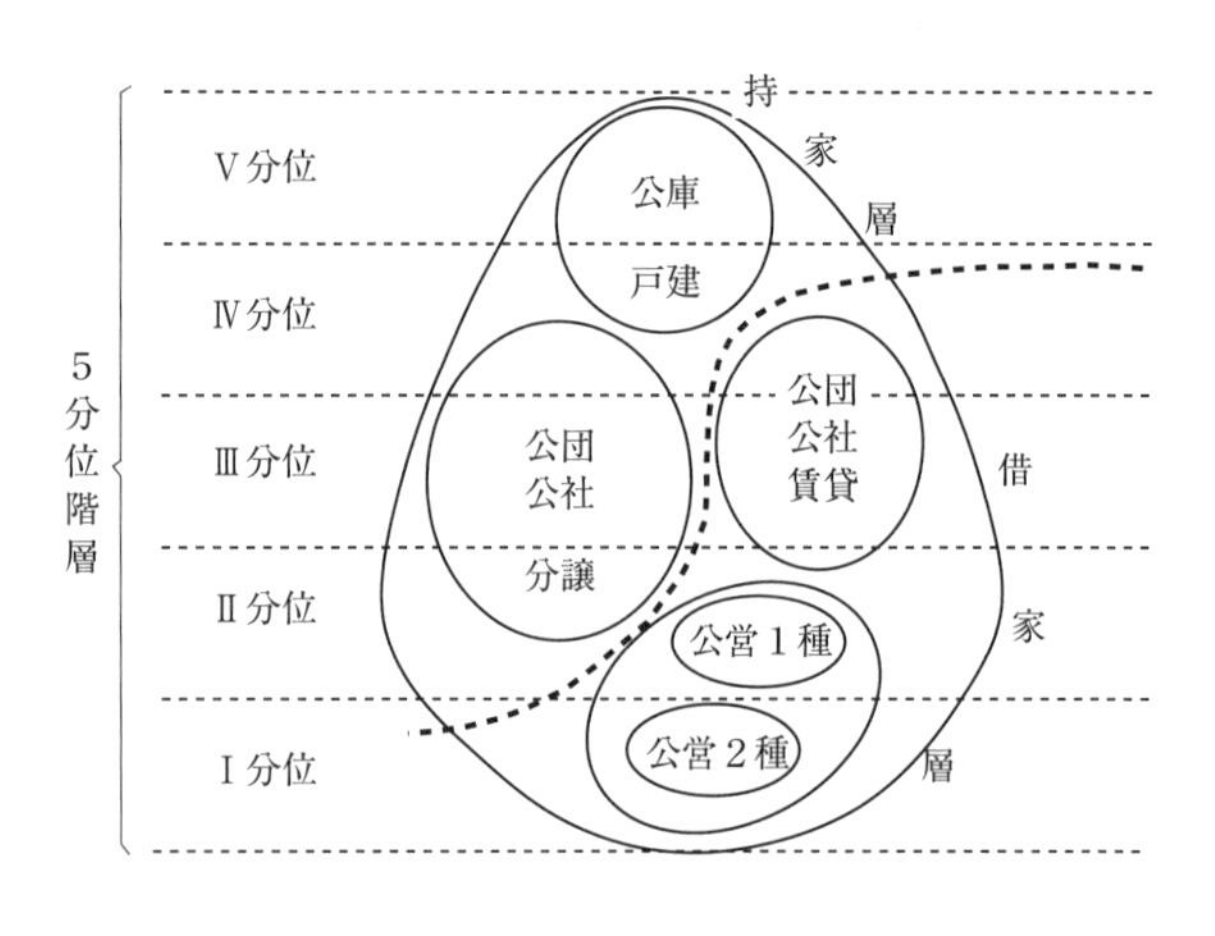

図 7-1　公共住宅の供給対象階層
出典：住田昌二ほか（1985）『ハウジング』彰国社、p357

り、国民を所得階層ごとにターゲットにわけ、それぞれ向けの住宅を直接、間接に作り出していくというものである。公営住宅は低所得者層向けの賃貸住宅を担い、公団住宅は中所得者層向けの賃貸住宅と分譲住宅を担い、住宅金融公庫はその上の所得階層向けの分譲住宅の取得を後押しする住宅ローンを担った（図7−1）。三本柱のそれぞれの達成目標は、住宅建設計画法（１９６６年）にもとづく5年ごとの「住宅建設五箇年計画」に掲げられ、住宅は計画的につくられ続けた。

三本柱は住宅の「量」だけでなく、住宅の「質」を上げようとするものでもあった。公営住宅と公団住宅は、それまでの日本にあった貧しい住宅の改善を先導するモデルとして計画され、その最大の発明は「51ｃ型」と呼ばれる、昭和26（１９５１）年に導入された公営住宅の間取りであった。それまでの日本の住宅は、食事と就寝が一つの部屋で行われており、それが住宅の貧しさであると考えられていた。

51ｃ型はダイニングキッチン、すなわち食事ができる台所を導入することによって、その問題を解決した。今日でも住宅の間取りには「ＤＫ」という文字とともにダイニングキッチンが示されているが、これは51ｃ型の導入により一般化したものである。

このように公営住宅や公団住宅は、質の高い住宅を直接つくり出すことで日本の住宅の質を上げていったが、住宅金融公庫は住宅建設の基準を設け、基準を満たす住宅に融資する、という間接的な方法で日本の住宅の質を上げていった。基準には住宅の基礎や柱の寸法、使用する金物、耐火構造の基準までが細かく定められており、「住宅金融公庫の融資を受けた住宅といえば、質の高い住宅である」というふうに、住宅の質にお墨付きを与えるものだった。

三本柱が立てられた理由の一つであった「住宅の量の不足」が解決したのは、昭和48（１９７３）年のことである。この年に実施された住宅統計調査において、全ての都道府県において住宅数が世帯数を上回ったことが確認された。この結果は三本柱の存在意義をぐらつかせるものであったが、三本柱はその目的を住宅の量の達成から質の向上へと転換して、手を緩めることなく住宅を延々とつくりつづけた。

そしてこの三本柱は平成の中頃に終焉していく。終焉はいちどきでなく10年近い時間をかけて、三本柱にかわる枠組みを組み立てながら終焉していった。つまり平成期は「三本柱の最後の時代」から転換期を挟んだ「ポスト三本柱の時代」の二つの時代を含むことになる。

3 三本柱がつくった都市

では、平成期にどのように時代が切り替えられたのかを見ていこう。

住宅は不動産と呼ばれるが、同じ不動産である土地のように全く動かないものではなく、ゆっくりと変化している。住宅には寿命があり、日本のどこかで毎日必ず住宅は壊され、どこかで必ずつくられているからである。量と質に注目して住宅の全体像の変化を３つの時点でみてみよう。昭和48（1973）年、平成に入る直前の昭和63（1988）年、三本柱が終焉する直前の平成15（2003）年の住宅の全体像を描いてみた（図7-2）[1]。

昭和48年は住宅数が世帯数を上回り、量から質への転換点となった年であるが、質の悪い住宅に居住する世帯は３割近くおり、中間が膨らんだ形であることがわかる。そして昭和63年、平成15年の変化をみると、中間が膨らんだ形からコマのように細い足で立つ形へと変化してきており、全体の質が確実に向上してきたことがわかる。三本柱はこの変化を支えたのである。

全体を構成するのは一つひとつの住宅であるが、それら住宅はどのように全体を変化させたのだろうか。上田篤が昭和48（1973）年に発表した住宅双六がそのイメージをわかりやすく伝えてくれる。住宅双六には、赤ん坊からスタートし、寮や下宿を経て、公団単身者アパート、公営住宅、公団・公社アパートといったマスを通るようにして、人々が人生のステージにあわせて住宅を住み替え、最後は庭つき郊外一戸建住宅にたどり着くシナリオが示されている。双六は「移動」のゲームであることからわかるように、住宅の全体像は、人々の「移動」にともなう住宅建設によって変化していった。人々は自分にあわなくなった住宅を脱ぎ捨てるように次に移動し、そこに新しい住宅をつくっていく。脱ぎ捨てられた住宅には後から都市にやってきた人が入居して、彼らも双六のゲームに参加する。このような「移動と建設」が何重にも重なり、古くなった質の悪い住宅は徐々になくなり、住宅の全体像が変化していったのである。

三本柱はこの「移動と建設」を確かなものにした。三本柱が住宅双六の中でどのように機能したのか、「再分配」と「交換」という二つのお金の流れを思い描きながら考えてみよう。

公営住宅と公団の賃貸住宅は、政府が人々から税金を集めて住宅をつくり、それを人々に再分配するかたちでつくられた。再分配の時には公平さが重視され、富めるものにではなく、貧しいものに再分配が行われた。一方の住宅金融公庫と公団の分譲住宅は、市場における「交換」によって作り出された。人々は稼いだお金を市場を介して住宅

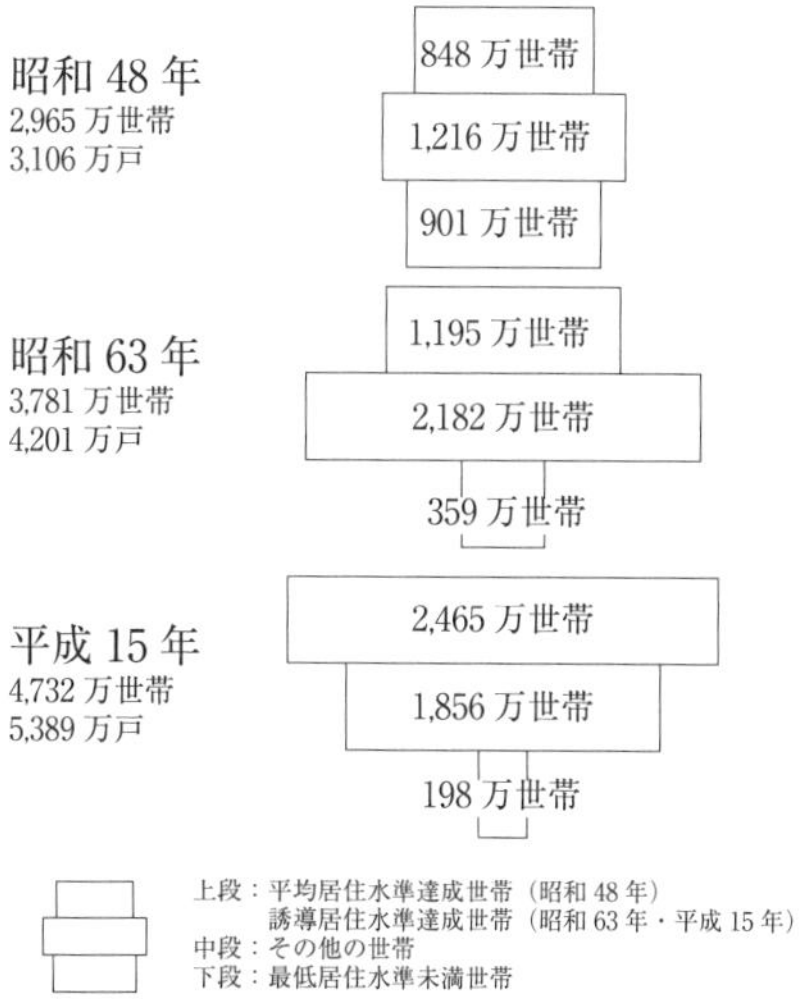

昭和48年
2,965万世帯
3,106万戸

848万世帯
1,216万世帯
901万世帯

昭和63年
3,781万世帯
4,201万戸

1,195万世帯
2,182万世帯
359万世帯

平成15年
4,732万世帯
5,389万戸

2,465万世帯
1,856万世帯
198万世帯

上段：平均居住水準達成世帯（昭和48年）
誘導居住水準達成世帯（昭和63年・平成15年）
中段：その他の世帯
下段：最低居住水準未満世帯

図7-2　住宅の全体像

出典：住宅・土地統計調査をもとに国土交通省で独自集計した住宅経済関連データ（平成30年度）を用いて筆者が作成。昭和63年、平成15年は不明世帯がいる。

と交換していった。そもそも住宅と交換できるだけの十分なお金を持っている人が少なかったため、交換を促進するために政府が人々に直接お金を貸す、という仕組みが住宅金融公庫であり、多くの人々は金融公庫から前借りをしたお金を住宅と交換し、その残りの人生の時間を使ってそのお金を返済することになった。

つまり、三本柱は政府による再分配の仕組みと、市場による交換の仕組みの混合であった。住宅双六にみた「移動と建設」の階段は、その一部が再分配で支えられ、残りは交換で支えられていた。仮に再分配がすばらしく機能すると、つまり税金を使って全員の満足を満たすように住宅の再分配が行われたら、人々は交換の仕組みを使わなくなる。逆に人々が交換だけで全員が満足する住宅を手に入れることができたら、再分配の仕組みは不要になる。再分配と交換は常にせめぎあっているが、三本柱が機能していた50年の間で、二つの仕組みのどちらが勝利したのだろうか。

勝利をどのような基準ではかるのか難しいところであるが、三本柱がつくった戸数だけでそれをみると、住宅金融公庫の領域、すなわち市場による交換の仕組みの圧勝であった。昭和41（１９６６）年から平成17（２００５）年までの間に建設された６０２８万戸の住宅のうち、住宅金融公庫は１６８６万戸の住宅を建設した。再分配の仕組みでつくられた残る二本の柱の公営住宅は２６８万戸、公団住宅は１２８万戸だけであった。

圧勝の立役者の一人はハウスメーカーと呼ばれる、安定した品質の戸建住宅を速く安価で大量に供給する企業である。昭和35（１９６０）年に創立された積水ハウスをはじめとして、70年代の中頃までに大手８社と呼ばれるハウスメーカーが創立され、競って住宅をつくり続ける。デザインに個性がないと揶揄されることもあるが、住宅の部材を大量生産することで材料の価格を落とし、つくり方を単純化することで建設のための人件費を抑え、安定した品質の住宅を安価で大量につくった。

圧勝のもう一人の立役者として、「マンション」の開発業者も忘れてはならないだろう。昭和37（1962）年の区分所有法によりマンションの分譲が可能になってから、マンションは商品化され、民間企業が競うように商品を開発してその市場は広がっていく。その名の通りマンションはもともとは高級な住宅だったが——英語のマンションは「大邸宅・豪邸」という意味である——あっという間に大衆化したのである（住田（2015））。

都市の地を構成する住宅の流れを整えるものが住宅政策であった。しっかりした地をつくるために三本柱があったが、結果的に地の大半は交換＝市場が整えることになった。我が国は公営住宅の割合は他の国と比べると少ないと言われており、例えばオランダでは社会住宅が全住宅の34％を占めるという。再分配が機能しなかったから市場が発達したのか、市場が発達したから再分配が発達しなかったのか、因果関係はわからないし、公営住宅が多い状態が望ましい状態なのかもわからない。いずれにせよ、せめぎ合いの結果としてあらわれた状態が平成の都市の地となり、その状態が平成の大転換後の新しい住宅政策と、それによって作り出される都市の前提条件となっていった。

4　市場とセーフティネット

第2章で述べたように、平成期はバブル経済期の終わりのころにスタートした。住宅政策の大転換もそのバブル経済期からの流れの中で読み解く必要がある。バブル経済期がどのような時代に始まり、崩壊の後始末がどのように行われたのかを思い出してみよう。

第2章で述べた通り、バブル経済期は中曽根内閣が掲げた民活政策の中で始まった。政府の仕事のうち民間ができることは民営化していくという民活の象徴は、昭和60（1985）年の専売公社と電電公社、昭和62（1987）年の国鉄の民営化であったが、住宅の分野においては民営化が遅れており、遅れているうちにバブル経済が崩壊してしまった。

バブル経済の崩壊は市場の失敗であり、それとともに都市に失業者があふれたのであれば、政府の再分配によって直接つくる公営住宅の割合が増えたのではないかと考えてしまうが、バブル崩壊とともに大量の失業者が街にあふれたわけではない。失業率はバブル崩壊以後に増加していったが、主な増加は若者層であり、このことは若者の新規の雇用を減らして景気の悪化を吸収し、すでに雇用されている人を守る方向で政府と企業の判断がつくられたことを意味している。そしてバブル崩壊の後は、政府が再分配の割合を高め、公営住宅を増やす方向に舵を切ったわけではなく、企業の雇用、すなわち市場を生き返らせるための政策が優先された[1]。つまり、バブルが崩壊した後も時代は「民活」の大きな流れの中にあった、ということである。市場を生き返らせるということは「交換」を活性化させることであり、そのためには人々が欲しがる新しい商品を市場に導入するのが手っ取り早い。その時に注目されたのが、まだ民営化されておらず、人々が必ず誰でも欲しがる商品、すなわち住宅だったのである。

政府は住宅の供給からほぼ撤退して市場に住宅供給の大きな仕事を任せる、つまり住宅を民営化し、市場に注入するという方向に舵を切った。それまで三本柱は実に多くの住宅を作り出してきたが、その住宅を作り出す仕組みそのものがカンフル剤として市場の手に渡された。そして、公営住宅と公団住宅の役割は、市場からこぼれ落ちる人を支えるセーフティネットの役割に限定されることになる。この「市場とセーフティネット」が、ポスト三本柱時代の枠組みである。

経緯を見ておこう。大転換は10年近くかけて行われた。住宅政策を方向づける住宅宅地審議会は平成7（1995）年に市場重視の必要性を訴え、平成12年（2000）年にはっきりとした市場重視の方針を示した（平山（2009））。並行して公営住宅法が平成8（1996）年に大改正され、政府が直接公営住宅を供給するのではなく、民間住宅の借り上げや買い取りによる公営住宅の供給が可能になり、入居者の収入をもとに住宅の立地や規模を加味して家賃を決定する応能応益家賃制度が導入される（砂原（2018））。これは公営住宅の民営化を指向する改革として捉えられるが、結果的に公営住宅の戸数が大幅に増えることはなく、その戸数は平成15（2003）年の218万戸を最大に以降は減少が続く[2]。住宅公団は平成11（1999）年に都市基盤整備公団に、平成16（2004）年に都市再生機構に再編され、新しい機構は賃貸住宅の新規供給事業から撤退した。

平成17（2005）年に社会資本整備審議会は「新たな住宅政策に対応した制度的枠組みについて」を答申し、三本柱に替えて「市場重視型の新たな住宅金融システム」と「公的賃貸住宅ストックの有効活用による住宅セーフティネットの機能向上」の二つの枠組みを示した。これを受けて平成18（2006）年に住生活基本法が、平成19（2007）年に住宅確保要配慮者に対する賃貸住宅の供給の促進に関する法律（通称「住宅セーフティネット法」）が制定される。前者は「市場」を支える法律、後者は「セーフティネット」を支える法律であり、ここに「市場とセーフティネット」によるポスト三本柱の時代が始まることになる。住宅金融公庫は平成19（2007）年に廃止され、新たに住宅金融支援機構が設立された。人々へ住宅資金を融資するのは民間の金融機関の仕事となり、新たな住宅金融支援機構は住宅ローンの証券化支援に取り組むという形で、民間金融機関の支援という役割を担うようになった。

この「市場とセーフティネット」の枠組みをどのように理解できるだろうか。かつての三本柱は、都市の中における人々の「移動と建設」を補強するように、その中にある3つの段階を確実に作り上げた。しかし新しい「市場とセーフティネット」において、二本の柱は「移動と建設」の段階から外され、移動と建設からこぼれ落ちた人々が体を休める公園のようなものへと変えられてしまった。二本の柱はもはや住宅ではなくインフラストラクチャーであると言った方がわかりやすいかもしれない。そして市場は「移動と建設」の全ての段階を作り出すものとして期待された。かつての「移動と建設」は、都市にやってきた人々が、仕事を始め、少しずつお金をため、家族を形成し、家族の成長とともに狭い住宅から広い住宅へと移っていく、という単線的なルートを辿るものであった。しかし量が完全に充足し、もはや量ではなく質でしか動かなくなっていた人々にとって、単線的なルートは陳腐化していた。そのため市場には複線的なルートの開拓も期待された。様々な銀行、開発業者、不動産仲介業者、建設業者が独自の商品を開発し、「移動と建設」の選択肢を増やしていった。市場のなかに生態系のように制度が発達し、政府の役割は、そこに水をやったり、雑草を抜いたり、望ましい種をまいたりするというような役割に後退したのである。

平成の大転換のあとの、平成期後半の住宅を見ると、市場とセーフティネットはひとまず大きな失敗をしなかったと言えるだろう。量的な水準でみても質的な水準でみても、住宅市場は順調に機能した。平成15年から30年までの間に新たに852万戸の住宅が建設された。住宅総数は日本の世帯数を大幅に超え、逆に空き家の増加が問題視されるほどになった。質的な水準をみると、平成15年には誘導居住水準以上の世帯は全体の52・2%だったが、平成30年には57・2%にまで上昇した。三本柱に替わって市場とセーフティネットが平成の後半の都市を順調に作り込んでいったわけである。

その中身はどのような住宅であったのか。超高層の集合住宅、いわゆるタワーマンションは平成期の後半に私たちの住まいの有力な選択肢の一つになった。集合住宅の住戸の面積を見ると、平成15年には71・0㎡だった分譲の共同住宅の平均面積は平成30年には75・1㎡となり、小さな戸建住宅並みの広さを持つ集合住宅も多く増えた。ミニ戸建てとよばれる極小の戸建て住宅を安価でつくる事業者も業績を伸ばした。

では、住宅に関する問題は無くなってしまったのだろうか。市場とセーフティネットはどう評価できるのだろうか。

5　二つのギャップ

この本の読者たちはどういう住宅の問題を抱えているだろうか。住宅に対して悩みを持っていない人はそれほどいないはずだ。社会には質的にも量的にも十分な住宅があるが、なぜ自分にあう住宅がないのだろうか。

　あるいは、身の回りに住宅に困っている人はいないだろうか。単身高齢者、母子世帯、非正規雇用の若者、外国人、思い当たる人の顔と、その人がどういう住宅に暮らしているのかを思い起こしてみよう。例えば平山（2009）は世帯内単身者の住宅問題を、ビッグイシュー基金（2014）は若年貧困層の住宅問題を、葛西（2017）は母子世帯の居住貧困の実態を明らかにした。つまり我が国の住宅の量的水準と質的水準は達成されているが、ギャップは常に発生し続けており、問題はそれがうまく「行き渡っていない」ことである。住宅の量と質はもはや大きな問題ではなく、行き渡らないことが問題となっている。

　こういったギャップは、まずは一人ひとりの属人的な問題として生まれる。かつてのスラムのように特定の土地に特定の問題が集中しているのであればギャップは見えやすく、例えば日雇い労働者が多く暮らすドヤ街とよばれる場所には、平成期においても問題が発生した。しかし、平成期のギャップの大半はひっそりと発生するため見えにくい。

　主観的であるがために可視化することが難しいギャップもある。例えば平成23（2011）年ごろから「シェアハウス」が新しい住宅の形としてもてはやされるようになったが[3]、通常の住宅を区切っただけのそれは、外形的には最低居住水準はおろか、戦後の住宅政策が真っ先に駆除しようとした寝食分離すらなされていないこともある。しかし、それを楽しいもの、価値のあるものとする人々もおり、それをギャップと感じるかどうかはそれぞれの人の主観の問題である。

　一方に「人々の望み」の全体を、もう一方に「住宅」の全体をおいて、望みと住宅の関係を考えてみよう。人々の望みとは、こんな場所でこんな暮らしをしたい、という望みであるが、その全体は常に変化し、住宅とのあいだには常にギャップが発生する。そのギャップが市場とセーフティネットによって常に修正され、一致しているのならば「行き渡った状態」となるが、ギャップが拡大し、時にはそれが「格差」と定義されることもある。ギャップはどうやったら調整されていくのだろうか。

住宅は「移動と建設」によって形成されてきた。その「移動」に着目して、これらのギャップを大きく二つの種類に分けて考えてみよう。

一つは「移動によるギャップの発生」である。例えば、学生時代は賃料がかからない実家に暮らしていたが、就職のために別の都市に住居を移すと十分な住宅が見つからない、というようなギャップである。多くの人は進学や就職、家族の変化によって必ず移動するので、ギャップはつねに発生し続けている。また、失職や離婚などによるやむを得ない移動は深刻なギャップを引き起こすことが多い。例えば民間の賃貸住宅には、母子世帯や単身高齢者世帯を入居させないルールを持っているものもあり、やむを得ない移動によって解決できないギャップに陥ってしまうこともある。

もう一つは、移動しないことによるギャップの発生である。これは長く暮らしてきた住宅が自分に合わなくなってきた、という問題である。40年前に購入した集合住宅にはエレベーターがついておらず、年を重ねて階段の上り下りが難しくなったという問題、40年前に造成された郊外の戸建住宅地に一斉入居した住民が同時に高齢化したという問題、園田（2018）が指摘するバブル経済期に高値で購入した住宅のローン残債が残り高齢化しても住宅を動けないという問題などである。こういった非移動によるギャップは、移動によるギャップにくらべると、ゆっくりと起きるから見えにくい。

移動によるギャップと非移動によるギャップを、市場とセーフティネットはどう調整しているのだろうか。

6　市場による調整

ポスト三本柱の時代、市場はせっせと新しい住宅を建設するための制度を発達させてきた。ハウスメーカーや集合住宅の開発業者は住宅を新しく建設する制度しか持たないので、彼らはギャップを、新しい住宅をつくることによって調整してきた。市場においてギャップは「ニーズ」という言葉に言い換えられ、それぞれのアクターはニーズを読み取り、時にはニーズを戦略的に作り出すことによって、住宅をつくり続けてきた。前に述べた通り、タワーマンション、ミニ戸建てといった新しいタイプの住宅が開発され、これらは人々の新しい「移動によるギャップ」を調整したのである。

人口の高齢化にともなって、高齢者の住宅ニーズも増えていった。それは人生最後の「移動と建設」である。平成12（2000）年に始まった介護保険制度を中心として高齢者に向けた営利・非営利を含む民間事業者がおりなす市場が作られ、高齢者向けの住宅も発達した。高齢化は人口の多さからして巨大なギャップ、巨大なニーズであるが、例えば人口が増える時に考えられた51c型のように、一つの答えで解けるようなギャップではない。身体機能、精神機能が徐々に衰えていく高齢者は、固有性の高い「ギャップのかたまり」であり、一つひとつにきめ細かい対応が必要である。こうしたギャップを調整すべく、サービス付き高齢者住宅、有料老人ホームといった高齢者向けの住宅や福祉施設は都市の中に増え続けた。不動産の所有権を分譲する集合住宅と違って、高齢者向け住宅は利用権だけを販売する形をとることが一般的であり、居住者は求めるサービスに応じて住宅を移ることにもなる。一般的な住宅が広さ、間取り、駅からの距離といった情報だけで判断されるのに対し、高齢者向け住宅は医療や介護を中心としたサービスがどのように提供されるのかという情報が、それらの情報と同じくらいか、それ以上の比重で重視され、ギャップが調整されていく。

もしこういった住宅が市場によって発明されていなかったら——例えば都心のタワーマンションが無ければ「都心に住んで通勤列車に乗りたくない」というギャップが集積して格差に発展したかもしれないし、ミニ戸建てが無ければ「どんなに小さくても戸建てを持ちたい」というギャップが集積して格差に発展したかもしれないし、高齢者住宅が無ければ高齢者の住宅問題はもっと深刻化したかもしれない。市場のアクターは、新しい住宅を増やすことによって都市における「移動と建設」の階段を多様化し、こういったギャップを調整していったのである。

しかし、平成期の末になって、新しい住宅をつくりつづけること、つまりフローを増やすことそのものの問題も顕在化した。住宅数が世帯数を上回った昭和48年以降、その差は開き続け、平成25年には空き家率が13・5%であることが明らかになった。都市にはすでに十分な住宅ストック=財産が蓄積されているのに、そこに次から次へとフローが投入されることにより、ストックが有り余った状態に社会が陥ってしまったのである。こうした問題を解決しようと、平成26(2014)年には「空家等対策特別措置法」が制定され、それぞれの町で空家対策の計画がつくられている。ポスト三本柱の時代になってから、住宅をつくる制度だけを発達させてしまった市場のアクターに、空家の対策ができるわけもなく、そのつけは政府が支払うことになってしまったのである。[4]
このように市場は住宅を多様化し、それは平成期の後半に顕在化したギャップを解消したが、それはフローによる解消であった。その一方でストックが増え過ぎてしまい、平成期の末には空家対策が政策課題として浮上してしまった。

7　セーフティネットによる調整

移動に成功した人たちのギャップは市場の中で調整されていくが、移動からはじき出された人たちのギャップ、移動したくても出来ない人たちのギャップは市場の中で調整されることはない。セーフティネットはこれらのギャップをどう調整できるようになったのだろうか。

ポスト三本柱の時代、所得が低い人達向けの公営住宅や公団（UR都市再生機構）の賃貸住宅の新規建設はほとんどなくなってしまった。フローを供給することではなく、所有しているストックを使ってでしかギャップを調整することが出来なかった。しかしすでに述べたとおり、公営住宅や公団賃貸住宅の戸数は先進国の中では少ない数で頭打ちとなってしまっており、古くなった住宅の建替えは行われるが、建替えの際には戸数を減らすことが多いので、ギャップを調整する手段が増えたわけではなかった。また、ギャップは属人的に都市の中のあらゆるところで発生する。建替えしか出来ないということは、セーフティネットの立地が限定されてしまい、地理的なギャップをきめ細かく解決できないことを意味していた。

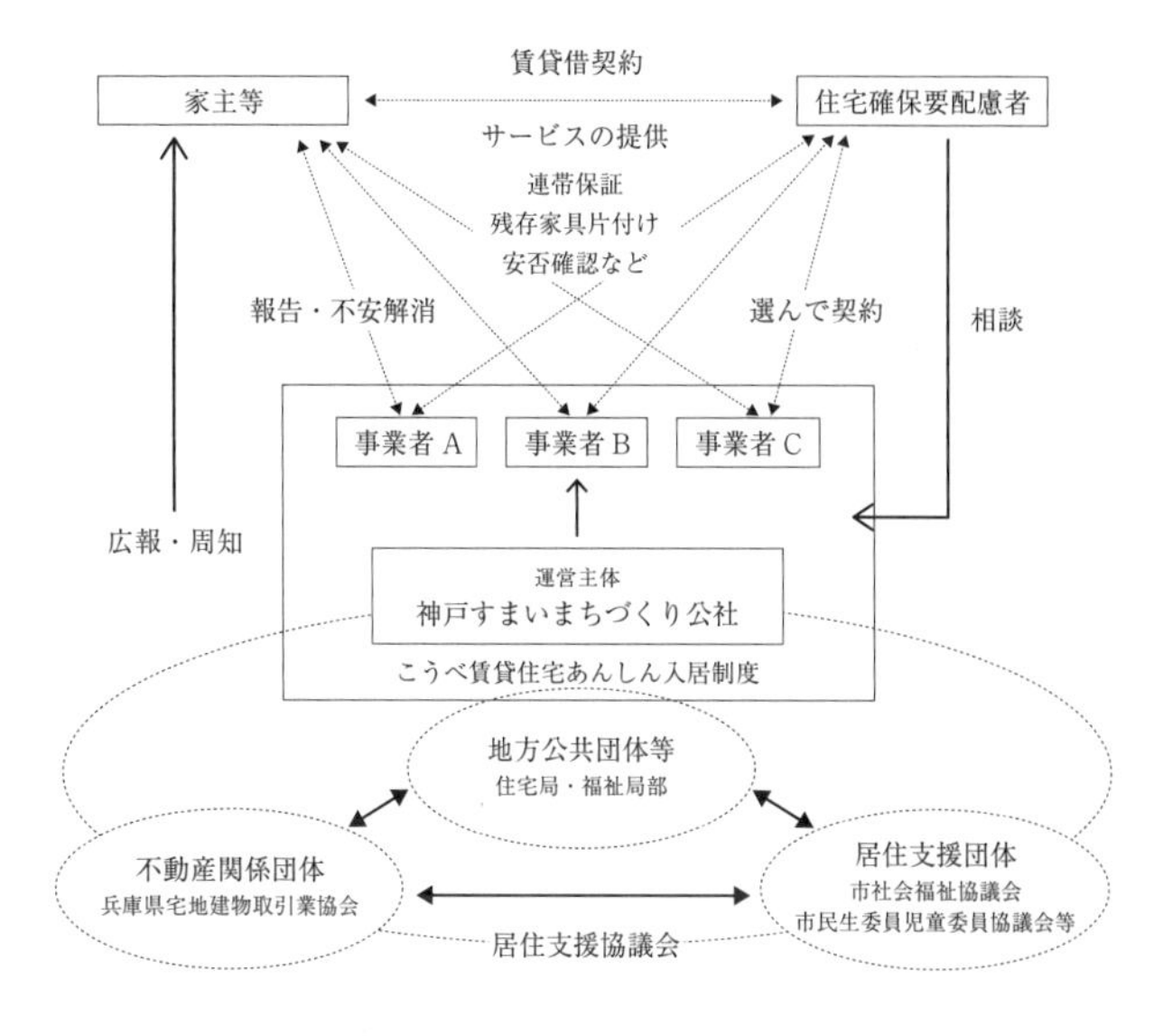

図 7-3　住宅確保要配慮者居住支援協議会（神戸市の事例）
出典：日本住宅協会（2015）

しかし、それ以上の問題は、セーフティネットが政府の役割であるとされたことにより、セーフティネットそのものが、固い「法」によって運営されてしまうことにある。入居の資格や家賃の設定それぞれをとってみても、規定は細かく、例外を認めないものであった。セーフティネットは住宅ではなくインフラストラクチャーのようなものであると述べたとおり、それは道路や公園のように、例えば掃除は年に何回、利用料はいくらといったように経営され、やはりギャップをきめ細かく解決できないのである。

こういった法を補完する制度はどのように育ったのだろうか。ＮＰＯなどの非営利の組織が作り出す制度が期待されるが、その実態はどうだったのだろうか。平成10（1998）年のＮＰＯ法の制定と前後してＮＰＯのブームが起きた時、非営利の組織が住宅を建設する事業に取り組むのではないか、という期待は大きくあった。[5]その後、前に述べた通り、人口の高齢化にともなうギャップについては市場のアクターと競うようにして非営利の組織も大きく成長した。しかし、他のギャップについては、高齢者ほど安定した大きなニーズが見込まれない。貧困問題に取り組むＮＰＯがアパートを経営する、女性問題に取り組むＮＰＯがＤＶのシェルターを経営するといった事例は見られるが、少ない数にとどまり、安定的なサービスを展開できているＮＰＯはほとんど育っていない。

法と制度の関係をどうつなぐか。住宅セーフティネット法では「住宅確保要配慮者居住支援協議会」という住宅確保要配慮者のギャップを調整する仕組みがつくられている（図7-3）。これは、自治体だけでなく民間の宅建団体やＮＰＯ等も参加し、様々なギャップを調整する仕組みであり、公営住宅はもちろんのこと、ＵＲの賃貸住宅や民間の賃貸住宅も調整の対象にすることができる。平成末の時点では全国で70の協議会が設置されており、政府が作り出すセーフティネットの法と、非営利組織が作り出すセーフティネットの制度をつなぐものとして期待される。

8　ストックのマッチング

私たちが住宅が欲しいと思う、あるいは住宅に困っている誰かを助けてあげたいと思うその時、色々な手がかりがあり、手がかりをたどって自分や誰かにぴったりの住宅にたどりつくことができる社会、それが豊かな社会である。

平成期の住宅政策は、昭和の終わりから始まった民営化の大きな波をゆっくりとかぶり、時間をかけて「三本柱」から「市場とセーフティネット」への大転換をとげた。それは住宅政策の中から政府による法を減らし、市場や住民によるたくさんの制度を増やしていこうという変化でもあった。そして住宅の量的な充足にともなって、住宅をつくって売る「フローの供給」の制度ではなく、住宅を必要な人と適切に引き合わせる「ストックのマッチング」の制度が重要になってきた。

ストックのマッチングとは何だろうか。私たちが住宅が欲しいと思う、あるいは住宅に困っている誰かを助けてあげたいと思う時、最も単純な方法は、都市に住んでいる人の家を片っ端から訪ねて、空いている部屋はないか、そこに住まわせてくれないか、と直接頼むことだろう。しかし、直接探すのはなかなか難しいことが多いので、そこにマッチングの制度が必要になる。例えば祖父母の家に間借りをする時に使う制度は「家族」である。大学の寮に入る時には「大学」の制度を、社員寮に入る時には「企業」の制度を、県人寮に入るのならば「同郷」の制度を使うことになる。そして不動産屋に行って探すのは「市場」の制度を使うことであり、公営住宅に申し込むのは「政府」の制度を使うことである。

家族、大学、企業、同郷、市場、政府……ここまであげてきた制度のうち、住宅を探すときに同時に複数の制度を使ったことがある人は多いだろう。暮らしに最も合致するのは、祖父母の家だろうか、大学の寮だろうか、あるいは県人寮だろうか、と迷い、その時に最も良い選択をしているはずである。複数の制度を使ったほうが最終的にはたくさんの選択肢から選ぶことができるようになるため、もっともギャップが少ない選択肢を得ることができる。言い換えると、よい都市とは、より多数のマッチングの制度を備えた都市である。よい都市においては、人々と住宅のギャップはつねに調整され、最小化されていく。

住宅は都市の巨大な「地」を構成している。その地を耕すのがストックのマッチングの制度である。平成期の終わりの都市を見るかぎり、市場もセーフティネットもストックのマッチングの制度を発達させることはなく、その制度はまだ成長の余地を残している。これから私たちはどのようにその制度を発達させ、それはどのように都市の地を耕していくのだろうか？

〈補注〉

1　住宅に関しては、昭和23（１９４８）年より5年ごとの「住宅・土地統計調査」が行われている。全数調査ではなく、約15分の1の割合で無作為に抽出されたサンプル調査をもとにした推計値である。本書で用いるデータも同調査を根拠とした。また、住宅政策の三本柱の実績については国土交通省（2005）、日本住宅協会（2007）を根拠としたほか、八木（2006）も参照した。

2　都市部の地価が上昇したため、政府が住宅を直接供給することが財政的に困難であった、という側面はもちろん無視できない。

3　例えば、三浦展（2011）、猪熊・成瀬（2013）であり、リアリティ番組の「テラスハウス」が始まったのが２０１２年である。

4　自治体による空家等対策特別措置法の実施状況は、国土交通省のウェブサイト（国土交通省（2019））において公開されているが、それによると平成31年3月末の時点で、１０５１の自治体で空家等対策計画が策定されている。また「そのまま放置すれば倒壊等著しく保安上危険となるおそれのある状態又は著しく衛生上有害となるおそれのある状態、適切な管理が行われていないことにより著しく景観を損なっている状態、その他周辺の生活環境の保全を図るために放置することが不適切である状態にあると認められる空家等」と定義される特定空家等は、助言、指導、勧告、命令ののちに行政により取り壊すことができるようになるが、行政代執行と略式代執行合わせて、平成期の間に１６５件の代執行が行われた。実施状況の評価は北村（2019）に詳しい。

5　平山（1993）、グラッツ（1993）が米国の非営利のコミュニティ開発法人（ＣＤＣ）の実態を報告し、林泰義他（1995）の座談会では日本におけるＣＤＣの可能性が期待をもって示されている。

〈参考文献・資料〉

猪熊純・成瀬友梨他（2013）『シェアをデザインする：変わるコミュニティ、ビジネス、クリエイションの現場』学芸出版社
葛西リサ（2017）『母子世帯の居住貧困』日本経済評論社
グラッツ・ロバータ・ブランデス（1993）『都市再生』晶文社
砂原庸介（2018）『新築がお好きですか？――日本における住宅と政治』ミネルヴァ書房
住田昌二（2015）『現代日本ハウジング史　１９１４～２００６』ミネルヴァ書房
西山夘三（1989）『すまい考今学――現代日本住宅史』彰国社
日本住宅協会（2007）『住宅・建築ハンドブック』日本住宅協会
平山洋介（1993）『コミュニティ・ベースト・ハウジング――現代アメリカの近隣再生』ドメス出版
――――（2009）『住宅政策のどこが問題か――〈持家社会〉の次を展望する』光文社
三浦展（2011）『これからの日本のために「シェア」の話をしよう』ＮＨＫ出版
北村喜宣（2019）「２年を経過した空家法実施の定点観測『空き家対策に関する実態調査結果報告書』を読む」『自治総研』通巻４８８号、pp.33-58、地方自治総合研究所
園田真理子（2018）「なぜ、高齢者は自宅に住み続けるのか―シェアリングエコノミーに基づく長寿型地域社会に向けて―」『日本不動産学会誌』32（１）、pp.44-50
日本住宅協会（2015）「居住支援協議会」機関誌『住宅』２０１５年11月号、日本住宅協会
林泰義・奥田道大・小野啓子・中島明子・平山洋介・山岡義典（1995）（座談会）「アメリカのコミュニティ開発法人（ＣＤＣ）台頭の意味を読む――来るべき日本の社会システムを模索する」『地域開発』通巻３７１号、日本地域開発センター
八木寿明（2006）「転換期にある住宅政策――セーフティ・ネットとしての公営住宅を中心として」『レファレンス』56（１）、pp.32-49、国立国会図書館調査及び立法考査局

国土交通省（2005）「住宅建設計画法及び住宅建設五箇年計画のレビュー」国土交通省社会資本整備審議会住宅宅地分科会基本制度部会（第4回）配布資料、https://www.mlit.go.jp/jutakukentiku/house/singi/syakaishihon/bunkakai/4seidobukai/4seido4-7.pdf、2020年4月最終閲覧

――（2019）「空家等対策の推進に関する特別措置法関連情報」https://www.mlit.go.jp/jutakukentiku/house/jutakukentiku_house_tk3_000035.html、2020年4月最終閲覧

ビッグイシュー基金住宅政策提案・検討委員会（2014）「『若者の住宅問題』―住宅政策提案書調査編―」ビッグイシュー基金、https://bigissue.or.jp/action/housingpolicy/

平山洋介（2017）「住宅セーフティネット法の改正をどう読むか」「国民生活ウェブ版：消費者問題をよむ・しる・かんがえる」（65）、国民生活センター、http://www.kokusen.go.jp/wko/pdf/wko-201712_05.pdf、pp.11-13、2020年4月最終閲覧

第8章

美しい都市はつくれるか——景観の都市計画

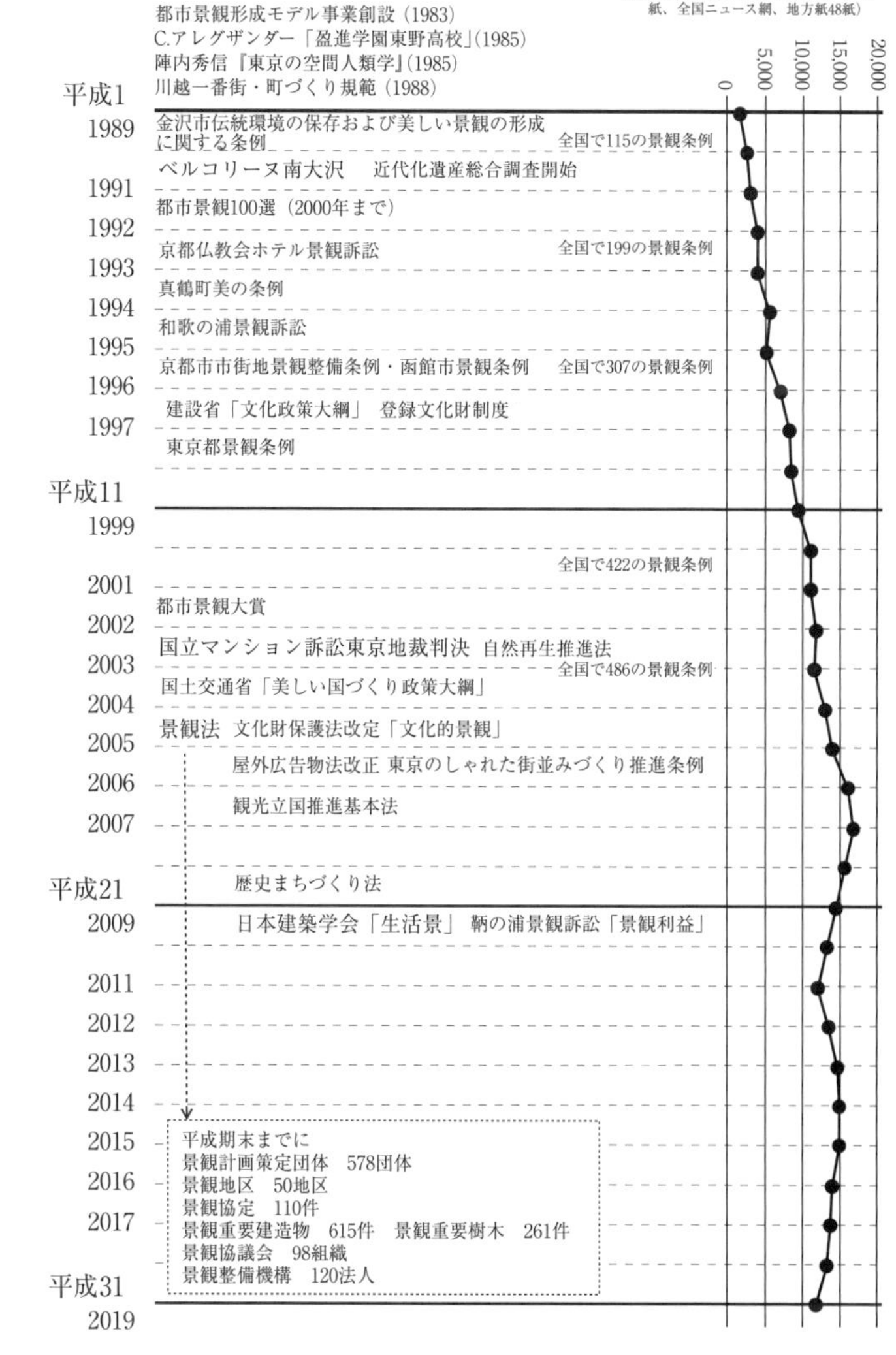

1　景観の都市計画と権力

歴史的な建物が残る町並みでもよい。緑が溢れる美しい空間を持つ住宅地でも、豊かな自然が残る田園風景でもよい。あるいは心地よくない、美しくない町並みでもよい。その風景を守りたい、育てたい、あるいは改善したいと考え、その町や住宅地や緑地の所有者や利用者に規範を守るようにはたらきかけ実現してくこと、それが「景観の都市計画」である。景観の都市計画を実現するために、誰かが誰かの行動を方向づけたり、拘束したりするとき、そこにあるものが「権力」である。景観には「眼にうつる全て」が含まれるため、その中には必ず他者が所有する土地が存在する。景観の都市計画を実現しようと他者へ規範を守るようにはたらきかけるときに、必ず権力は発生する。景観の都市計画と権力は切っても切れない関係にある。

さて、「景観の都市計画」という単語は「景観」と「都市計画」の二つで構成されているが、我が国ではこの二つが一緒に使われることはなく、「景観」と「まちづくり」をつなげた「景観まちづくり」という言葉が使われることが一般的である。これは「景観の都市計画」が住民が作り出す制度とともに発達してきたからである。権力は「法と制度」によって構成される、と第1章で述べた通りであるが、歴史的に見ると、景観を作り出すための権力は、政府がつくる法の中だけでなく、早いうちから住民がつくる制度の中でも発達してきた。

西村（2004）が「都市保全計画」と呼ぶ、景観の都市計画の法や制度の歴史を見てみよう。西村は明治維新からはじまる150年間を5つの時期に分けている。「保全制度台頭期（1868〜97年）」「保全制度成立期（1897〜1945年）」「保存運動拡大期（1945〜75年）」「保全整備拡充期（1975〜95年）」「環境保全計画期（1995年〜）」である。ここで西村が「制度」と呼んでいるものは、本書の言葉づかいの中では多くは「法」に属するもので、「制度」ではないことに注意いただきたい。

保全制度台頭期では、まず宝物（ほうもつ）や古い社寺といった単体のものに対象を絞って保全する法が発達し、保全制度成立期になると史跡などの広がりを持つものが法の保全の対象となっていく。「単体から面」へと法の対象が広がっていったということである。そして昭和20（1945）年からはじまる時期には保存運動拡大期という名前がつけられているが、ここで言う「保存運動」とは景観を保存しようとする住民の運動であり、特に保存運動拡大期の後半には、住民が景観を守ったり育てたりする独自の制度を発達させていった。先駆的な運動としてあげられるのは、昭和23（1948）年から始まった倉敷の町並保存運動、1960年代に古都の大規模な開発に対する反対運動に取り組んだ鎌倉御谷の保存運動などである。こういった運動は各地で同時多発的に増えていき、例えば昭和53（1978）年に刊行された『歴史的町並みのすべて』（環境文化研究所（1978））には、全国の33の歴史的町並み運動が紹介されている。そして、あわせて発達したのはこういった住民の制度との距離が近い、自治体が作り出す法である。昭和43（1968）年に制定された「金沢市伝統環境保存条例」はその最も古いもののひとつであり、その後に「景観条例」などと総称される自治体独自の法が、住民の制度の発達にあわせるようにして増えていった。全国を見渡してみると、平成期に入る前には115の景観条例が数えられるようになったという。国がつくった法が覆うことができない領域において、住民による制度が発達し、それを受け止める形で自治体独自の法がつくられ、この二つで景観の都市計画の権力が構成されていったということである。

景観の都市計画の法と制度は時代が下るにつれて充実していくが、平成期の景観の都市計画の最大のマイルストーンは平成16（２００４）年に制定された「景観法」である。景観法は国がつくった法であるが、すでに多くあった景観条例などの自治体独自の法をなぞるようにしてつくられ、それに位置付けを与える法であった。都市計画を構成する他の法の多くが、それをつくる官僚の理念に基づいて、社会を先導しようとつくられるのに対して、景観法は住民が作り出した制度と自治体独自の法が先導するという立法過程を持っていた。

ではなぜこのような立法過程を持ったのだろうか。「景観の都市計画」はなぜ「景観まちづくり」と呼ばれているのだろうか。制度は住民が内発的に発達させるものであるが、こと戦後の日本の社会においては、景観という言葉のまわりに制度が内発的に発達したということである。なぜこの言葉のまわりに制度が発達したのだろうか。

2　問いと式

たとえば「宇宙ってなんだろう」という問いは、色々な大学の宇宙学科や学会、ＮＡＳＡやＪＡＸＡといった制度を発達させる。問いを解くために人々の力が結集され、その力が協力しあったり、競争しあったりするために制度が発達する。一方でたとえば「日本文学ってなんだろう」という問いも、色々な大学に国文学科を発達させる。しかしその制度は「宇宙ってなんだろう」という問いのもとで組み立てられた制度とは全く異なるもののはずである。

このように問いは制度を発達させるし、その発達のしかたを規定する。たくさんの人たちが共有できる問いもあるだろうし、難しくて共有すらされない問いもあるだろう。あっという間に解けてしまって問いとして成立しないものもあるだろうし、答えがたくさんあり、解き続けないといけないような問いもあるだろう。

そして景観の制度を発達させた問いは、とてもよい問い、多くの人が解きたいと思う、長く解き続けられる、答えがたくさんある問いだった。人々は戦後から問いを解き始め、たくさんの人が問いを解くなかから、たくさんの制度が発生してきたのである。

その問いをみじかくあらわすと、それは「美しい都市とは何か」あるいは「日本らしい美しさを持った都市とは何か」という問いであった。美という言葉を知らない人、使ったことがない人はいない。しかし、絶対的な美、唯一の美というものが存在しないことも私たちはよく知っており、そこにはたくさんの答えがある。そして、美を追求することそのものはよいことであり、そのことに反対する人はすくない。この問いは長く人々が解き続ける良問であった。

この問いが、いつ、誰が、どのような言葉を使って発した問いなのか、起源をたどることは難しい。だがなぜそれが戦後の日本人にとってよい問いであり続けたのか、いくつかの理由を考えることはできる。第二次世界大戦で焼失した都市は、歴史的な美を失ってしまい、私たちは新しい美を探求するしかなかった。西洋の美しい石造の都市を横目で見つつ、私たちは木造で作り出せる異なる美を探求するしかなかった。戦災復興から高度経済成長にかけての時代には、わずかに残っていた古い建物ですら壊されてしまい、そこに急ごしらえの美しくない都市が作り出されてしまった。復興するとき、新しい団地を開発するとき、スプロール開発を嘆くとき、駅前を再開発するとき、初めての超高層ビルを建てるとき、そこには必ず「美しい都市とは何か」あるいは「日本らしい美しさを持った都市とは何か」という問いが登場し、それを解くことを迫ったのである。

数学の問題を解くときには式を立てる。同じように「美しい都市とは何か」という問いを解くためにたくさんの式が立てられたが、その原型となる式には二つの種類しかない。美しい都市の形や空間はどうあるべきか、というところから問題を解く式と、人や組織がどのように美しさを検討したり決めたりするか、というところから問題を解く式の二つである。前者を「空間についての式」、後者を「組織についての式」と呼び、平成期に入る前に、どのような式が立てられていたのか概観しておこう。

(1) 空間についての式

日本の都市空間をどのように読み取るか、そこにどのような秩序を見出すか、それは難問であった。戦災や自然災害にあった都市が多いこと、石造ではなく変えやすい木造であることが、問題を複雑にした。あらゆるところにバラバラとごちゃごちゃと、速いスピードで木造の建物が建ち続ける日本の都市を相手にして、空間についての式はどのように立てうるのだろうか。

昭和60（1985）年に刊行された、陣内秀信の『東京の空間人類学』が空間についての式を発達させた。陣内はイタリアで学んだ「建築類型学」という都市空間を読みとる方法を日本に適用しようとしてその限界を自覚し、上に建っている建物だけでなく、その建物の形と配置を規定している敷地の形、敷地の形を規定している道路のネットワーク、それらを規定している地形、植生や聖域といった要素に注目し、読みとりにくくなってしまった日本の都市空間の読みとり方を、因数分解をするような鮮やかな手つきで示した。

この方法は歴史的な文脈を重視する、過去にそこにあったものを重視する歴史主義の立場に立つものであるが、どこであろうと、美しい都市にある普遍的な要素を重視するという立場もあった。手触りのよさや、心地よい空間と空間の組み合わせ、はっとする景観といったような、人々の感覚や身体性を重視する立場である。こうした立場を普遍主義の立場と呼ぶとすれば、大きな影響力を持ったのは、C・アレグザンダーによるパタンランゲージである。アレグザンダーは人々にとって心地よい空間を253のパタンにまとめ、それらを組み合わせる文法をも提案した。253のパタンは絶対的なものではなく、その使い手が増やしたり、減らしたり、カスタマイズをすることができる。その方法は『形の合成に関するノート』（1964年）、『パタンランゲージ』（1977年）等の著作を通じて知られ、昭和59（1984）年には埼玉県にある高校がアレグザンダー自身によってパタンランゲージを使って設計された[1]。パタンランゲージは、建築や都市をデザインするときの、デザイナー同士、デザイナーと住民、デザイナーと施工者といった多くの人たちの普遍的な言語の言葉と文法を提唱したものである。

（2）組織についての式

各地で住民や自治体が発達させた景観の都市計画において、こういった空間についての式は「景観デザインガイドライン」「町づくり規範」「町並み憲章」といった様々な名称を持つ計画図書にまとめられていくことになる。[2] しかし、図書にまとめられたとしても、空間についての式は単独で機能しないことが多かった。住民や自治体が発達させた制度や法は強い権力を持てないものが多かったこともあるが、権力の強弱以前に、多くの人にとってその式は難解で簡単に使うことはできず、そして曖昧な、解釈の余地をたくさん残した式も多くあった。そこで多くの場合、空間についての式に加えて、その式を使いこなすための組織についての式が二重に組み合わされることになる。

空間についての式を使って美についての解釈をつくる人や組織とは、例えば景観アドバイザーと呼ばれる専門家、景観審議会と呼ばれる組織である。美的な感覚に優れた専門家に解釈をゆだねる方法、市井の普通の人たちの解釈にゆだねる方法、そして一人の解釈にゆだねる方法、複数人の合議による解釈にゆだねる方法といった違いがある。

専門家が中心となる組織としては、例えば昭和40（1965）年に横浜市で設置された「都市美対策審議会」がある。これは10名以上の専門家が中心となって構成される組織であり、建物や町並みの美観、デザインなどについて審議を行っている。普通の人たちが中心となる組織としては、わが国で初めて歴史的な町並み保全事業に取り組んだ長野県の妻籠宿の例がある。ここでは昭和43（1968）年に「妻籠を愛する会」という住民組織が設立され、その会のもとにつくられた「統制委員会」において、妻籠宿内の住宅の新築、増築、改築などが審議されている。これらの組織が美についての式を運用し、それぞれの町で美についての答えを出し続けているのである。

3　美の実践

ここまでのことをまとめると、各地で景観の都市計画の制度と法を発達させたのは「美しい都市とは何か」という問いであり、その問いを解くための「空間」と「組織」についての二つの式が各地で発達した。時代が新しくなるにつれて式は磨き上げられ高度化していくことになるが、平成期において、それらはどこまで磨き上げられたのだろうか、平成期に取り組まれたたくさんの取組みのうちの3つを詳しく見ていくことにしたい。

（1）美しい都市を新しくつくる

昭和40年代に開発が始まった多摩ニュータウンは、戦後の我が国の慢性的な住宅問題、住宅の量の不足と質の向上を解消するための切り札として、良質な住宅を政府が直接に供給する政策として考えられたものである。そして量の不足が解決された昭和48（1973）年以降は、量から質へと政策が転換され、住宅の質の向上に大きく舵を切った開発が展開されていく。その質には住宅単体の質、例えば温熱環境に優れているとか、広々とした間取りをもっているか、という質も含まれていたが、都市の質、つまり景観の質も含まれていた。住宅は都市を構成する大きな要素であり、住宅の質は景観の質をかたちづくる。量の不足を解決していたころのニュータウンは4階建、5階建の中層の箱型の集合住宅を大量に作った。多くの人が「団地」と聞くと思い浮かべる風景であるが、それは機械的で美しくない景観と考えられていた。質の時代に入り、中層の集合住宅によって美しい景観をどのようにつくっていくことができるのか、答え探しが始まることになる。

答え探しの先陣を切ったのが、昭和53（1978）年に開発された「タウンハウス」とよばれる低層の集合住宅の開発であり、[3]以後様々な実験的な住宅が昭和50年代、60年代を通じて手がけられていく。その集大成として平成期の始まりに開発されたのが、八王子市にある「ベルコリーヌ南大沢」というプロジェクトである（図8―1）。

過去の日本の都市に中層の集合住宅が存在していたわけではない。美しい景観をつくりだす集合住宅の手がかりを探そうにも、歴史の中にはその手がかりが存在しない。そこで手がかりは欧米諸国の都市に求められることになる。東京都が造成した広大な土地の上に住宅開発を依頼された住宅公団は、ヨーロッパの歴史的な石造の都市にならって、多様性を持ちつつも、全体として調和がとれた美しい都市をつくろうとした。

何もないところに美しい都市をどのようにつくっていくか、二つの式が立てられたが、まず組織についての式から見ていこう（大谷他（1990）、佐藤（1992））。

ベルコリーヌ南大沢では複数の建築家がそれぞれ腕をふるってデザインをすることで多様性を作り出し、そこにお互いがデザインを調整する仕組みを入れることで調和を作り出そうと考えられた。そのために考案された式が「マスターアーキテクト」と呼ばれる方式である。ベルコリーヌ南大沢は全体で6つの街区で構成されている。そしてそれぞれの街区ではその街区を設計する6人の建築家＝ブロックアーキテクト（BA）が集合住宅の設計を進め、全体の景観を構成する高層棟を景観アーキテクト（景観A）が設計する。そしてそれぞれの設計を調整する別の建築家＝マスターアーキテクト（MA）がBAと景観Aのデザインを調整する。BAや景観AはMAの言うことに従うだけでなく、自分の設計として譲れないところをMAにぶつけ、協議をしながら妥協点を探っていく。こういった協議を重ねることで多様性と調和を持った美しい都市を作り出そうとしたのが、マスターアーキテクト方式である。

そのときに空間についての式も周到に準備される。ヨーロッパの都市、特にフランスやイタリアの都市が参考にされたそうだが、それらの都市の景観を調査したデータから「デザインコード」という計画図書がMAの手によってつくられた。そこには、ボリューム、仕上、開口の構成、深み度、色彩計画といった項目があり、そこで細かくデザインの仕様が示されている。MAとBAと景観Aはこのデザインコードを共有し、それをそれぞれが解釈しながら美が生み出されていったのである。

図 8-1　ベルコリーヌ南大沢

もともと、のんびりした日本の田舎の景観を持っていた多摩丘陵は、造成事業によっていったん綺麗にならされ、平成2(1990)年、そこに誰も見たことのない新しい都市が姿をあらわした。それはヨーロッパのまちのようでいて、まぎれもなく日本の団地の系譜にあるものであったし、単独の建築家の手による統一されたデザインのようでいて、複数の建築家の個性や手つきがはっきりと残されたものでもあった。白紙の状態から美しい都市を作り出すことができるのか、という問いに対して二つの式をたて、作り出した答えがここにあるのである。[4]

(2) 町並み保存と町並みづくり

ベルコリーヌ南大沢の取組みは、何もない白紙の状態から、式だけを使ってゼロから美しい都市をたちあげようとした試みであるが、対照的に歴史的な空間に手がかりを求め、それらから美しい都市を導き出そうとした方法を見てみよう。町並み保存や町並みづくりと総称される取組みである。やはりそこでも空間についての式と組織についての式が立てられた。

埼玉県川越市の中心部にある「一番街」は、明治期につくられた蔵造りの商家の歴史的町並みが残っており、東京から日帰りで訪れることができる観光地として人気を集めている(福川(2003))。しかし景観の都市計画が始まった1970年代は、商店街の衰退化と住宅の建設ラッシュのため、明治期につくられた蔵造りの町並みがどんどん壊されていく頃だった。このころに川越の町並みに目をつけたのは、建築の専門家や大学、文化庁といった外部の人たちだったという。彼らと商業の衰退に悩む地元の商業者たちが手を組んで「蔵の会」というグループが昭和58(1983)年に結成され、町並み保存と商業の活性化を両輪とした活動が行われていく。そして昭和60（1985）年につくられた「コミュニティマート構想モデル事業」という事業の中で「町並み規範」が提案される。これは、まだ残っていた歴史的な町並みのデザインを読み取り、規範として示したものである。これが原型となってパタンランゲージに則った67のパタンで構成される「川越一番街・町づくり規範」が昭和63（1988）年につくられる。そしてあわせてつくられたのが「町並み委員会」という組織である。商店街組織の下部組織としてつくられたこの委員会には、商業者、学識経験者、地元有識者が参加し、「町づくり規範」を使って、具体的な建物改変の審査を行っていく。この審査は月に一度行われ、そこに町の人たちが建築の計画を持ち込み、そこでの結果を踏まえてそれぞれの建物をつくっていく、という仕組みがつくられたのである。

現在の川越を訪れると、実に見事な町並みが私たちを迎えてくれる。空間についての式「町づくり規範」と、組織についての式「町並み委員会」の組み合わせによって、長さ430mにおよぶ蔵造りの町並みがつくられた。町並みを構成する一つひとつの建物は個人によって所有されており、その更新の時期はそれぞれ異なる。3年や5年といった短い期間に一斉に町並みを整備することは難しいが、建物は待っていればいつかは改修されたり、建て替わったりする。一つひとつの建替えや改築の機会を捕まえ、そこに二つの式を適用することによって、町並みを作り出していった。二つの式が確立したのは昭和63（1988）年のことであり、まさに平成期の始まりとともにこの景観の都市計画が始まり、30年かけて大きな成果をあげたのである。[5]

（3）普通の美

ここまで何もない白紙から式だけを使って景観を形成したベルコリーヌ南大沢の事例、都市に残る歴史的な空間を手掛かりとした式を使って景観を形成した川越の町並みづくりの事例を見てきた。三番目に、普通の空間を手掛かりにした景観の都市計画の事例を見てみよう。

神奈川県の西端に真鶴という小さな町がある（五十嵐他（1996））。古くからある町であるが、とりたてて貴重な歴史的な町並みが残っているわけではない、普通の町であった。しかし海岸沿いにあり海を臨む風景が楽しめることから、バブル経済期にはこの町にも開発の波が押し寄せてきた。東京都心のようなオフィスの開発ではなく、首都圏から気軽に出かけられる大規模なリゾートマンションの開発である。しかしこれらの開発と小さな町のギャップは大きく、住民たちは建設に反対の声をあげるようになった。

反対の声をあげた住民たちが選んだ新しい町長がまず取り組んだことは「上水道給水規制条例」の制定で、平成２（１９９０）年のことであった。これは、町の水道が供給の限界に達しているということを理由に、一定規模以上の開発に対して町の水道を接続しない、使わせないというものであり、大規模なリゾートマンションの開発をはっきりと狙い撃ちにしたものである。水道が接続されないと開発業者は自分たちで水道を敷設しなくてはならないが、町の中に水源地があるわけではないので、それは実質的な建築停止命令であった。

急速に進む開発に対抗するため、大急ぎでつくられた給水規制条例はわずか3条の条文で構成されたものであり、リゾートマンションの開発業者から訴訟を起こされたら、敗訴してしまうのも時間の問題だった。そこで次なる一手としてつくられたのが「真鶴町まちづくり条例」である。これは給水規制条例の「建物を建てさせない」という単純な方法ではなく、町の価値にあった美しい建物であれば建てさせるというものであった。通称「美の条例」と呼ばれる条例は2年の時間をかけて検討され、平成5（1993）年に施行された。幸運なことに、給水規制条例をつくったすぐ後にバブル経済は崩壊し、町に押し寄せたリゾートマンションの開発ラッシュは潮を引くように消えていた。結果的に美の条例は、ゆっくりした速さに戻った開発や建設に対して、ゆっくりと時間をかけて機能していくことになった。

美の条例に、空間についての式と組織についての式はどのように組み込まれているのだろうか。空間についての式を貫いている「美」という言葉はどのように使われているのだろうか。条例の第2条には「真鶴町は、古来より青い海と輝く緑に恵まれた、美しく豊かな町である」と現状認識が示され、第1条には「この条例は（中略）真鶴町の豊かで自然に恵まれた美しいまちづくりを行うため、建設行為の規制と誘導に関し基本的な事項を定める（後略）」と目的が示されている。給水規制条例は「分譲住宅を目的とする新規の造成地でその規模が20区画以上のもの」には「給水を行わない」とはっきりと宣言するものであったが、美の条例は、誰も排除せず、誰も糾弾していない。現在の町も美しく、ここから先の全ての行為も美しくありたい、そのために建設行為を規制誘導するという論理の組み立てが示されており、全ての建設行為を「美しいまちづくり」の土俵の上に立たせるものである。

そして、美そのものが法に明文化されたことがこの条例の最大の特徴である。条例の本文には「美の原則」が示され、この原則にもとづく「美の基準」が、別途規則として定められた。これらは川越一番街と同様にパタンランゲージにのっとったものであり、8つの原則と69のキーワードにまとめられている（図8-2）。

例えば、リゾートマンションの最大戸数は何戸にしようとか、建物の高さは何mまで、建物の壁の位置は敷地の境界線から何mまで、といった具合に、解釈を必要としない「数字」で「美」が定義されているのではなく、様々に解釈できる「言葉」で定義されていることがわかる。この「数字」を使わないことは、69のキーワードの表現まで徹底されている。図は「門・玄関」というキーワードが説明されたページであるが、そこではやはり様々に解釈できる「言葉」と「絵」の組み合わせで内容が説明されている。

あなたがもし、開発業者に雇われた設計者だったとして、このキーワードを渡され「この通りに設計してほしい」と指示されたら、きっと困り果て、もっと具体的な指示が欲しいと思うだろう。そして困り果てたあなたはきっと、隣の席の誰かと、上司と、開発事業の注文者と、さらには行政の担当者と、敷地の近隣の住民とキーワードの解釈について議論し、そこから最適な解釈を作り出していくことになる。もしキーワードが数字だけで示されていたとしたら、あなたは誰とも話をせずに設計ができるわけだが、その何倍もの話をして設計を進めることになる。このこと、つまりたくさんの人たちが議論をせざるを得ない状況を作り出すことこそが、パタンランゲージの狙いである。美の原則、美の基準はたくさんの人たちに「美しい都市とは何か」という問いに対する大まかな解き方を示す「空間についての式」であり、時間をかけた議論と解釈を生み出すものだった。そしてそのたくさん

1．場所 建築は場所を尊重し、風景を支配しないようにしなければならない。	聖なる所
	豊かな植生
	眺める場所
	静かな背戸
	海と触れる場所
	斜面地
	敷地の修理
	生きている屋外
2．格づけ 建築は私たちの場所の記憶を再現し、私たちの町を表現するものである。	海の仕事山の仕事
	見通し
	大きな門口
	母屋
	門・玄関
	転換場所
	建物の縁
	壁の感触
	柱の雰囲気
	戸と窓の大きさ
3．尺度 すべての物の基準は人間である。建築はまず人間の大きさと調和した比率をもち、次に周囲の建物を尊重しなければならない。	斜面に沿う形
	見つけの高さ
	段階的な外部の大きさ
	路地とのつながり
	重なる細部
	部材の接点
	終りの所
	窓の組み子
4．調和 建築は青い海と輝く緑の自然に調和し、かつ町全体と調和しなければならない。	舞い降りる屋根
	守りの屋根
	覆う緑
	ふさわしい色
	青空階段
	日の恵
	北側
	大きなバルコニー
	少し見える庭

	ほどよい駐車場
	木々の印象
	地場植物
	実のなる木
	格子棚の植物
	歩行路の生態
5．材料 建築は町の材料を活かして作らなければならない。	自然な材料
	地の生む材料
	活きている材料
6．装飾と芸術 建築には装飾が必要であり、私たちは町に独自な装飾を作り出す。芸術は人の心を豊かにする。建築は芸術と一体化しなければならない。	装飾
	軒先・軒裏
	屋根飾り
	ほぼ中心の焦点
	歩く目標
	海、森、大地、生活の印象
7．コミュニティ 建築は人々のコミュニティを守り育てるためにある。人々は建築に参加するべきであり、コミュニティを守り育てる権利と義務を有する。	世帯の混合
	人の気配
	お年寄り
	店先学校
	子供の家
	外廊
	小さな人だまり
	街路を見下ろすテラス
	街路に向かう窓
	座れる階段
	ふだんの緑
	さわれる花
8．眺め 建築は人々の眺めの中にあり、美しい眺めを育てるためにあらゆる努力をしなければならない。	まつり
	できごと
	賑わい
	いぶき
	懐かしい町並
	夜光虫
	眺め

キーワード	前提条件	解決法	課題
門・玄関	門・玄関を良い位置に、良い型で置く事は、道を歩く眺めにとっても重要な要素である。	建物や敷地の門、玄関は接近する道路から見えやすい位置につくること。 門や玄関に、材料、自然などを取り込み、真鶴町を表現すること。	

●岩漁協の玄関、このほど好い大きさと、格、そして海を見渡す位置が良好な人だまりを作っている。

●自然の材料を生かしている門

●どんなに質素でも良い、門、玄関をできる限り自然の材料を用して、しつらえること。

●小さな宿、この玄関の格が文学作品や映画の舞台にもなる

●門のしつらえが真鶴町と自然に調和し、建物に格を与えている

図 8-2　美の原則

出典：真鶴町美の原則

の議論をどう進め、解釈をどう積み上げていくのかの手順を定めておけば、「美しい都市とは何か」という問いの答えが得られることになる。それが「組織についての式」ということになる。

真鶴でつくられた組織についての式は、協議の手順を定めたものである。ある開発業者が真鶴で開発を計画したとしよう。開発業者が開発の届出をしたら、行政はその敷地の調査などを行った上で「美の基準リクエスト」を開発業者に伝える。美についての最初の解釈が行政から開発業者に投げかけられるということだ。開発業者はそれを実現できるかどうかを考え、行政と相談を重ねる「事前協議」を行う。あわせて敷地に看板をたて「住民説明会」を行って、住民との協議も重ねていく。二つの協議を重ねることによって計画がまとまっていけばそれでよいし、もし協議がうまくまとまらなければ「公聴会」を開催し、「議会」での討議、議決を経て、開発の計画が決定されていく。

真鶴で組み立てられた二つの式は、川越と同じように、長い時間の中で一つひとつ出てくる開発を式にあてはめて解いていこうというものであるが、商業者組織が中心となった川越とは違い、行政組織が中心となって組み立てた式であることに注意が必要である。川越の式は商業者たちが自分らでつくった制度として立ち現れたが、リゾートマンションがもたらす急激な変化に対する単純な「法」の発動という形で始まった真鶴では、二つの式を組み合わせた美の条例は、行政がつくる法として立ち現れた。給水規制条例に比べるとはるかに丁寧な式が組み合わされていたとはいえ、登場した当初は、法で痛めつけられた民間開発業者の目からみれば、それは強い権力を帯びたものに映ったはずだ。

真鶴の取組みは、ニュータウンと川越の事例のどちらに似ているだろうか。目指す町並みだけを見ると、真鶴と川越が似ているかのように思われるが、長い時間をかけて育てられた制度ではなく、急ごしらえの法が先行したという意味では、真鶴はどちらかというとニュータウンの取組みに近い。しかしニュータウンと異なるのは、この法がじわじわと制度との関係を作り出していく、住民と市場の制度を掘り起こし、法と制度の関係を組み立てていくという狙いを持っていたことだ。平成6（1994）年には、モデル的に美の基準を使いこなしてみた「コミュニティ真鶴」という公共建物が丁寧な手順を踏んでつくられた（図8-3）。この建物を皮切りに、真鶴町で建設行為が起きるたびに二つの式が起動し、そこを通じた住民と市場と行政のそれぞれのやりとりの中で法と制度が育てられていくことになる。美の条例の直接的な対象となったのは周辺に大きな影響を与える大きな建物であるが、秋田（2003）によると、最初の8年間で条例を適用した50の建物がつくられたという。しかし町の担当者の卜部（2008）によれば、そのころは美の基準は十分に機能しなかったという。そして平成17（2005）年に対象を個人の住宅にまで広げたこともあり、法と制度の関係が徐々にうまく組み立てられるようになってきたという。法がつくられてから10年の時間を使って、法と制度のプロトコルが確立したとい

図8-3　コミュニティ真鶴

うことではないだろうか。

4 景観法

ここまで平成期に取り組まれた三つの事例を見てきたが、同じような景観の都市計画は全国各地で同時多発的に行われていた。そして平成期の前からのたくさんの取組み、平成期に入っても増え続けた取組みをなぞるようにつくられたのが、平成16（２００４）年に制定された景観法である。

景観法の直前、平成14（２００２）年には全国の市町村や都道府県において４８６の景観条例がつくられていた。平成期に入る直前には１１５の景観条例があったので、平成の14年間で３７１の条例が増えた計算になる。景観法は、これら市町村や都道府県の法がごちゃごちゃであるので、それらを同じ言葉、同じ式を使って統一しよう、ということを目的にしたものではない。その目的は、市町村や都道府県によってつくられた法の多様さを最大限受け止めて一般化し、国の法と接続させることで、より強い権力を、つまり規制力を持たせようとすること、そして法に基づく景観の都市計画を、これまでそれに取り組んでこなかった他の市町村や都道府県に広げていくことにある。

ではその市町村や都道府県のたくさんの法の多様性はどのように受け止められたのか、景観法が制定されたときに法のプロモーションのためにつくられたドローイング（図8-4）をまずは見てみよう。[6]

景観法が対象とする範囲は広く、ほぼ「眼に映る全て」が含まれていることがわかるだろうか。景

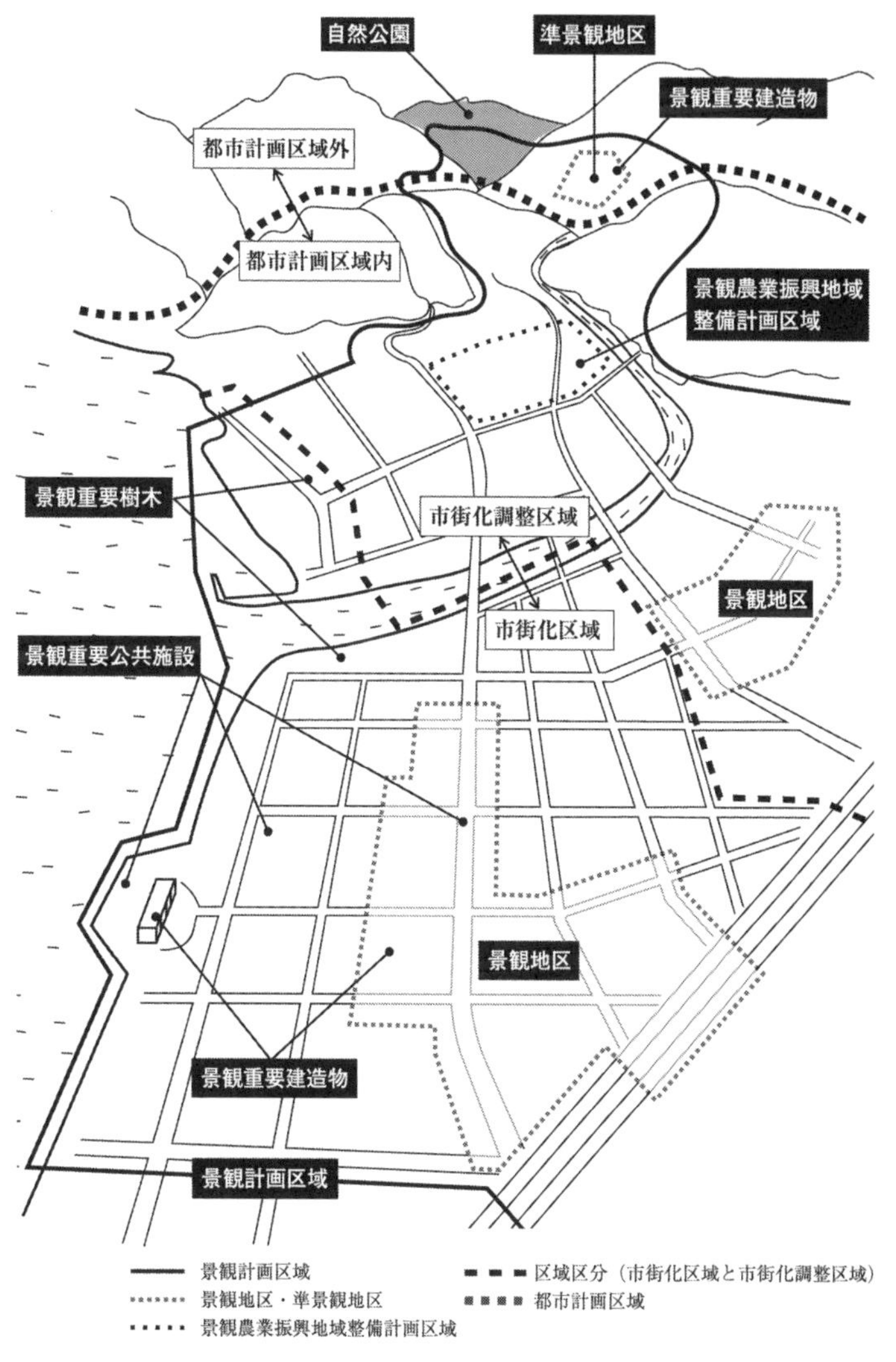

図 8-4　景観法の対象地域のイメージ
出典：国土交通省資料をもとに筆者作成

観の都市計画と聞いて、歴史的な町並みや象徴的な寺社仏閣を対象とするものを想像する人が多いかもしれないが、景観法が対象としているのは、それも含めた全てである。これは、国が主導して範囲を大きく広げた、ということではなく、市町村や都道府県の法がそれぞれ個別に色々なものを景観の都市計画の対象範囲としており、国の法がその全てを枠組みの中に含めようとしたからである。図と地という言葉に改めて置き換えると、景観法は「図」だけではなく膨大な「地」も対象とするものであった。なおこうした「地」の景観について、日本建築学会（2009）は「生活景」という言葉をあてて概念化している。

「美しい都市とは何か」という問いを解くために「空間についての式」「組織についての式」を立てるのが景観の都市計画であった。そして景観法は新しい式を、万能の式を示すものではなく、これらの二つの式をより強い権力へと接続するものであった。その組み立てを簡単に解説しながら、景観法が出来てから以降の平成期の実績（平成30（２０１８）年3月31日現在、国土交通省調べ）も見ていこう（図8-5）。

景観法の中心にあるのは、「景観計画」という仕組みである。これは都市の中に特定の区域を定めてそこの建設物の景観の基準を定める、という計画である。この計画がつくられたら、区域内で新しく建設行為を行う者は、その建設行為が景観の基準に合致しているかどうか、市町村や都道府県に届出をしなくてはならない。そしてもし景観の基準に合致していない場合は、市町村や都道府県は勧告したり、変更命令を出したりすることができる。計画をつくることができる市町村や都道府県は「景観行政団体」と呼ばれ、一定規模以上の市町村や都道府県は自動的に、それ以外の市町村は都道府県

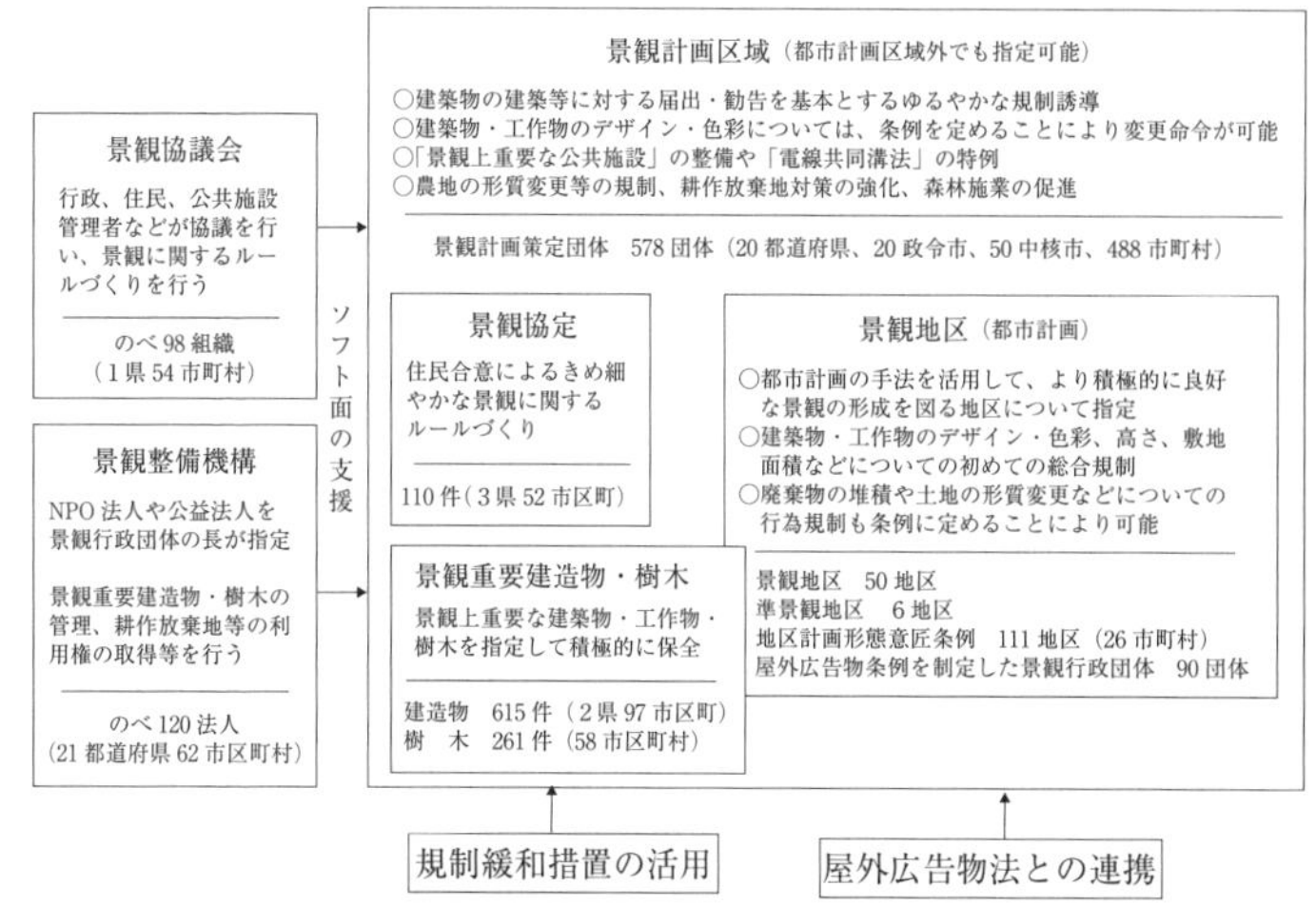

図 8-5　景観法の組み立てと実績

出典：国土交通省（2020）より筆者作成。実績は国土交通省調べ、平成31年3月31日時点

知事との協議、同意をへて景観行政団体となることができる。実は景観計画の仕組みそのものは、それまで市町村や都道府県がつくってきた「空間についての式」と変わるものではなかった。実際に多くの市町村や都道府県では、それまでの法の蓄積をそのままスライドさせる形で景観法の景観計画をつくっている。そうすることによって、景観法に位置付けられた「勧告」や「変更命令」という「景観の都市計画」の権力を使うことができるようになるのである。この「権力への接続」が景観法によってもたらされたものである。景観法が出来てから平成期の終わりまで、７３７の市町村と都道府県が景観行政団体となり、そのうち５７８団体において景観計画がつくられたという。全国の市町村と都道府県は１８００弱であるので、四割近い団体が景観行政団体となり、三割近い団体が景観計画をつくり、より強い景観の都市計画の権力

を手に入れた、ということである。

「勧告」や「変更命令」よりも、より強い権力へと接続できるのが、同じく景観法でつくられた「景観地区」という仕組みである。これは用途地域や美観地区などと同じような仕組みであり、景観地区が決定された場所では、そこに新たに建つ建築物の高さ、壁の位置、最低敷地規模、形態意匠に強い規制を加えることができる。具体的には建築物を建てる時の建築確認の際に基準が厳しくチェックされることになる。これは平成期のうちに、全国で50地区が定められた。

同じように、景観上重要な建造物をピンポイントで指定する景観重要建造物という仕組み、樹木を指定する景観重要樹木という仕組みもつくられ、前者は615件、後者は261件が指定されている。これらに指定されると、その建替えや伐採の時に景観団体の長の許可が必要になるが、その代わりに保存のための資金などの優遇措置がある。また、それほど強い権力とは結びつけられていない「景観協定」という仕組みもある。これは住民同士でつくる景観の制度を位置づけるもので、平成期のうちに110件が定められた。

主に「組織についての式」にかかるものとしては、景観協議会という組織が法に位置づけられた。これは住民や行政が景観についての基準づくりなどを行う組織であり、全国で98組織がつくられている。景観整備機構は景観重要建造物・樹木の管理などを行う法人で、全国で120法人が認定されている。

このように、景観法が市町村や都道府県の法に枠組みを与え、全国の市町村や都道府県がその枠組みを活用することで、少しずつ景観の都市計画の権力を強くしていっている。繰り返しになるが、大事なことは、一律的に強い権力が国から市町村や都道府県に付与されたわけではないということだ。どの式に、どのように権力を強化するのか、その選択は市町村や都道府県に委ねられており、いわば「権力の組み立て」そのものがカスタマイズできるようになったということが、景観法によってもたらされた大きな変化であった。[7]

5 住民の制度と景観利益

景観の都市計画においては、住民の制度が先行してつくられ、それに対応するように市町村や都道府県の法がつくられ、平成期には景観法という国の法がつくられた。制度と法のせめぎ合いという視点で見ると、制度が常に上位に立ち、法がそれを後追い的に支えていく関係があったと言うことができるかもしれない。最後にこの「法と制度」の関係を考える上で重要な、平成期に起きた事件を見ておこう。

「国立（くにたち）マンション訴訟」という事件である（五十嵐（2002）、谷口（2014））。事件の場所となったのは東京郊外にある国立駅の駅前から延びる道路とその沿道の住宅地の景観である。この場所は昭和元（1926）年に箱根土地株式会社によって開発されたニュータウンである。箱根土地は西武グループの創設者である堤康次郎が創設した不動産開発業者であり、民間ディベロッパーのはしりのひとつである。小林一三が進めていた阪急電車沿線の住宅地開発に呼応するように東京で取り組まれた事業であり、東急電鉄が手がけた田園調布の開発とあわせて、郊外住宅地開発の先駆的な事例として数えられる。

我が国に新しい住宅地をつくろうという理想に基づいて設計されたこの住宅地の特徴は、駅前からまっすぐ延びる「学園通り」にある。両側に一橋大学のキャンパスを配したこの通りは、4車線の道路と桜並木、そして豊かな歩行者空間を持つものであり、ニュータウン全体の住宅地の景観の中心であった。そして平成11(1999)年にこの通りの敷地に不動産開発業者が

図 8-6　国立に建設されたマンション

大規模な集合住宅を計画したことが、事件の発端である。当初の案は高さ53m18階建の計画で、用途地域で定められた規制を遵守したものであったが、これに対して反対運動が起こった。市の行政指導の結果、高さ44m14階建まで開発業者は高さを抑えたが、それは反対運動の住民にとっては依然高すぎるものだった。住民の意向を受けた市は集合住宅の予定地とその周辺に建築物の高さを20m、おおよそ6階建程度に抑える地区計画案を策定したが、それが決定する前に開発業者は集合住宅を着工してしまい、平成13(2001)年に高さ44m14階建のマンションが完成してしまった(図8-6)。

この事件の過程において、複数の裁判が行われた。住民が開発業者を訴えたものもあれば、開発業

者が市を訴えたもの、住民が市を訴えたもの、市が市長を訴えたものまである。そしてここで注目したいのは、住民が開発業者を訴えた裁判に対する平成14（２００２）年の東京地裁の判決である。この判決は、開発業者に損害賠償と建築物の一部撤去を命じる判決であり、当時「画期的な判決」とされた。結果的にこの判決はその後の高裁判決、最高裁判決では覆されたのであるが、重要なのは、東京地裁の判決の理由であった。少し長くなるが大事なところを引用しておこう。

「特定の地域内において、当該地域内の地権者らによる土地利用の自己規制の継続により、相当の期間、ある特定の人工的な景観が保持され、社会通念上もその特定の景観が良好なものと認められ、地権者らの所有する土地に付加価値を生み出した場合には、地権者らは、その土地所有権から派生するものとして、形成された良好な景観を自ら維持する義務を負うとともにその維持を相互に求める利益（以下「景観利益」という。）を有するに至ったと解すべきであり、この景観利益は法的保護に値し、これを侵害する行為は、一定の場合には不法行為に該当すると解するべきである。[8]」

重要な言葉は「景観利益」という言葉である。まずこの開発計画は、法を守らなかったわけではない。当初の案から一貫して、開発計画は都市計画法と建築基準法で定められた用途地域等の規制を守るものであった。しかし判決はそこに、法だけでなく本書の言葉で言えば「制度」があったことを指摘する。それは「地権者らによる土地利用の自己規制の継続」であり、その制度が「土地に付加価値を生み出」している。そこで得られる利益が「景観利益」であり、それは地権者が「自ら維持する義務を負うとともにその維持を相互に求める」ものである、とした。そしてその景観利益を侵害する行為を不法行為としたのである。つまり、本書なりに言い換えるとすると、制度が景観利益を生み出し、法はその景観利益を、つまり住民の制度を尊重しなくてはならない。住民たちが作り出してきた景観の都市計画の制度を認めた上で、制度が法に従うのではなく、法が制度に従うべきである、ということを言い切ったのがこの判決である。

すでに述べた通り、この事件をめぐってたくさんの裁判が行われ、この判決もたくさんの判決に紛れてしまったが、裁判所という法を運用する場所において、制度が法よりも上位であることが明文化されたことは、平成期の景観の都市計画の到達点としては重要なことではないだろうか。

6　増える空間、減る制度

法が先行して制度が後追いをする他の都市計画に比べると、景観の都市計画は制度が先行して法が後追いをするものであった。このことは法が少なく制度が多いという民主主義の状態を作り出すもの、あるいはすでに相対的には民主主義の状態が達成されているとも言えるかもしれないが、このまま民主主義は続くのだろうか。最後に少しだけ正確な見通しを立てておきたい。

都市の建物には様々な価値がある。その価値が時間の中で増えたり減ったりするのかということから考えはじめてみよう。建物を要素ごとに分け、建物設備、材料、建物構造、間取り……などの要素ごとに建物の価値をはかっていくと、そのどれもが時間の中で価値をさげていく。空調や水道などの設備は10年もすれば古びてしまうものであるし、水や日光に晒されて材料も日々少しずつ劣化していく。構造は長く重力を支えていくうちに少しずつ傷み、間取りもやがて時代遅れになってしまう。それぞれの要素は異なる速さで価値を逓減させていき、その合計として建物全体の価値が時間の中で逓減していく。

しかしこれらの建物の価値のうち、景観の価値だけは時間の中で増えていく唯一の価値である。新しい建物が出来上がった時に、周辺の景観の中で違和感がある、という経験をしたことはないだろうか。それがどれほど丁寧に設計されたものであっても、時間をかけないと景観になじんでいかない。逆にどれほど景観になじまないと考えられたものであったとしても、時間がたてばパリのエッフェル塔のように景観の一部になっていくことがある。美しい都市をつくるための最高のスパイスは時間であり、時間の流れの中で、材料が色あせて周囲に馴染み、空間が使いこなされ、緑が成長する、そういったものの合算で徐々に景観の価値が向上していく。

そして景観の都市計画とは、私たちが、その増えていく景観の価値を元手にして、より豊かな暮らしや豊かな仕事を手に入れようとするときに行うことである。私たちは都市のために生きているのではなく、都市は私たちの暮らしと仕事を成り立たせる実現手段の集合体である、ということを思い出してほしい。やや過激な言い回しをすると、景観の都市計画を実践するときの私たちの本当の目的は「美しい都市を手に入れること」ではない。美しい都市を手に入れて、それを手段として豊かな暮らしや豊かな仕事を手に入れることにある。つまり「美しい都市とはなんだろう」という問いに対して立てられた二つの式は、「『暮らしと仕事という目的』を達成するための手段である『美しい都市という目的』を達成するための手段」ということになる。

時間の中で景観の価値は何もしないでも増えていく。建物を建てる時、例えば80年前に蔵を建てた人は、美しい都市をつくろうなんて考えておらず、自分の暮らしや仕事を豊かにするために蔵を建てただけである。それはしばらくは実用品として使われるが、やがて使われなくなり、ある日誰かによって再発見され、そこに景観の価値の値札がつけられる。そしてその価値を元手にして、建物に暮らしや仕事を豊かにするために働いてもらう、ということが景観の都市計画である。こうして考えると景観の価値とは、ある日突然目の前にあらわれた、遠い親戚が残した遺産のようなものである。

景観の都市計画が「眼に映る全て」を対象としていたことを考えると、都市の「図」だけでなく全ての「地」に遺産は眠っている。あなたの家は昭和30年代の丁寧な大工仕事でつくられたものかもしれないし、あなたが勤めているオフィスビルは昭和40年代にカーテンウォール工法が使われ始めた時に工夫を重ねて丁寧につくられたものかもしれない。昭和40年代に川越の人たちが注目した蔵づくりの町並みは明治26（1893）年の大火後につくられた80年前の町並みであったが、平成31（2019）年の80年前は昭和14（1939）年、令和30（2048）年の80年前は昭和43（1968）年である。時間が経つにつれ遺産はどんどん増え、私たちは豊かな暮らしと仕事を実現するための膨大な元手を手に入れているのである。

そしてここで問題になるのは、それを使い切れない、という問題である。減り始めた人口に反比例するように遺産は増え続けている。制度は人が作り出すものである以上、単純に考えると、人口が減ると私たちは全ての遺産を有効に使うことができない。増え続ける遺産は、管理人がいないまま放棄されていくことになる。少し前に、景観の都市計画の目的は「美しい都市をつくる」ことであり、「美しい都市をつくる」ことの目的は「豊かな暮らしと仕事を実現する」ことであるという2段構えの目的の構造を示した。この「遺産が放棄される」状況は、景観的な価値の高い建物が利用されずに荒れ果てていく、ということを意味しているので、1つ目の「美しい都市をつくる」ことだけが景観の都市計画の目的であると考えてしまうと、それは容易に達成できなくなり、誰かに景観の都市計画の仕事を過大に押し付けてしまうことになる。その時に、2つ目の「豊かな暮らしと仕事を実現する」という目的が、より上位の目的であることを思い出さなくてはならない。私たちは、暮らしと仕事のためだけに遺産をつかえばよい、景観の都市計画をすればよいのであって、その必要がなければやらなくてもよい。「眼に映る全て」を美しい都市にする、という過大な目的は立てないほうがよい。膨大な遺産に対して、この「やらなくてもいい」「使わなくてもよい」という態度が重要である。

人口減少期にある私たちが、とてもよい状況にあることは間違いない。多くの人たちが、たやすく遺産を入手することができ、それを元手に美しい都市をつくることによって、暮らしと仕事を組み立てていくことができる。歴史的な町屋を使った美しい暮らしも手に入れやすいし、古びた長屋を使って観光客向けの仕事を始めることもできる。周りによびかけて、暮らしや仕事を広げていくこともできる。美しい都市をつくるために私たちが作り出す権力＝法と制度を、私たちが暮らしや仕事のために作り出す制度へと断絶なく接続する、ということである。

そして最後に平成期の景観の都市計画がどこまで到達したのかを思い出そう。先行してつくられた「住民の制度」に対応するように「自治体の法」がつくられ、その「自治体の法」の権力を強めるために「国の法」である景観法がつくられた。つまり、「制度」→「制度＋自治体の法」→「制度＋自治体の法＋国の法」へと景観の都市計画の権力の構成が充実してきたということである。そして人が作り出す制度は時間の中で目減りしていくが、法それ自体は目減りしないことを考えると、これから起きることは、「制度＋自治体の法＋国の法」→「自治体の法＋国の法」→「国の法」へという変化である。30年前に町並みづくりのまちづくりが盛り上がり、自治体と協力してまちづくり組織をつくって景観条例に基づく地区の景観ルールを定め、それを踏まえて景観地区を決定した。だけれども当時のリーダーが亡くなってしまって、まちづくり組織を誰も引き継げなかったので、地区の景観ルールを運用する人がいなくなり、残った景観地区にのっとって、町並みだけが粛々とつくられ続けていく、こういった状況があちこちで現れてくるのではないだろうか。制度が多く法が少ない状態が民主主義であるとすると、この状況は「民主主義」ではない。

とはいえ、この民主主義と逆行したように見える状態にも意味があるかもしれない。法によっていわば自動的に生成されていく景観に対して、いつか誰かが景観の価値を見出し、その価値が次の人の「暮らしと仕事」を支える景観の都市計画を始める元手になるかもしれないからだ。

〈補注〉

1　埼玉県入間市にある盈進学園東野高等学校がアレグザンダーの手によって設計された。またアレグザンダーの評伝として、グラボー（1989）がある。

2　景観まちづくり、あるいは町並み保存のまちづくりについて、環境文化研究所（1978）をはじめとして、様々な事例を集めた書籍や雑誌が刊行されている。宮澤（1987）、西村（1997）、日本建築学会（2005・2008）などである。

3　多摩市諏訪3丁目に開発された「タウンハウス諏訪」が代表的な事例である。

4　マスターアーキテクトと同様の仕組みが試みられた開発として、滋賀県立大学（１９９７年）、幕張ベイタウンパティオス（１９９４-２０１０年）がある。

5　同様に平成期に町並み形成で大きな成果をあげた事例として、滋賀県長浜市、三重県伊勢市などがあげられる。

6　景観法の制定過程については澤井（2004）石井（2019）を参考にした。また、法の施行状況などは、国土交通省（2020）を参照した。

7　なお、国の法となることで、市町村や都道府県が自主的に多様な取組みを編み出していくという意欲を削ぎ、全ての市町村や都道府県が同じような法をつくってしまう、という負の影響も指摘できるだろう。

8　平成13（ワ）６２７３、平成14年12月18日、建築物撤去等請求　東京地方裁判所　判例データベースより引用。http://www.courts.go.jp/。

〈参考文献・資料〉

アレグザンダー・クリストファー（1978）『形の合成に関するノート』鹿島出版会

――――（1984）『パタン・ランゲージ――環境設計の手引』鹿島出版会

五十嵐敬喜（2002）『美しい都市をつくる権利』学芸出版社

五十嵐敬喜・池上修一・野口和雄（1996）『美の条例――いきづく町をつくる』学芸出版社

グラボー・スティーブン（1989）『クリストファー・アレグザンダー――建築の新しいパラダイムを求めて』工作舎

陣内秀信（1985）『東京の空間人類学』筑摩書房

社団法人日本建築学会（2005）『景観法と景観まちづくり』学芸出版社

――――（2008）『景観法活用ガイド　市民と自治体による実践的景観づくりのために』ぎょうせい

――――（2009）『生活景　身近な景観価値の発見とまちづくり』学芸出版社

西村幸夫（1997）『町並みまちづくり物語』古今書院

――――（2004）『都市保全計画　歴史・文化・自然を活かしたまちづくり』東京大学出版会

宮澤智士（1987）『町並み保存のネットワーク』第一法規
秋田典子（2003）「個別協議方式による開発コントロールの実態と課題：真鶴町まちづくり条例の美のリクエスト方式を事例として」『都市計画論文集』38（0）、pp.34-34、日本都市計画学会
石井喜三郎（2019）「景観法」『都市計画法制定１００周年記念論集』pp.264-265、都市計画法・建築基準法制定１００周年記念事業実行委員会（事務局（公財）都市計画協会）
卜部直也（2008）「真鶴町『美の基準』が生み出すもの」『季刊まちづくり』18号、pp.76-83、学芸出版社
大谷幸夫・内井昭蔵・佐藤方俊（1990）「特集南大沢ジートルンク」『新建築住宅特集』第49号、新建築社
神奈川県真鶴町（1993）「美の基準」神奈川県真鶴町
環境文化研究所（1978）「歴史的町並みのすべて」『環境文化』31・32合併号、環境文化研究所
佐藤方俊（1992）「多摩ニュータウン・ベルコリーヌ南大沢　近代主義の超克と都市形成への挑戦」『大規模空間開発における環境創造・維持管理・復元技術集成』（第３巻　快適環境の創造編／地域の個性と景観編）、綜合ユニコム
澤井俊（2004）「景観法の制定について」『運輸政策研究』Vol.7 No.3、2004 Autumn、pp.59-62、運輸総合研究所
谷口聡（2014）「判例における「景観利益」概念の確立」『地域政策研究』第16巻第４号、pp.33-50、高崎経済大学地域政策学会
西村幸夫他（2016）「景観法、新たな10年（特集）」『都市問題』第１０７巻第６号（２０１６年６月号）、公益財団法人後藤・安田記念東京都市研究所
福川裕一（2003）「川越一番街・蔵づくりの町並みと町づくり規範」日本建築学会編『建築設計資料集成［地域・都市Ⅰ　プロジェクト編］』pp.104-107、丸善
国土交通省（2020）「景観まちづくり」国土交通省ウェブサイト、https://www.mlit.go.jp/toshi/townscape/index.html、２０２０年４月最終閲覧

第9章 災害とストック社会──災害の都市計画

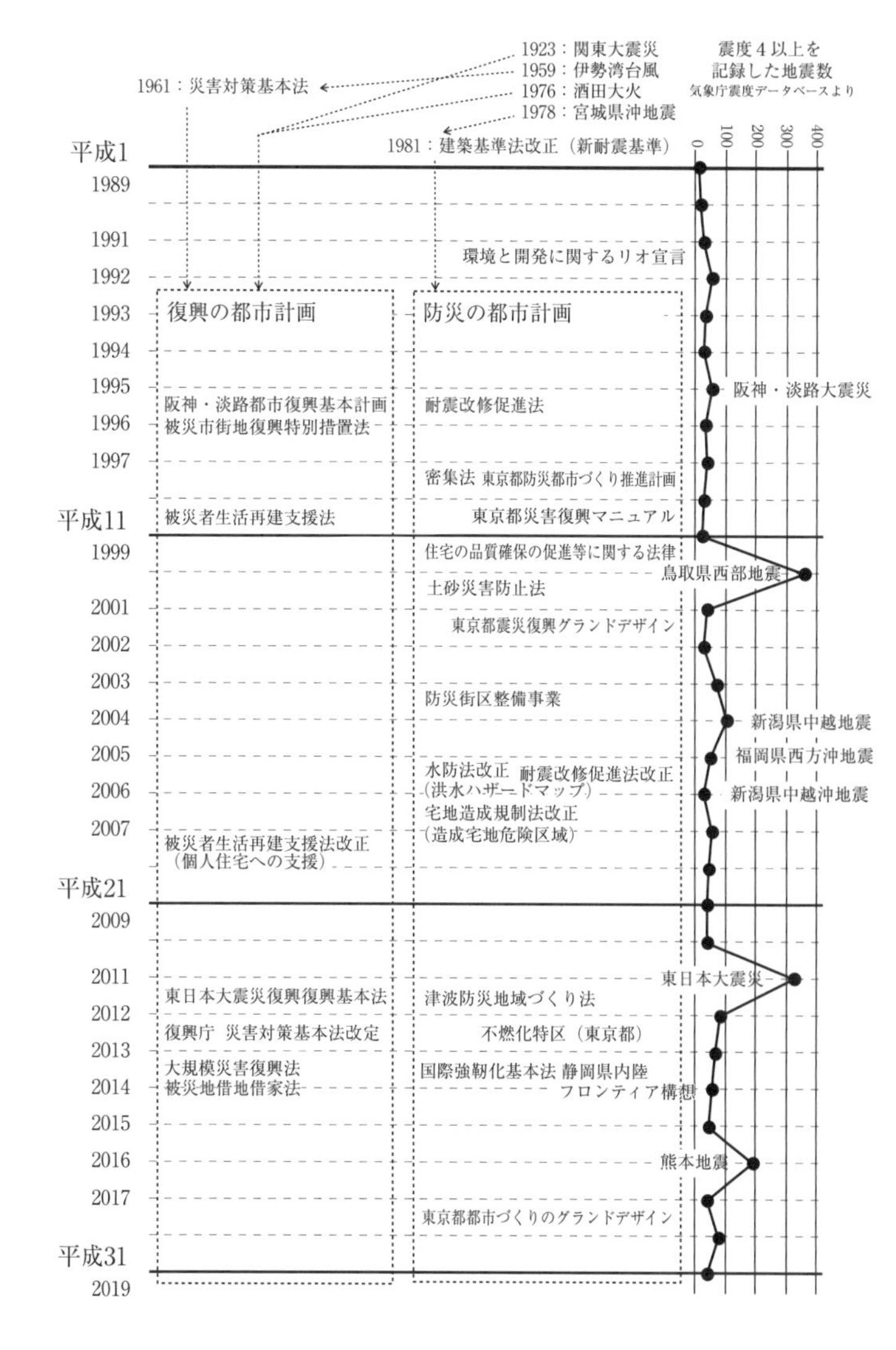

1　来るはずだった成熟

戦後の日本の都市は常に建設中であった。昭和20（1945）年の焼け野原から始まって、人々は建設を続けてきた。建物をつくることは、経済の一部分にしっかりと組み込まれていたので、つくればつくるほど、経済は成長するものと考えられていた。戦後の45年間、ブルドーザー、ユンボ、ダンプカー、クレーン車、あらゆる建設の機械が働き続け、幸いなことに戦争に再び巻き込まれることなく都市の空間は蓄積され、バブル経済期の狂騒をへて始まった平成期には、かなり状態のいい都市が広がっていた。

そこには、もうそろそろつくったものを大事にするべきではないかという空気が少しずつ出てきていた。スクラップアンドビルドは成長の象徴であったが、そこからそろそろ脱却し、すでに建っている建物を財産＝ストックととらえ、そこに手を入れながら使っていこう、という考え方が徐々に大きなものになってきた。それは、建築再生、建物の保存と再生、リノベーションといった言葉で言い表されていたが、本書では「ストック再生」という言葉で呼ぶことにしたい。ストック＝財産という言葉が本書で伝えたいことをうまく表してくれるからだ。

ストック再生という言葉が本格的に使われるようになってきたのは、平成が一回りした平成12年（2000）年のころだった。もしあなたが古い建物の所有者だったとして、目の前にある古びた、たいした価値も無さそうな建物に、突然「ストック」として光が当てられたら、少し楽しくならないだろうか。歴史的な建物だけでなく、昭和30年代に建てられたオフィスビル、昭和40年代に大量につくられた木造の住宅、飲食街の片隅にある雑居ビル、町工場の跡……ストックという言葉はこういったそのへんにある普通の建物に等しく光をあて、それらの可能性を拡張する言葉であった。順調にいけば、何もなければ、平成期の後半は、ストック再生の時代になったはずであった。

そして平成期は「環境」という言葉が社会の全ての営みに対して覆いかぶさってきた時代でもある。平成3（1991）年の「環境と開発に関するリオ宣言」以後、たくさんの政策の中に環境という言葉が踊るようになった。そしてこの環境という言葉はストック再生ととても相性がよい。建物は人間が作り出すものの大半を占めるので、建物がつくられてから壊されるまでの環境への負荷を低減することが、環境をよくすることにつながる。建物を壊さない方が環境にやさしい、環境に適合させて建物をリノベーションしよう……など、環境とストック再生の二つの相乗効果で、都市の膨大な建物が一つひとつ整えられていくはずであった。焼け野原の復興から始まり、人口増加をうけとめるために、建設を繰り返して都市は急速に拡大してきた。そして平成期に入って、大急ぎで登っていた坂道を登りきり、平坦な地形に入ったところでゆっくりとストック再生に取り組みながら、都市をじっくりと成熟させていくはずだった。

しかし、それほど簡単な時代はやってこなかった。坂道を登りきったあとにひらけたのは、全く想像もしなかったような地形だった。

2　再統合と再定義

坂の上の地形を複雑にしたのは災害である。昭和期後半の災害も少ないわけではなかったが、平成期になると災害が頻発する。災害は、平成期に目の前にひろがっていた状態のいいストックの山に襲いかかり、ストックの山を乱暴に破壊する。破壊のあとにどういったことが起きるのか、それはどのように地形を複雑にするのか、細かく見ていこう。

災害はまず、ストックを直接破壊する。人々が都市に長い時間をかけて作り上げてきたストックを一瞬のうちに破壊する。そして壊されたものをもう一度つくり直すために法や制度が招集される。災害は急激に社会を緊張させ、住宅や職場を失った人たちへの対応を待ったなしで迫る。平常時の都市計画はゆっくりと法や制度を使って資源を調達していくが、災害時にはあらゆる法や制度が大急ぎで動員されることになる。同じような災害が繰り返し起きているのならば、使いこなされた法や制度が招集されることになるが、平成期には予想もしなかった災害がつぎつぎと起きた。そのためあまり使われていない法や制度が再招集されたり、新しい法や制度が作り出されて古い法や制度を書き換えることになった。このような復興のための「法や制度の再統合」が、まず起きることである。

その一方で、災害は被害にあわなかった「その他の都市」の新たなリスクを顕在化させる。災害はこれまで安全だと考えられていた建物を壊したり、安全だと考えられていた場所を襲うことがある。そうなると、同じような災害がその他の都市を襲ったら、同じような被害が起きてしまうことになる。

そうならないように、その他の都市の防災のための法や制度が再招集されたり、新しい法や制度が作り出されることになる。平成期には予想もしなかった災害がつぎつぎと起きたため、防災の法や制度もつねに再招集され、再統合されていった。そしてその法や制度は、新しい定義をつくって、その他の都市のストックを「危険なもの」と「安全なもの」へと仕分けしていく。こういった「ストックの再定義」が、次に起きることである。

この再定義がどのように行われるのか、建築の耐震性能などの基準を決める建築基準法について見ると、災害が起きると、建築にどのような被害があったのかの調査が行われる。その成果がまとめられて政府に手渡され、建築基準法などに反映されていく。岡田恒男（2019）によると、災害が起きてまず専門家の中で研究が進展し、そこから技術開発が進んできたころに、また大きな災害が起こり、二度目の災害が引き金となって法律や基準が整備されていくということの繰り返しであるという。

このような、災害発生→復興の法や制度の再統合→防災の法や制度の再統合→ストックの再定義というサイクルが何度か繰り返されたのが平成期である。復興はもちろんのこと、防災も新たな建設を要請するものであり、それはすでにある建物に手を入れて使っていくストック再生の流れとは真っ向から対立するものであった。つまり、坂を登りきったあとにあらわれた地形は、ゆっくりとしたストック再生という地形に、復興と防災による新たな建設が組み合わされた、複雑なものだったのである。

平成期に起きた主な災害を見てみよう（図9-1）。自然災害には地震、津波、台風、洪水、土砂といった種類がある。災害は予知することが難しく、その被害を予測することも難しい。災害の種類、

年		災害の種類	災害の名称	主な被害	
				死者・行方不明者数	全壊棟数
平成3年	1991	火山	雲仙岳火砕流	46	179
平成5年	1993	地震・津波	北海道南西沖地震	230	601
平成7年	1995	地震	阪神・淡路大震災	6,437	104,906
平成10年	1998	風水害	平成10年高知豪雨	8	55
		風水害	平成10年台風第4号	24	101
平成11年	1999	風水害	6.29豪雨災害	39	127
平成12年	2000	火山	有珠山噴火	—	234
		風水害	台風14号（東海豪雨）	10	31
平成15年	2003	地震	宮城県北部地震	—	1,276
		地震	十勝沖地震	2	116
平成16年	2004	地震	新潟県中越地震	68	4,172
		風水害	平成16年7月新潟・福島豪雨	20	70
		風水害	平成16年7月福井豪雨	4	66
		風水害	平成16年台風第23号	98	909
平成17年	2005	地震	福岡県西方沖地震	1	140
		風水害	平成17年台風第14号	29	883
平成19年	2007	地震	新潟県中越沖地震	15	1,331
		地震	能登半島地震	1	686
平成20年	2008	地震	岩手・宮城内陸地震	23	30
平成21年	2009	風水害	平成21年7月中国・九州北部豪雨	36	52
平成23年	2011	地震・津波	東日本大震災	18,430	118,636
		風水害	平成23年台風第12号	98	380
平成24年	2012	風水害	平成24年7月九州北部豪雨	30	363
平成25年	2013	風水害	平成25年7月28日の大雨	4	49
		風水害	平成25年台風第26号	43	86
平成26年	2014	火山	御嶽山噴火	63	—
		風水害	平成26年8月豪雨	74	133
平成27年	2015	風水害	平成27年9月関東・東北豪雨	20	81
平成28年	2016	地震	熊本地震	278	8,667
		風水害	平成28年台風10号	29	518
平成29年	2017	風水害	平成29年7月九州北部豪雨	42	336
平成30年	2018	地震	平成29年7月九州北部豪雨	6	21
		地震	北海道胆振東部地震	43	469
		風水害	平成30年7月豪雨	271	6,783

図 9-1　平成期の主な災害一覧

規模、場所、時間、あらゆるものが不確実であり、私たちは平成期において災害が起きるたびにつねに驚き、法と制度を再統合し、ストックを再定義することとなった。坂の上の地形は、これらの起こり続ける災害に常に影響されたデコボコしたものだったのである。

本章では平成期の災害と法と制度の再統合とストックの再定義のサイクルを、平成期の二つの巨大災害、阪神・淡路大震災と東日本大震災を中心に描き出していくことにしたい。

3　阪神・淡路大震災による再統合

平成期が始まったころは、次の大きな災害は東京を襲うものだと、ぼんやりと考えられていた。それは昭和30〜40年代に地震学者の河角廣が唱えた「南関東地震69年周期説」の影響が大きいかもしれない。このころ地震は予知できるもの、周期性があるものと考えられていたからだ。しかし、ほぼ全ての人の予想を裏切って、平成期の都市を緊張させたのは、平成7（1995）年に兵庫県の南部を襲った阪神・淡路大震災である。

地震は1月17日の早朝、5時46分に発生した。震源地は淡路島の北側の海中であり、淡路島から阪神間を貫くように線状に被害をもたらした。震度7を記録した地震は初めてであり、死者・行方不明者数は6437人、建物被害は全壊10万4906棟、全焼7036棟とこの時点での戦後最大の規模であった。地震はあちこちで火災を発生させたが、死者・行方不明者のうち、地震動によって建物が壊れたことによる死者が約6千人、その後の火災による死者は約500人である。

まず、復興の都市計画のための法や制度がどう再統合されたのかを見ていこう。
被災者の立場に立ったつもりで、災害が発生してから復興までに経験することを順番に想像していくとわかりやすい。発災直後の避難や救助を経て、被災者は小学校の体育館などを活用した避難所へ移っていく。ここまでが「避難」である。避難においてもたくさんの法や制度が再統合されたが、本書ではそのあとの「復興」を見ていく。

復興の都市計画にあたって、多くの被災者は同時に二つの法による措置を経験する。一つは被災した土地への「建設禁止」という措置であり、もう一つは避難所の次の仮住まいである「仮設住宅」という措置である。この二つは連動している。阪神・淡路大震災の復興では二度と地震によって壊されないような、火災によって焼失しないような、広い道路や大きな公園を持った市街地の再建が目指された。しかし、小さな住宅や商店や工場が建ち並んでいた被災地は小さな土地に分かれており、そこにたくさんの土地の所有者がいるという状況だった。被災した土地にそれぞれの土地の所有者の判断でバラバラに建物が建てられてしまうと、その後の復興の妨げになるかもしれない。そのためにとられた措置が「建設禁止」であり、これは具体的には建築基準法の84条と、災害をうけて緊急に立法された被災市街地復興特別措置法に基づくものだった。[1] そしてもう一つの「仮設住宅」は、被災者に応急的に住宅を手当てする政策であるが、裏を返せばそれは被災した土地にそれぞれの人たちが個別に住宅を建てるのを防ぐためのものであった。具体的には災害救助法が動員されたもので、もともとは昭和34（1959）年の伊勢湾台風の後に制度化され、その後の災害でも使われていた政策であるが、限定的でありそれほど注目されたものではなかった。しかし阪神・淡路大震災においてその必要が膨大になり、大規模な空き地がそもそも少ないという阪神間の地形的な特徴があいまって、遠方に大規模に仮設住宅団地がつくられることになり、大きな社会問題として認識されるようになった。

このように、建設禁止も仮設住宅も、やや乱暴な法として被災者に降りかかった。建設禁止はすぐにでも自分の土地に再建したい被災者の勢いを抑えつけるようなものだったし、元の居住地から遠く離れたところに抽選で割り当てられた仮設住宅は、それまで培われていた近隣関係を無視したものだった。多くの被災者は、自分たちがそれまでつくってきた様々な制度、例えば家族のつながりや近隣のつながりを動員して復興しようとする。法はそういった制度を使った復興を押さえつけるように作用したのである。

引き続き復興の都市計画を見てみよう。建設禁止と仮設住宅のあとは、被災した土地に住宅や道路や公園をつくっていくことになる。阪神・淡路大震災の復興において特に使われたのは土地区画整理事業と市街地再開発事業という、この時代においてもいささか使い古された二つの市街地開発事業である。どちらも、災害にあった街を移転させずに、つまり土地の権利を大きく動かさずに、その場所で、土地の権利を入れ替えるだけで復興する方法である。

元通りに同じ街をつくってしまうと、災害に脆弱な街が同じようにできてしまう。復興の都市計画では、火災の延焼を防いだり、避難の助けになる道路や公園などの公共空間を十分に備えた都市空間が計画された。被災地の全体の大きさが広がるわけではないので、道路や公園が増えたぶんの面積は、被災した土地を持っていた人たちが土地を少しずつ出し合うことでまかなわれる。そのため、それぞれの人たちの土地は狭くなってしまうが、道路や公園が整備されて土地の価値は向上するため、狭くなったぶんの損は取り返すことができる。被災者が損をすることなく、そして政府が土地を買い上げることなく、都市を移転させることなく、被害にあった都市を復興させることができる。これが阪神・淡路大震災の復興でとられた方法であり、それは、1923年の関東大震災以来、日本で磨き上げられてきた方法であった。

土地区画整理も市街地再開発も、やや乱暴な「法」として被災者に降りかかった。しかし、その場所で、土地の権利を入れ替えるという方法を持っている以上、都市計画は被災者の一人ひとりと関係をつくらなくてはならない。政府が被災者の土地を買い上げるといったような一方向な関係ではなく、政府と被災者が協力して復興の都市計画に取り組む、つまり法と制度によって都市計画に取り組む関係をつくらなければならなかった。阪神・淡路大震災が発生した平成7（1995）年は、第5章で述べたように地区まちづくりというプロトコルからNPOモデルへの転換が始まりつつあった時期だったため、法と制度の間をつないだプロトコルは地区まちづくりであった。神戸市の名前が第5章にも出てきたことを覚えている読者はいるだろう。災害にあう前の神戸ではまちづくり協議会を中心にした地区まちづくりのプロトコルを作り上げていた。災害前にこのプロトコルによって都市計画が進められていた地区は両手に満たない数であったが、災害後にこのプロトコルがそのまま展開され、神戸市内では100を超えるまちづくり協議会が結成され、それぞれ復興の都市計画に、行政と協力しながら取り組むことになった。つまり、復興の都市計画は法だけでなく、住民の制度も動員し、法と制度の共同作業で復興の都市計画が取り組まれたのである。

それは「復興まちづくり」とよばれる取組みであったが、実際にどのような取組みが行われたのか、事例を見ておこう。

4　阪神・淡路大震災の復興

野田北部地区は、神戸の中心部から少し西に行ったところにある、住宅、商業、工業がごちゃごちゃと建ち並んでいた町である。建物はおしなべて小さく、普通の人たちが肩を寄せ合って暮らしていた。震災前の２６００人の人口のうち災害の死者は41名、全８６４戸のうち全壊全焼が６０８戸という大被害であった（野田北部まちづくり協議会記念誌出版委員会（1999））。

木造の建物が多く、道路も狭かったこの地区には阪神・淡路大震災の前から災害の危険性が指摘されていた。震災の2年前にまちづくり協議会の準備会を結成して地区の環境を改善する都市計画をつくり、最初の成果として公園のリニューアル整備が完成したところに震災が襲った。協議会の準備会はそのまま復興のための協議を始め、「まちづくりを始めよう」という気運をそのまま復興につなげることになった。

協議会が最初に立てた復興の方針は「早く帰れることを優先する」というものだった。地区の半分が地震によって発生した火災で焼失し、焼け出された住民は神戸市内のあちこちに建設された仮設住宅に移り、建設禁止となった焼け跡には広い空き地が広がっていた。そこに「早く帰る」という言葉には誰も疑いを挟まないが、「優先する」という言葉には複雑な覚悟が込められていた。前述の通り、復興は土地区画整理で進めることが決定された。道路、公園などを作り出すためには、被災者が所有している土地を少しずつ提供しなくてはならない。しかし被災者の立場からすると、ただでさえ被害を受けて大変なのに、なぜ土地を提供しなくてはならないのか、ということになる。「二度と災害にあわないようにいいまちをつくろう」という都市計画の理想と、「自分の土地は提供したくない」という被災者の現実的な希望の折り合いをつけるのは簡単ではない。しかし話し合いが長引けば長引くほど復興が遅れ、被災者が地区に帰ってくる時間も遅れることになる。「優先する」という言葉には、こうした困難さへの覚悟が込められていた。

協議会は法と制度の間に架橋されたプロトコルとして、住民と行政の間にたって、土地区画整理の合意形成に取り組んだ。協議会が開催した説明会には多くの被災者が参加した。そこでは賛成の意見も出れば、強い反対意見も出る。厳しい雰囲気の話し合いも多くあった。一人ひとりの被災者から本音を聞くために、協議会が被災者と個別で面談する場も設けられた。そこで一人ひとりが困っていることを聞き、土地区画整理への参加意向を確かめていく。協議会はこうしたことを粘り強く繰り返し、被災者の意向をとりまとめ、それを行政に伝えて交渉を重ねていった。他所では、行政に対する反対運動が組織されたまちもあるし、あるいは反対運動すら起きないまちもあったが、野田北部の協議会は着々と話し合いと合意形成を進め、神戸市内では一番早く土地区画整理を実現させることになった。地震から7ヶ月後の9月には案を決定し、翌年9月に着工式が行われ、震災から6年後の平成13（2001）年に全ての工事が完了した。

復興の都市計画はこれだけではない。土地区画整理は焼失した街区を整備したが、地区の全てが焼失したわけではないので、地区の中に整備されたところとそうでないところが混在することとなった。

そのため協議会は土地区画整理が行われなかった区域の復興の都市計画を実現していく。地区独自の建築ルールを定めた街並み誘導型地区計画を導入し、あわせてまちなみ環境整備事業により地区に残る多くの小さな路地を一つひとつ美しく整備していく都市計画にも取り組んだ。こうして整備された路地は28本を数えた。

平成11（1999）年3月に被災者のための公営住宅が完成したことを契機として、協議会は「野田北部コミュニティ宣言」を発表する。これは道路や建物といったハード面の復興から、ソフト面へと活動を展開させる宣言であった。「震災から4年余、いまだ復興途上ではあるが一旦区切りをつけて、その活動を非常時から日常のまちづくりへ移行発展させていこう」とされ、この宣言以降、協議会はふれあい喫茶やかわらばん（まちのニュース）の発行といったソフトな活動に取り組んでいく。

図 9-2　復興後の野田北部地区の風景

現在まで続いているこの活動を、平成30（2018）年の夏に発行されたかわらばんに見てみよう（野田北ふるさとネット（2018））。1面は地区で開催された「のだきた夏祭り」の報告である。２面は地震のメモリアルデイのイベントの協力のお願いと、子供たちむけの夏休み工作教室の報告、３面には地域にある福祉施設でのイベントの告知、６面にはイベントとゴミの収集日の予定表が掲載されている。平成13（２００１）年に創刊されたかわらばんはこの号で２０８号を数えたそうだ。毎日の、毎月の、毎年の小さな取組みが積み重ねられてきたことがわかる。２面のニュースがなければ、このまちが20年前に地震の被害にあったことがわからない、普通のまちの普通のニュースである。実際に現在の野田北部地区を訪れても、そこに災害の跡を見つけることは難しい。土地区画整理でつくられた道路は特別なものではなく、その上に小さな住宅がごちゃごちゃと建つ普通のまちがそこにある。この普通のまちこそが、復興の都市計画によって人々が取り戻したものであった。

野田北部地区以外の復興都市計画を概観しておこう。平成７（１９９５）年３月に都市計画として決定された神戸市内の11地区の土地区画整理事業は、新長田駅北地区が完了する平成23（２０１１）年まで、実に16年という時間を費やした。復興の都市計画では市街地再開発事業も行われるが、神戸市内の２地区のうち新長田駅南地区については平成期の間に完了することはなかった。被害の大きかった芦屋市の土地区画整理（３地区）、西宮市の土地区画整理（２地区）と市街地再開発（４地区）、尼崎市の土地区画整理（１地区）は平成20（２００８）年までに完了している。

5　近代復興の体系

阪神・淡路大震災は都市計画の中で積み上げられてきた復興の都市計画の法と制度を再統合し、体

①政府・官僚主導型で、開発を前提とし、迅速性をよしとするものである

②被災地には現状凍結を要請し、基盤整備を優先する

③政府が供給する仮設住宅、そして復興住宅へという単線型プロセスが用意される

④政府の事業メニューは標準型であり、しばしば事業ありき、の発想となる

⑤1961（昭和36）年の災害対策基本法の制定によって枠組みが整えられ、阪神・淡路大震災までに完成した体制である

図9-3　近代復興の定義

系化した。ここで完成した体系を「近代復興」と呼ぶことがある。日本建築学会学会誌（2013）に示された近代復興の定義をあげておこう（図9－3）。

日本の近代は、人口が増え続け、急速に都市が拡大し続ける時代であった。近代復興はこの拡大を前提としたものであり、①の定義はまさにその前提に立っている。そして②③④には①で示された迅速性を実現するための手段が示されている。これらの手段は、⑤で述べられているように、阪神・淡路大震災からの復興の中で様々な政策が再統合されて完成したものである。そして、それはその後の平成期の復興の都市計画の基本的なOSとなる。

阪神・淡路大震災の復興期はぎりぎり日本全体でまだ人口が増えている時期であり、被災地もかつてほどではないものの、人口が増えていた。復興した市街地に空き地や空き店舗が目立った時期もあったが、かろうじて近代復興をやり切ることができた。その後に起きた新潟での二つの大地震、新潟県中越地震（平成16（2004）年）と新潟県中越沖地震（平成19（2007）年）は、すでに人口が減り始めていた中山間地や小都市を襲ったものであるが、阪神・淡路大震災に比べるとその被害が限定的だったこともあり、近代復興の枠組みが少し修正されて使われ、な

んとか近代復興をやり切ることができた。そして日本全体が人口減少社会に入ってから起きた平成23（2011）年の東日本大震災においても、近代復興の枠組みが使われた。総人口は平成20（2008）年から減り始めていたが、これは人口減少社会に対応した復興の都市計画の手法が、さらに言えば人口減少社会に対応した都市計画の手法ですらこの時点で未形成だったからである。本稿の執筆時点で、東日本大震災からの復興において近代復興をやり切ることができたかどうかの判断はできないが、いずれにせよ「平成期」というくくりで見ると、近代復興は平成期の復興の都市計画の枠組みであり続けた。東日本大震災からの復興については8節以降に詳しく見ていく。

6　防災の都市計画

阪神・淡路大震災は「その他の都市」へも変化をもたらした。それまで数年に一度は建物被害を伴う災害は発生していたが、これほどまでの規模の災害はなかった。倒壊した高速道路、燃え上がる市街地、崩れたビルのショッキングな映像は危機感を高め、それまでの「防災の都市計画」を再統合し、新しく「都市の耐震化」という政策を生み出すことになった。前者はすでにある災害の危険性の高い市街地を再開発する政策、後者はすでにある建築ストックに耐震性能の向上をせまる政策である。都市に集積した建築ストックを再定義したこの二つの政策をみていこう。

防災の都市計画の大義に反対を唱える人は少ないだろう。他の都市計画に比べて、防災の大義は全ての人が共有できる。そしてこの強い大義が、ストック再生の流れと真っ向から対立することになる。

東京23区の市街地を例にとって、防災の大義がどこにどのように効いたのかを見ていこう。東京の都市構造は、皇居や東京駅がある中心から外側に向かって同心円状に広がっていると考えればわかりやすい。中心部はかつての江戸の市街地を基盤にしているが、そのうちの町人地であったエリアは大正12（1923）年の関東大震災で焼失してしまった。そこに土地区画整理事業による復興の都市計画が行われた。それが阪神・淡路大震災に至るまでの近代復興の起源の一つとなったことは既に述べた通りである。南は現在の港区の北側から北は墨田区の南側まで、東は江東区までのエリアであるが、規則正しい碁盤の目状の街路網が作られており、防災性能の高い市街地が形成されている。

しかしこの復興の都市計画は完璧な方法ではなかった。関東大震災のあと、都心から災害の恐怖で移転した人たちが、都市の外側に移住していく。当時の復興の都市計画は被災した都心の復興に手一杯であり、被災者が移転する先には手が回っていなかった。皮肉なことに彼らがそこに、災害に弱い都市を再形成してしまうのである。彼らが流れ込んだ先は、細く入り組んだ道路が残る農村地帯であった。そして農地の所有者が、それぞれバラバラに、固有の判断で自分たちの農地を切り売りしていったので、そこには道路の形をそのまま残した都市が形成された。その後、戦後の期間を通じてそこに多くの人が流れ込み、密度の高い都市を形成してしまったのである。それは同心円状に広がっている東京の都市構造に沿って、中心部をぐるりと囲むように形成される。「木造住宅密集市街地」と呼ばれるそこは、長く東京の都市計画の悩みのタネであり、そこを改善しようという都市計画が昭和50年代から延々と実施されてきた[2]。

もし木造住宅密集市街地が貧困層の集積するスラムであったのならば、そこに徹底的に公共投資が行われ、道路と住宅が根こそぎ一新されていたはずだ。しかし、現在そのあたりを訪れてみたらわかることだが、その町に欠けているのは防災の性能だけである。そこには普通の人たちが住んでいたし、その後に東京がさらに外側に広がっていったので、東京全体からみるとそこは都心に次ぐ一等地であり地価も十分に高い。そこに徹底的な公共投資をする理由はなかった。そのため、昭和50年代に始まった木造住宅密集市街地の都市計画は、「修復型まちづくり」と呼ばれる遠慮深いものだった。第5章で述べた「地区まちづくり」のプロトコルがそこに導入され、法による強制的な都市計画ではなく、住民の制度と接続をはかりながら、生活のための道路や防災のための小さな公園を住民と話し合って段階的につくっていく、木造住宅を一つずつ燃えにくい住宅に建て替えていくという防災の都市計画が行われた。法の強制力が少ないぶん、この防災の都市計画の実現には時間がかかる。10年や20年をかけてゆっくりと防災性能を向上させていくという気の長い都市計画が取り組まれていた。

そしてこの遠慮深い都市計画にショックを与えたのが阪神・淡路大震災だった。木造住宅密集市街地は東京だけのものでなく、他ならぬ神戸にも形成されており、そこではやはり昭和50年代から修復型の防災の都市計画が取り組まれていた。そして震災は残酷にその都市計画に審判を下す。一定の被害軽減を果たした地区はあったものの、この遠慮深い防災の都市計画が、巨大な地震に対して手遅れであったことは間違いない。東京都の行政職員は、無残に焼け落ちた市街地を見て肝を冷やしたに違いない。防災の都市計画にあまり時間をかけていると、その間に災害が起きてしまうかもしれない。

そんな危機感から東京都は平成9（1997）年に「防災都市づくり推進計画」をつくり、それまでの防災の都市計画の政策を再統合した（図9-4）。そこでは重点整備地域が定められ、重点的な公共

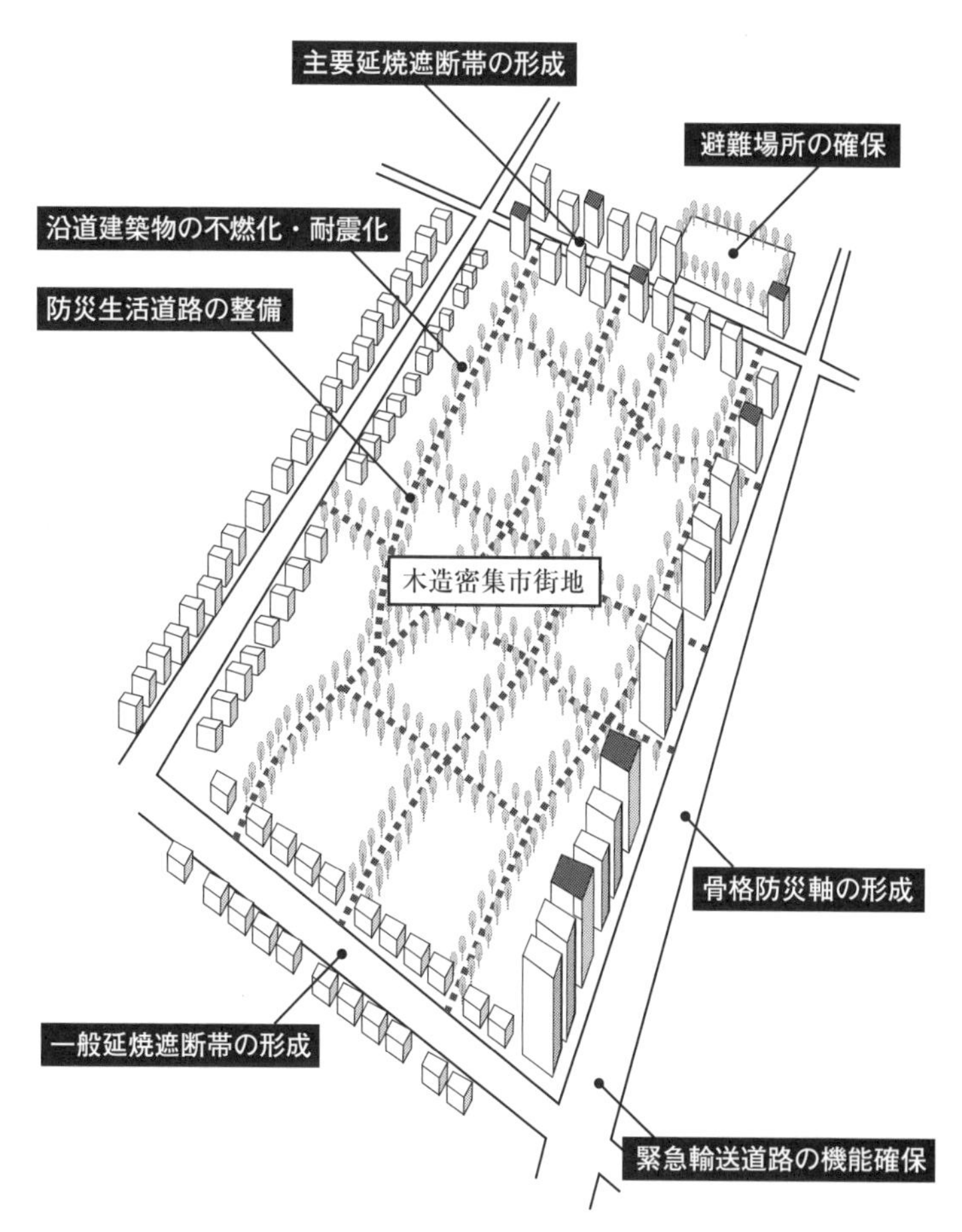

図 9-4　防災都市づくりのイメージ
出典：東京都防災都市づくり推進計画より筆者作成

投資が行われることになった。具体的に取り組まれた都市計画は、広い幅員の道路を整備しその沿道の耐火建築物の建替えを促進して火災を止める「延焼遮断帯」を形成すること、市街地の中に道路や公園などの公共空間を作り出すこと、一つひとつの建物の建替えを進めることなどである。

これらの方法そのものは、実はそれまでの修復型まちづくりと大きく違うものではなかった。大きく変わったのは公共投資の量である。例えば平成24（２０１２）年から始まった「不燃化特区」という仕組みでは、老朽建築を除去する費用や建替えの設計費用および建設費用、引っ越し費用までを税金から助成する。潤沢に公共投資をすることで、既存の建築ストックが新しいものに更新され、木造住宅密集市街地の防災性能は向上していったのである。

この都市計画は平成期の間にどれほどの成果をあげたのだろうか。防災都市づくり推進計画には、その達成度をはかる指標として「不燃領域率」という数値が使われている。これは「まちの燃えにくさ」を示す指標であり、公園や道路とコンクリート造等の耐火建築物が建つ敷地が地区全体の面積にしめる割合から算出される。道路や公園を増やしても、個々の建物の建替えが進んでもこの数値は向上する。東京において防災の都市計画は28の整備地域で行われたが、そこの不燃領域率の変化をみると、平成８（１９９６）年の48・９％から、平成26（２０１４）年の61％にまで向上している。不燃領域率が70％を超えると延焼は抑え込まれるとされているので、そこに到るまで、18年をかけて折り返し地点を過ぎたところであろうか。すでに述べたとおり木造住宅密集市街地は地価も高く、防災性能以外は良好な市街地であったため、建築ストックも市場原理の中で建て替えられていく。市場による建替えと政府による公共事業の合わせ技で、防災の都市計画は大きな成果をあげていったのである。

東京都の動きと並行して、国では「密集市街地における防災街区の整備の促進に関する法律」、通称「密集法」を平成9（1997）年に制定する。密集市街地において延焼遮断帯などを形成して火災や地震に対する防災機能が確保された「防災街区」の整備を促進するもので、平成15（2003）年には「防災街区整備事業」という事業手法が新たに作られ、平成期に10の地区で取り組まれた。

7　都市の耐震化

防災の都市計画は、危険なところの建築ストックを壊し、新しく都市空間を整備するものだったが、それは東京の木造住宅密集市街地のように、広いとはいえ全体からみると限定的な場所で行われたものであった。しかし同じ平成7（1995）年に成立した「建築物の耐震改修の促進に関する法律」、通称「耐震改修促進法」は、それとは比べものにならないほどの広い範囲に影響する法だった。この法は、都市のどこにあろうと、耐震基準を満たさない建物の耐震改修を促進するというものだった。

私たちは建物を未知の災害ではなく、過去の災害の経験をもとにしてしか建てることができない。どんな災害が来ようとも壊れないよう、際限なく強固な建物を建てるわけにいかないからである。そのため、建物の耐震基準は大きな災害が起きるたびに更新されてきた。福井地震（1948年）、新潟地震（1964年）、十勝沖地震（1968年）、宮城県沖地震（1978年）といった地震が耐震基準の改正に大きな影響を与えた。これらの地震が起きるたびに、新しいリスクが発見され、それに耐えうるように法が書き換えられてきたのである（岡田（2019））。そして法の書き換えのあとにつくられる建物は法に沿って建てられるが、それ以前の建物は壊されるわけではなく、都市の中に残っていく。建設時の法の基準に沿って建てられたが、後の法改正によって基準にあわなくなってしまった建物を「既存不適格」とよぶ。建築基準法の書き換えは都市の中に既存不適格を作り出していったのである。

特に昭和56（1981）年の建築基準法の改正が重要であった。宮城県沖地震で高まった危機感によって改正されたのだが、具体的には、建物構造の性能を計算する方法を抜本的に改正するもので、計算の中に建築物の固有の周期を導入し、建築物の「強度」だけでなく「靱性（粘り強さ）」を導入するものであった（大橋（1993））。この改正によってつくられた耐震基準が「新耐震基準」、それ以前の耐震基準が「旧耐震基準」と呼ばれ、それぞれによってつくられた建物が「新耐震建物」「旧耐震建物」と呼ばれることになった。そして阪神・淡路大震災がはっきりと顕在化させたものが、昭和56年からあったこの新耐震建物と旧耐震建物の区別であった。倒壊した木造家屋のうち、実に98％が旧耐震建物だったのである。このことを教訓に、旧耐震建物の耐震化を促進するためにつくられたのが耐震改修促進法である。

この法は、日本中の建築ストックの山を選別していった。平成10（1998）年の住宅・土地統計調査を見ると、住宅用途だけに限っても、全国の4392万戸の住宅のうち、旧耐震基準でつくられた住宅は2122万戸におよぶ。耐震改修促進法はこの2122万戸に対して、新耐震基準に合致するように耐震改修をするか、建て替えて新しい住宅にするのかの判断を迫るものであった。

耐震改修はすでに建っている建物の柱を太くしたり、柱と柱の間に筋交いを入れたり、新たな壁を挿入したり、といったことを行うものである。そのための耐震診断、改修設計、改修工事にはコストがかかるため、法ができたとはいえ耐震改修はなかなか浸透しなかった。真っ先に改修が行われたのは、学校や市役所など、政府が所有し、多数の人たちが使う建物であった。そして耐震改修促進法は、再び都市を緊張させた新潟県中越地震（2004年）、福岡県西方沖地震（2005年）を受けて平成18（2006）年に、そして三たび都市を緊張させた東日本大震災（2011年）を受けて平成25（2013）年に改正される。改正のたびに法の力が強まり、耐震診断や耐震補強が進められていった。平成30（2018）年の住宅・土地統計調査の結果を見ると、全国の5362万棟の住宅のうち、昭和55年以前に旧耐震基準で作られた住宅は1201万棟へと減少したのである。

平成期の都市に広がっていたそこそこいい建築ストックに、耐震改修促進法は「旧耐震」と「新耐震」の札をつけてまわった。「旧耐震」は値下げ札であり、それをつけられた建物は、耐震改修を行うか、建て替えるかの判断を迫られる。それはストック再生の流れと真っ向から対立し、平成期の地形を複雑なものにしたのであった[3]。

8 東日本大震災

平成23（2011）年、近代以降に私たちが経験したなかでも最大の災害が東日本を襲った。阪神・淡路大震災も十分に巨大な災害であったが、東日本大震災の死者は12都道県で1万5897人、行方不明者は6県で2533人という桁違いの巨大災害であった。地震そのものも最大震度7を記録する大災害であったが、地震動による建物被害よりも、津波による被害が甚大であった。いくつかの都市が根こそぎ無くなるほどの大被害がもたらされ、福島県では津波により電源設備が喪失したため、制御のきかなくなった原子力発電所の炉心が溶融するという大事故が発生した。なお、東日本大震災のうち、福島県を中心に未曾有の被害をもたらした原発事故については、他の災害と同列に論じることができない。以下では、岩手県、宮城県を中心とした災害について論じていくことにする。

この災害の発生が予測されていなかったわけではない。近代以降に東北地方の沖合を震源とし、大津波をともなった地震は明治29（1896）年と昭和8（1933）年に二度起きていたし、昭和35（1960）年には遠く太平洋の反対側で起きたチリ地震津波が三陸沿岸に大きな被害をあたえた。そして三陸沿岸ではこれらの被害を教訓にして様々な対策が打たれていた。昭和三陸津波の後には、住宅適地造成事業という高台への移転事業が100箇所近くで行われていたし、宮古市田老地区では「万里の長城」と揶揄されるほどの巨大な防潮堤が昭和33（1958）年から昭和54（1979）年にかけて建設されていたし、田老ほどでもないにせよ、昭和30年代後半より各地の港湾を囲むようにして防潮堤がつくられていた。だが、予測できていなかったのは、その規模である。千年に一度という途方もない規模の津波が起き、これまでの対策をやすやすと乗り越えてしまったのである。

この震災は、人口減少がはっきりとしてからの初めての災害であった。近代復興は人口が増えていくことを前提とし、破壊された空間を元通りか、それ以上に復興するものだった。そして東日本大震災のあとにはそこから180度回れ右をし、人口減少時代の復興の都市計画へと取り組むべきだったのだろう。しかし、災害は成長期の都市計画が転換されきれない時に起きた。そもそも準備万端で災害が起きることなどないのだが、その準備を始めようともしていないときに、よりによってこれほど大きな災害が起きてしまった。

結果を先に述べておくと、当初の復興の都市計画は近代復興の方法がとられた。その方法しかなかったからである。しかしいかに気づかないふりをしようとも、人口が少ない、増えることがない、空間の必要性がないという決定的な事実は、計画を立てた直後から都市計画の足を引っ張り続ける。政府の人材、復興工事をする業者、地域社会の人材のいずれも足りないと、あらゆるところで政府と市場と住民の限界が露呈し、こうした状況をなんとか乗り越えるために、なし崩し的に人口減少時代の新しい復興、ポスト近代復興の方法が見えてきたのである。以下では組み立てられた復興の都市計画を整理した上で、それがどのようになし崩しになっていくのかを見ていくことにしよう。

9　最後の近代復興

阪神・淡路大震災の復興の流れにならうと、まず「建設禁止」は東日本大震災においても実行された。しかし厳密には、建築基準法には二つの建設禁止の仕組みがあることに注意しなくてはならない。阪神・淡路大震災でも使われた建築基準法84条に基づく建設禁止は、「被災市街地における建築制限」という、被災地にバラバラと建物が建ってしまい復興の都市計画の妨げにならないように指定されるもので、近代復興の考え方に沿うものであった。もう一つの建築基準法39条に基づく建設禁止は、「災害危険区域」という災害リスクが高いエリアの住宅等の建設を禁止するものであった。これは、海に近い、標高が低いという明確な地理的条件によってリスクが規定される津波災害に特有の措置である。一見すると同じような建設禁止であるが、前者は近代復興の枠組みを忠実になぞった建設禁止であり、そこに再び都市が復興することを前提とした建設禁止であるが、後者はもうそこには誰も建物を建ててはいけない、と復興を封印するものであった。

被災地では、県によってやや手順が異なったものの、この二つの建設禁止を組み合わせた[4]（松本・姥浦（2015）、樺島（2019））。そして、どちらも被災した土地に建ち上がる建物を止めようという意図を持ったものであったが、私たちが実際に目にしたのは、禁止などしなくても、そこに何かを建てる人はほとんどいなかったという、人口減少社会を象徴するような現実であった。

膨大な被災者に対して、仮設住宅の整備は困難を極めた。全壊した住宅の数は12万戸を超えたが、それだけの仮設住宅を建設するための資材の備蓄がなかったのである。また、急峻な地形が海岸近くに迫るリアス式地形であるため、仮設住宅を建設する場所も不足していた。しかし12万戸分の仮住まいの需要は待ったなしであり、「みなし仮設住宅」、あるいは「借り上げ仮設住宅」と呼ばれる仮設住宅がなし崩し的に主流になった。それはアパートやマンションなど市場の賃貸住宅を仮設住宅とみなして貸し出すという方法であり、東日本大震災の後にその運用が改善されたものである[5]。通常の仮設住宅は5万4000戸ほどがつくられたが、対する借り上げ仮設住宅は6万1000戸だった。政府が仮設住宅を供給することが近代復興の前提であったが、その半数以上が市場に補完されるかたちで供給されたのである。

次は空間の復興を見ていこう。復興の方法は点と線と面に分けるとわかりやすい（図9-5）。

市街地を面的に一様に破壊する震災と異なり、津波には「海からやってくる」という明確な方向性

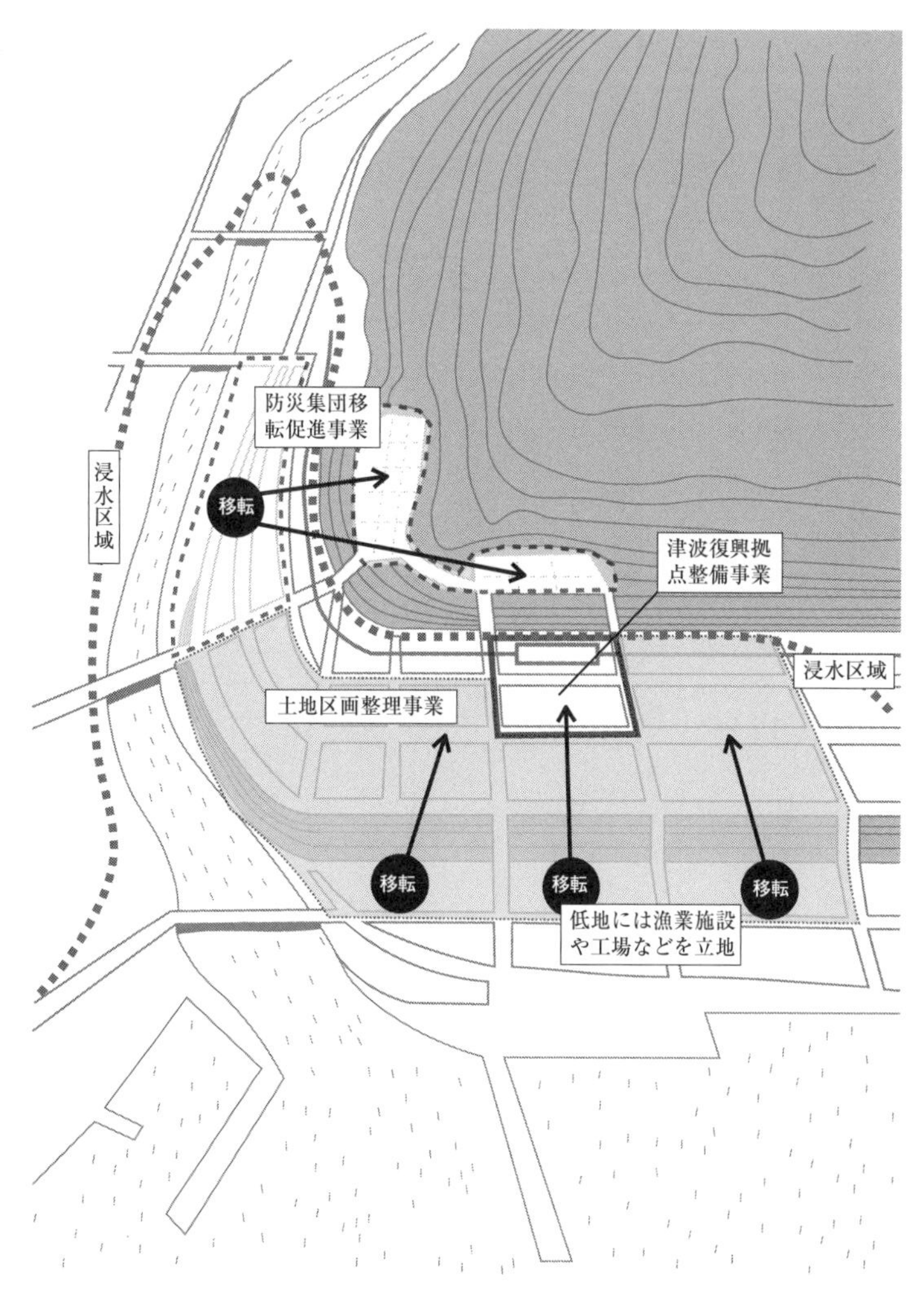

図 9-5　復興の方法の組み立て
出典：復興庁資料をもとに筆者作成

があり、危険な土地と安全な土地をはっきりと区切る。そのため、まず決断しなくてはならなかったのは、危険な土地から安全な地盤の高い土地へと市街地を線的に移転するのか、移転せずに土地の地盤を高くして安全性を高めるのかということだった。

こうした理由から、二つの方法が準備された。「線」の方法は、海に近いところから地盤が高いところへ線的に住宅地を移していく「防災集団移転促進事業」である。これは政府が新しい土地を整備し、そこに被災者が住宅を建てて移転していくものである。平成5（1993）年の北海道南西沖地震、平成16（2004）年の新潟県中越大震災の復興において使われた実績があり、近代復興のメニューの一つであった。

「面」の方法は近代復興でおなじみの土地区画整理事業である。しかし阪神・淡路大震災では道路や公園を作り出して火災への安全性を高めるために土地区画整理事業が行われたが、道路や公園を作り出したところで津波の被害を軽減できるわけではない。東日本大震災ではその場で復興をしたい人たちの土地を調整して集約し、その安全性を高めるよう地盤をかさ上げするために行われた。

「線」は山や斜面地を新しく造成するもの、「面」は被災した土地に土を積み上げるものであり、時間がかかることは明らかであった。完成までの時間、被災者は仮設住宅で暮らしと仕事を復興することになるが、その暮らしや仕事を支えるための拠点を迅速に整備する必要があると考えられた。被災者が暮らす住宅、病院などの公益的な施設、産業を復興する拠点となる商店や業務施設などである。「面」「線」に対する「点」を集中的な公共投資によって迅速に整備する方法として考え出されたのが、政府が用地を買収して拠点施設を緊急に整備する津波復興拠点整備事業である。

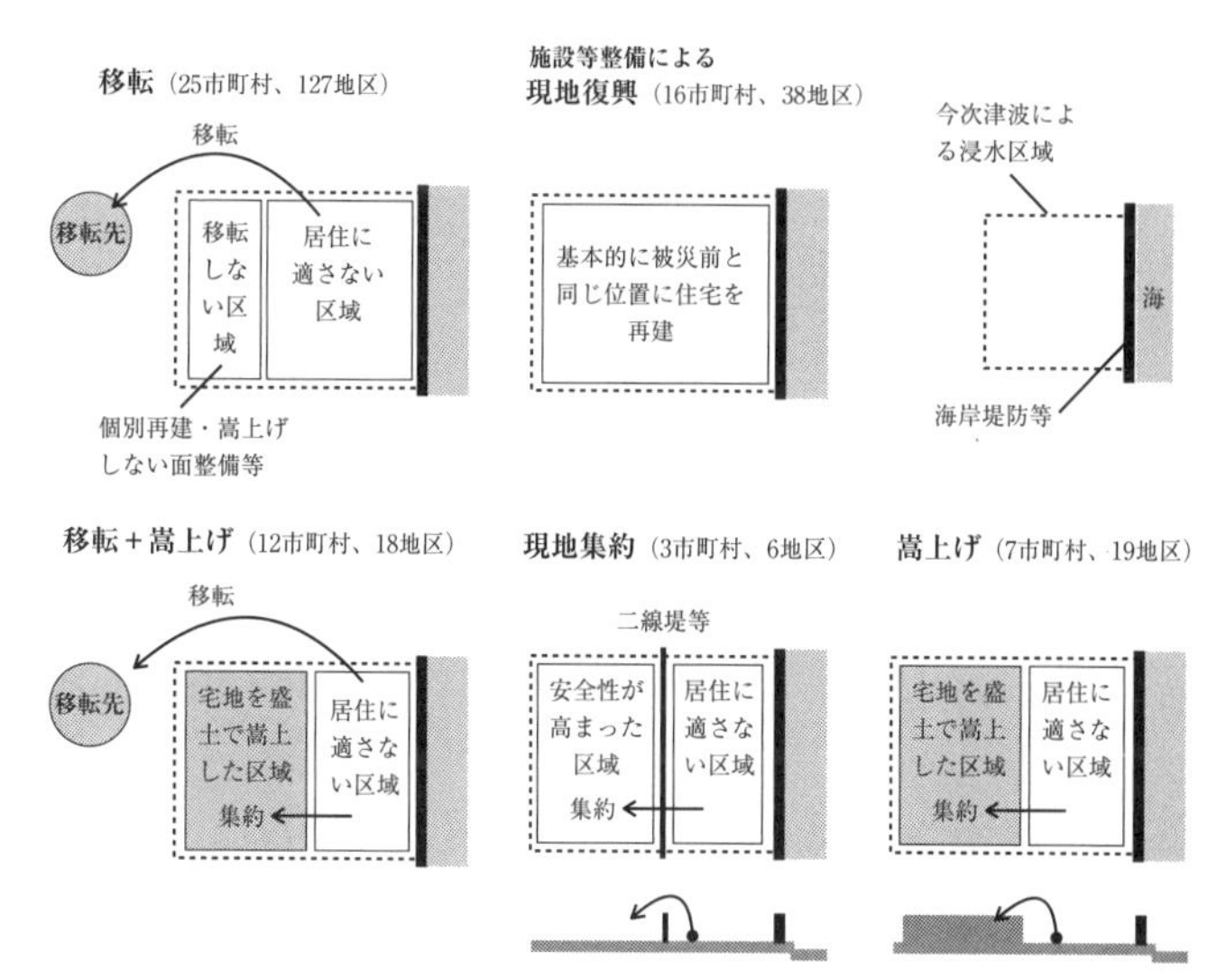

図 9-6　津波被災地市街地の復興構想案の概要
出典：菊池他（2019）

空間の復興はこのような点、線、面の組み合わせで実行されていった。菊池他（2019）は、これらの組み合わせで行われた空間の復興の構想案を「移転」「現地復興」「移転＋嵩上げ」「現地集約」「嵩上げ」の5つのパターンに分けて整理している（図9-6）。点、線、面という整理は、おそらく読者に合理的なものとして伝わっただろう。それはまさしく近代復興の合理性ということかもしれないが、実態はこの整理のようにわかりやすく復興が進んだわけではなかった。

まずそれぞれの実績を見ておこう。[6] 防災集団移転促進事業はそれまで35地区でしか実績がなかったが、東日本大震災では331地区で使われた。平成期にそのうち324地区が完成し、計画された8395戸のうち8307戸の住宅が建てられた。土地区画整理事業は50地区で計画がつくられ、平成期にそのう

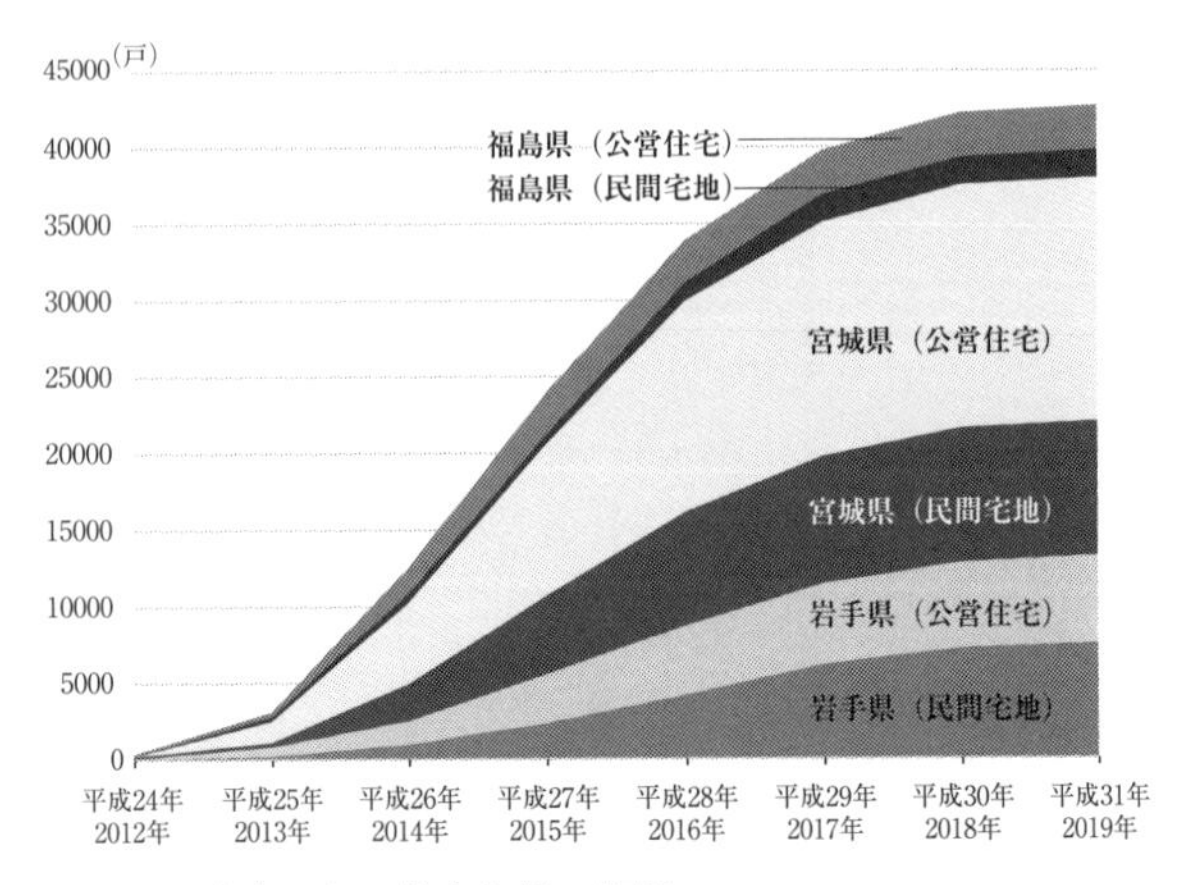

図 9-7　政府による住宅復興の概況
出典：復興庁資料をもとに筆者作成

ち33地区が完成し、計画された9340戸のうち7619戸の住宅がつくられた。津波復興拠点整備事業は15市町の24箇所で計画され、平成期の間に9つの拠点が完成した。

これらの数字をどのように読めばよいのだろうか。住宅数を見ると、これらの手法によってつくられた住宅約1万7700戸に加え、災害復興公営住宅が約2万4500戸、漁村集落防災整備事業という別の手法によってつくられた住宅が約500戸であるので、復興の都市計画によって約4万2700戸の住宅がつくられたことになる。[7] もちろんそれは途方もない数字であるが、全壊した住宅数が約12万戸であったことを考えると、全体の半分にも満たない。ほとんどの被災者は政府の都市計画を使わず「政府のものではない都市計画」を使って復興したのである（図9-7）。

なぜ人々は政府の都市計画を使わなかったのか。これについては簡単で、時間がかかったからである。[8] これ「点」の方法は迅速さが売りであったが、実際の使われ方は迅速さとは程遠かった。例えば大船渡市の津波復興拠点整備事業の都市計画が決定されたのは平成25（２０１３）年5月であり、計画をつくるだけで2年もの時間が費やされていた。「面」の土地区画整理事業をとってみても、それが行われた４９０haのうち71haの利用のめどが立っておらず、完成までに時間がかかったため被災者が待ちきれずに別の場所で再建したという事例が多くあるそうだ。[9]「線」の防災集団移転促進事業も被災者の合意形成に時間がかかるし、公的資金が注入されるとはいえ、無料で被災者が住宅を手に入れられるものではない。当初は政府による復興の都市計画に期待していた被災者も、それぞれが損得を計算し、別の方法での復興を選んでいったのである。被災から4年が経った時点ですら、政府の都市計画による住宅の建設戸数は被災戸数の10分の1に届いただけであった。

　では被災者はどういう仕組みを使って復興していったのだろうか。本書の言葉でいうと、彼らが使ったものは市場の制度や住民の制度である。待ちきれない被災者は、政府の都市計画をさっさと見限って、民間の不動産会社を頼って自分たちで土地や建物を調達した。そもそも不動産会社がいない、つまり市場の制度が発達していない被災地も多くあったが、そこでは家族や親戚のつながりも動員された。家族や親戚同士で余った土地を融通し合うということが普通に行われたのである。根こそぎ失われた商業空間を、復興拠点事業よりもはるかに速く復興したのは、コンビニエンスストアやショッピングセンターのチェーンストアであった。東日本大震災より前に、これらのチェーンストアは日本中、世界中から物資を調達する制度を作り上げていた。これらが中小規模の商店が集積する商店街に取って代わろうとしていたころに発生したのが東日本大震災であった。彼らは自分たちの制度を総動員し、新しい商業空間を次々と被災地に建設していったのである。[10]

政府の都市計画に時間がかかった理由は簡単で、「機能不全」であった。東日本大震災は第4章で整理した都市計画の地方分権から10年以上が経った時に起きている。分権により市町村の組織は育っていたが、災害の大きさはそれらを消しとばすほどだった。陸前高田市や大槌町では行政の庁舎が被災し、行政の麻痺状態が長く続いた。市町村の意思を踏まえて、それを補完するのが県や国の役割であったが、災害の直後には意思そのものがあがってこない、という地方分権の基本前提を揺るがすような事態が起きたのである。

しかし、市場の制度と住民の制度がそれを完全に補ったというわけではない。それぞれは、東日本大震災に対してともに機能不全に陥った。物流のネットワークが分断されたため商業者はしばらく何もすることができなかったし、たくさんのボランティアが活動したが、それも被害の全体量に対しては極めて不十分だった。つまり東日本大震災からの復興において、私たちは、わずかな法とわずかな制度をかきあつめ、それらをつなぎ合わせてパッチワークをつくるようにして復興の都市計画を進めた、そのつなぎ合わせの中で、制度が法にやや優勢であったということである。

このようにして近代復興の枠組みはなし崩しになっていった。新しい枠組みにはまだ名前がついておらず、それはまだ枠組みと言えるほど、安定したものではないのかもしれない。政府が陥った機能不全を改善するために、平成24（２０１２）年には災害対策基本法が改定され、平成25（２０１３）年には「大規模災害からの復興に関する法律」がつくられた。東日本大震災の後も、熊本地震、各地の豪雨災害と大きな災害が続く。息つく間もなく、待ったなしで押し寄せる復興の作業をさばくなかから、次なる復興の都市計画の枠組みがゆっくりと見えてくるのではないだろうか。

10 減災の都市計画

東日本大震災は、防災の都市計画をどう再統合したのだろうか。

あまりにも災害が大きかったため、政府はついに災害を全て防ぐ、という考え方を捨てることになった。かわって新しい考え方になったのは「レジリエンス」という言葉である。レジリエンスは回復力、弾性といった意味を持つ言葉であるが、防災や復興の文脈においては、破壊されても迅速に回復・復興する「しなやかさ」という意味を持っている。平成25（2013）年には「強くしなやかな国民生活の実現を図るための防災・減災等に資する国土強靱化基本法」がつくられた。この法では「国民の財産及び公共施設に係る被害の最小化」と「迅速な復旧復興」が謳われており、これは被害をゼロにすることはできないということと、そこからしなやかに復興すればよい、という考え方を示したものである。

その考え方がどう防災の都市計画に組み込まれていったのか、震災後の平成23（2011）年9月につくられた「津波防災地域づくり法」を見てみよう。そこではこれから起こる津波が二つの種類に分けて示されている。レベル1（L1）津波は「数十年から百数十年に1度程度の頻度で再来する津波」であり、昭和三陸津波や明治三陸津波はこの規模である。そして東日本大震災と同じく「数百年から千年に1度程度の極めて低頻度で発生する津波」はレベル2（L2）津波と名づけられた。そし

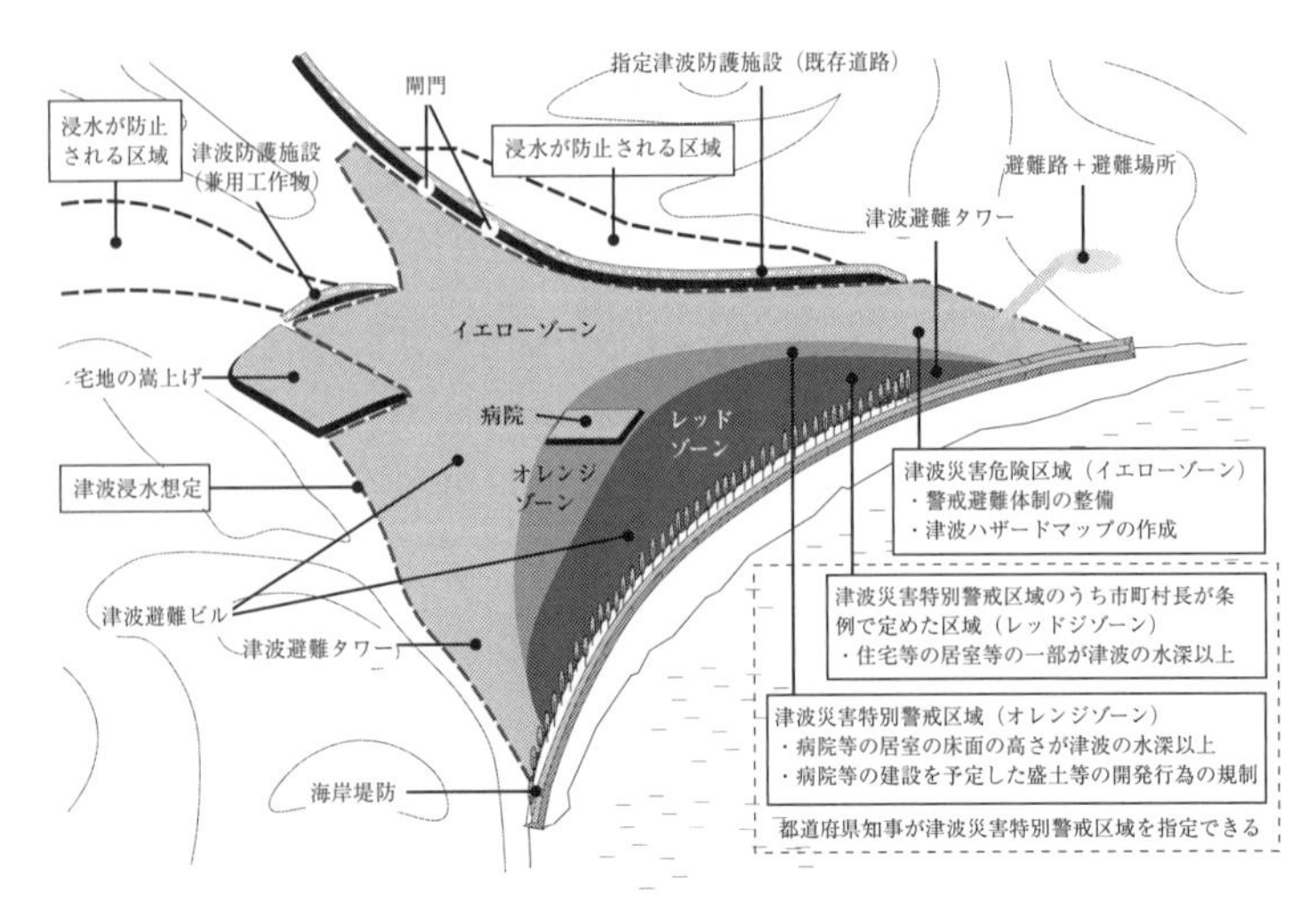

図 9-8　津波防災地域づくり法の概要
出典：国土交通省資料をもとに筆者作成

て政府はL1津波に対しては防潮堤などを設けて被害を出さない「防災」という方針を、L2津波に対しては避難を容易にして犠牲者を最小化する「減災」という方針をたてた（図9-8）。千年に一度の津波を完全に防ぐことは難しいという方針である。この「防災」と「減災」の組み合わせが新しい都市計画であり、「防災の都市計画」に新たに「減災の都市計画」が加わった。

減災の都市計画では、政府と住民、政府と市場の間の災害に関する情報の共有、つまり法と制度の基盤となる情報の共有が重要になる。災害が起きた時に、政府、市場、住民のそれぞれが調整や相談をする時間はないので、それぞれが法と制度を迅速に起動して合理的な行動を組み立てる。法と制度があうんの呼吸でお互いに補いあい、犠牲者が最小化される。こういったことが減災の都市計画の目的であり（逆に、制度をあてにせず法で全てをカバーしようとするのが防災の都市計画である)、そのために正確な情報が常に共有されている必要がある。災害に関する情報をまとめた地図は「ハザードマップ」と呼ばれ、東日本大震災以前は控えめに公開されるものであったが、東日本大震災後は津波被害だけでなく、水害、土砂災害、震災など様々なハザードマップが公開され、減災の都市計画の中心を占めるようになった。こういった情報を手掛かりに、政府、住民、市場が法と制度を迅速に起動できるよう準備することは「事前復興」と呼ばれ、各地で減災の都市計画として取り組まれている[11]。

11 都市構造を変える

建築ストックに目を転じてみよう。阪神・淡路大震災は新耐震建物と旧耐震建物の間に線を引いたが、東日本大震災は新たにどのような線を引いたのであろうか。震災に比べると、津波のリスクは海岸からの距離と高さで決まってくるというわかりやすいものであり、わかりやすいぶん、情け容赦もない線を建築ストックの山の中に引いていった。

東日本大震災のあまりにも巨大な被害を受けて、政府はかつてから懸念されていた巨大津波の被害想定をやりなおすこととした。考えうる最大級の、千年に一度のL２津波の被害想定である。巨大津波の予測は例えば平成15(２００３)年の「東南海・南海地震に係る被害想定」のように東日本大震災以前から行われていたが、平成23(２０１１)年以降にそれらは東日本大震災の観測値を踏まえたものに書き換えられていく。例えば平成24(２０１２)年に発表された「南海トラフ巨大地震の被害

図 9-9　徳島県美波町の津波避難タワー

想定」では、10m以上の津波が静岡から九州の太平洋側を短時間で襲い、最大で30万人の死者が出る、という途方もない想定が示された。津波の被害は、地震の震源地、潮位、発生する時間帯によって異なり、地震の発生の仕方にもいくつものパターンがある。被害想定はそのうちのいくつかのパターンを並列に示すというものであったが、いずれの想定も人々の肝を冷やすものだった。

危険だと名指しをされた地域では、先に述べた通り、防災の都市計画と減災の都市計画が取り組まれる。すなわち、百年に一度の津波を防ぐための防潮堤の建設とあわせて、千年に一度の津波から安全に避難するための取組みが行われる。高台がある地域ではその高台に至るまでの避難路がつくられ、高台がない地域では「津波避難タワー」と呼ばれる避難装置がつくられた（図9-9）。

そしてこうした防災と減災の都市計画が進められる一方で、その地域にある建築ストックには情け容赦のない線が引かれる。それは、低いところ、危険なところに立地する建築ストックに、高いところ、安全なところへの移転を迫

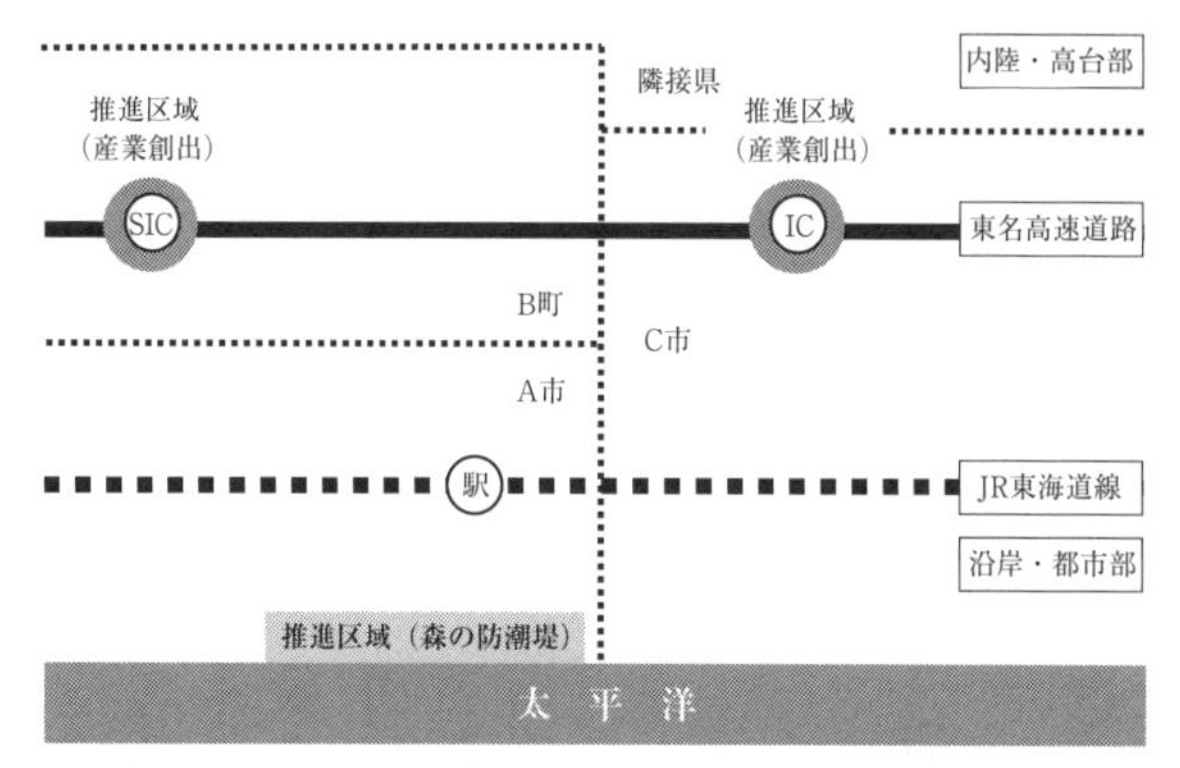

○県内全域への拡大や具体的事業の加速化のため、推進区域を設置
○市町の取組に対する支援を強化した上で、県・市町・民間等が一体となり、防災・減災と地域成長を両立する地域づくりの具体化を推進

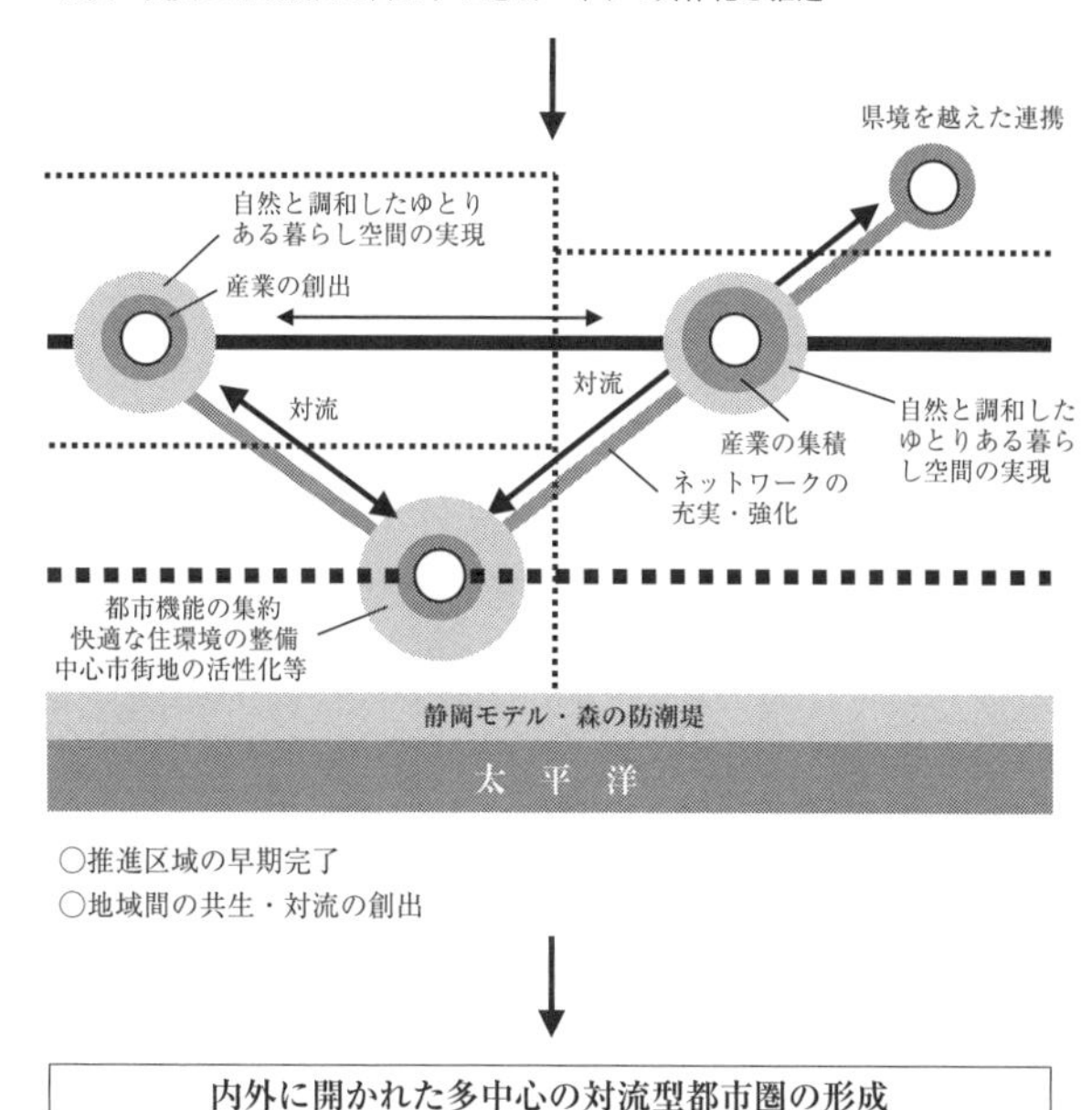

図 9-10　ふじのくにフロンティア構想

る線であった。

例えば太平洋側に長い海岸線を持ち、そこに都市部が集中している静岡県は平成25（2013）年に「内陸フロンティア構想（〝ふじのくに〟のフロンティアを拓く取組）」を掲げる（図9-10）。これは「内陸部の革新」「都市部の再生」「地域連携軸の形成」を掲げるものであり、沿岸の都市部での防災・減災の都市計画を推進しつつ、平成24（2012）年に内陸部に開通した新東名高速道路などの周辺に、都市部から産業などの機能を移転集積し、内陸部と都市部を結ぶ交通基盤の整備を目指すものであった。これを踏まえ沿岸部と内陸部にそれぞれ特区がつくられ政策が推進され、内陸部への産業機能の移転が進んでいる。法が強い強制力をもってこういった政策を推進しているわけではなく、市場と住民に情報を共有し、市場と住民が自分たちで判断し、自分たちの制度を使って移転していく、それらに対する政府の規制緩和や金融支援が行われる、という組み立てである。東日本大震災のあとに新しく引かれた線は、沿岸の都市部にある膨大な建築ストックに値下げ札をつける情け容赦のないものであり、それはダイナミックな都市構造レベルの、あるいは国土軸レベルの変化を引き起こしているのである。

津波災害を例にとって「新たな線引き」を見てきたが、災害は津波災害だけではない。特に平成期の後半に顕在化したのは、豪雨にともなう土砂災害や洪水のリスクである。こういった災害が起きるたびに情報が書き換えられ、それをもとに建築ストックの山に新たな線が書き加えられ、それは建築ストックを更新しながら都市構造を変えているのである。

12 円環を意識する

一方にストック再生の大きな流れがあり、一方でその流れを断ち切るように災害が起き、既存不適格が生み出され、ストックの建替えをせまる。平成期はこの二つの相反する動きが折り合いをつけていく時代であった。そこで発達した災害の都市計画は、災害が起きる、リスクが明らかになる、法が書き換えられる、建築ストックに新しい線を入れる、それにそって法と制度が動員されて建築ストックが建て替えられる、と円環状につらなり、常に変化しているものであった。自然災害リスクは明らかになる＝増える一方で減ることはない。つまりこの変化は不可逆的であり、災害の都市計画はどんどん精緻化していくのである。

この円環は新しいものではなく、昭和の時代から同じことが行われていた。しかし昭和の時代にはあまり大きな災害が起きず、それが大きな円環の一部であることが気づかれていなかった。そして平成期において、何度も起きた災害にあわせて何度も円環が描かれ、私たちはその円環を強く意識するようになった。

この円環は法によってつくられる。そしてそれは私たちが作り出す市場と住民の制度にも影響を与え、制度も円環の一部に組み込まれていく。災害が発生し、新しい法ができると、私たちは鋭敏に反応して制度を発達させることができるようになった。その変化は、近代復興の枠組みをゆっくりと新しい枠組みへと変化させ、防災の都市計画と並行して減災の都市計画を発達させている。災害を忘れることができない状態は不幸なのかもしれないが、私たちは平成期を通じて、災害の都市計画の進化形を、毎日のように発明し続けてきた、といえるかもしれない。

〈補注〉

1 当初は従来の建築基準法の84条に定められていた2ヶ月の建築制限を行える仕組みを使っていたが、2ヶ月では復興のための都市計画を立案できないことが明白であったため、平成7（1995）年2月に緊急立法された。同法に基づく被災市街地復興推進地域が都市計画として決定されることにより、地域内における建物の新築や増築等に都道府県知事の許可が必要となる。

2 1960年代の東京都は、建物が密集している江東区のリスクを認識し、「江東再開発基本構想」を立案して市街地の改造事業を行っていたが、1975年に実施した「地域危険度測定調査」において、江東区だけでないその外側の木造住宅密集市街地にもリスクが広がっていることが明らかになった。以後、木造住宅密集市街地の改善の取組みが行われるようになる。

3 平成17（2005）年の耐震強度偽装事件を論じた五十嵐（2006）は、震災による直接的な災害ではない、間接的な建築の破壊を「見えない震災」と呼んでいる。

4 宮城県ではまず84条に基づく被災市街地における建築制限が指定され、その後、39条に基づく災害危険区域が部分的に指定された。岩手県では被災市街地における建築制限が指定されず、行政が窓口での建築自粛の働きかけをし、その後災害危険区域が部分的に指定された。また、災害危険区域の指定は、後述する防災集団移転促進事業の要件の一つであったため（防災集団移転促進事業を活用した土地は、移転前の土地に災害危険区域を指定しないといけない）、防災集団移転促進事業を活用した区域にやや後付け的に指定されたという側面がある。

5 借り上げ仮設住宅は、従来は被災した都道府県と業界団体が協定を締結し、入居可能な物件を提供し、市町村が募集するというものであったが、「被災者自ら探した物件も借り上げる」という特例措置が設けられた（大水（2017）、菊池（2019））。借り上げ仮設住宅を利用した世帯の動向は米野（2018a、2018b）に詳しい。

6 実績値は内田（2018）および復興庁（2017）を参照した。なおこれらの実績はいずれも、原発被災地を含まないものである。

7　住宅数については復興庁（2019）を根拠とした。なおこれらの住宅数はいずれも、原発被災地を含まないものである。
8　柄谷・近藤（2016）は、陸前高田市で自力で再建した世帯が移転を決定した理由が「①都市計画事業の長期化を避けて早く住宅を再建したい」「②津波への不安を避けたい」の2点であるとしている。
9　朝日新聞（２０１９年５月13日）の報道による。「利用のめどがたたない」71 haとは、42市町村にアンケート調査を行い、「地権者が利用する予定はない」と回答があったものである。
10　チェーンストアが全て被災地の外部からやってきたわけではなく、例えば大船渡市に本社があり岩手県沿岸南部に展開する「マイヤ」のような、被災地の内部で発達していたチェーンストアもあった。
11　阪神・淡路大震災の教訓から事前復興に早くから取り組んでいたのは東京都であり、平成13年に「震災復興グランドデザイン」（東京都（2001））を、平成15年に「東京都震災復興マニュアル」（東京都（2003））を策定している。東京都が想定していたのは、主に地震による倒壊と火災の災害であるが、東日本大震災後に津波や水害災害等が想定される自治体においても取組みが広がっていった。

〈参考文献・資料〉

饗庭伸・青井哲人・池田浩敬・石榑督和・岡村健太郎・木村周平・辻本侑生・山岸剛（2019）『津波のあいだ、生きられた村』鹿島出版会
五十嵐太郎編（2006）『見えない震災——建築・都市の強度とデザイン』みすず書房
大橋雄二（1993）『日本建築構造基準変遷史』日本建築センター
東京都都市づくり公社（編）（2019）『東京の都市づくり通史』東京都都市づくり公社
日本建築学会（1999）『阪神・淡路大震災調査報告　建築編10　都市計画／農漁村計画』日本建築学会
———（2019）『東日本大震災合同調査報告　建築編11　建築法制／都市計画』日本建築学会
日本都市計画学会防災・復興問題研究特別委員会（1999）『安全と再生の都市づくり—阪神・淡路大震災を超えて—』学芸出版社
日本都市計画学会（2015）『東日本大震災合同調査報告　都市計画編』日本都市計画学会

野田北部まちづくり協議会記念誌出版委員会（1999）『野田北部の記憶　震災後3年のあゆみ』野田北部まちづくり協議会
朝日新聞（2019）「津波被害宅地区画整理事業の14％、整地後の利用めど立たず　岩手・宮城・福島」朝日新聞社、２０１９年5月13日
内田浩平（2018）「東日本大震災の津波被災地におけるまちづくり」『Urban Study』Vol.67、民間都市開発機構
大水敏弘（2017）「東日本大震災における応急仮設住宅の特徴～国及び地方公共団体の役割と対策～」『都市住宅学（98）、pp.10-15、都市住宅学会
岡田恒男（2019）（インタビュー）「耐震設計の萌芽から性能設計へ」『建築雑誌』第１３４集・第１７２５号、pp.6-7、日本建築学会
会誌編集委員会・中島直人（2013）「『近代復興』とは何か」『建築雑誌』第１２８集・第１６４２号、p.12、日本建築学会
樺島徹（2019）「東日本大震災復興と都市計画法制」『都市計画法制定１００周年記念論集』pp.297-316、都市計画法・建築基準法制定１００周年記念事業実行委員会（事務局（公財）都市計画協会）
柄谷友香・近藤民代（2016）「東日本大震災後の自主住宅移転再建に伴う居住地の移動と意思決定プロセス」『地域安全学会論文集29（0）、pp.207-217、地域安全学会
菊池雅彦・犬飼武・村上努・村上慶裕・那須基・峰寄悠・勝美直光・佐々木貴弘・安藤詳平（2019）「住宅、都市の復興」『東日本大震災合同調査報告書　土木編8　復興概要編』東日本大震災合同調査報告書編集委員会、pp.48-78、土木学会
東京都（2001）「震災復興グランドデザイン」東京都
――――（2003）「東京都震災復興マニュアル　復興プロセス編　復興プロセス編」東京都
東京都住宅局（1997）「木造住宅密集地域整備プログラム」東京都住宅局
東京都都市整備局（2016）「防災都市づくり推進計画（改定）」東京都都市整備局
復興庁（2017）「公共インフラの本格復旧・復興の進捗状況」
松本英里・姥浦道生（2015）「東日本大震災後の災害危険区域の指定に関する研究」『都市計画論文集』50巻3号、pp.1273-1280、日本都市計画学会

米野史健（2018a）「岩手県の借り上げ仮設住宅における退居及び居住地移動の実態」『日本建築学会計画系論文集』７４６、pp.717-723、日本建築学会
———（2018b）「宮城県の借り上げ仮設住宅における入退居時の市町村間移動の実態」『日本建築学会計画系論文集』７４８、pp.1091-1098、日本建築学会
静岡県「〝ふじのくに〟のフロンティアを拓く取組」静岡県、http://www.nf.pref.shizuoka.jp/、２０２０年４月最終閲覧
野田北ふるさとネット（2018）「野田北ふるさとネット」www.nodakita-furusato.net、２０１８年８月最終閲覧（リンク切れ）
復興庁（2019）「住まいの復興工程表〔令和元年９月末現在〕」、復興庁、https://www.reconstruction.go.jp/topics/main-cat1/sub-cat1-12/20191112121555.html、２０２０年４月最終閲覧
野田北部を記録する会（製作）、青池憲司（監督）（2000）「阪神大震災　再生の日々を生きる」映像

第10章 せめぎ合いの調停——土地利用の都市計画

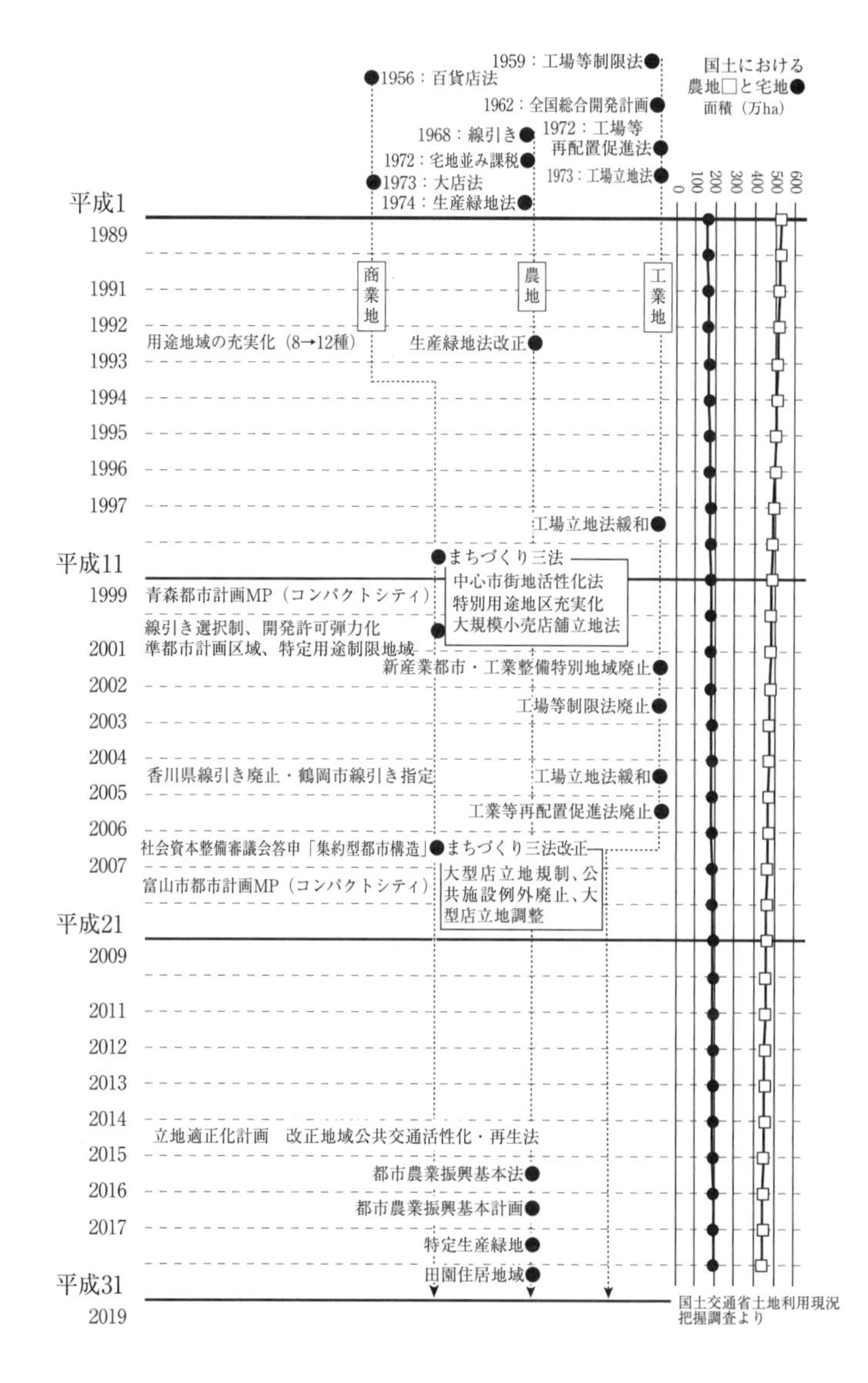

1　頂点の風景

平成17（2005）年にgoogle earthが公開され、平成22（2010）年には世界で初めてのドローンが販売された。どちらも、私たちに都市や地域を動的に俯瞰するという新しい視点を与えたものである。それまでに、目の高さから都市を眺めるという視点、航空写真によって真上から都市を眺めるという俯瞰的な視点は存在したが、この二つの革命的なツールによって私たちが手に入れた視点は、斜め上から自由自在に都市に近づいたり、離れたりするという第三の視点である。

この視点を使って、平成期の最後の都市を眺めてみることにしよう。

住宅地から少しずつ上がって見てみよう。4階建てくらいの高さ、15メートルほどの高さにあがると、近隣が見渡せ、そこでの人の動きや車の動きが見えるはずだ。少しは空き家や空き地があるかもしれないが、律儀に道路に面したそこそこの密度の住宅地が広がっている。かつてウサギ小屋などと揶揄された住宅は決して大きなものではないが、それでも4人から5人の家族が一人ひとりの個室を持てる程度の豊かなものではある。

中心地に目をやってみよう。もしかして中心地がわからなくなっているかもしれないが、商店街があったり、駅があったりするあたりだ。そこには昭和40年代に栄えた商店街があったが、店主の高齢化や廃業にともなって店舗が閉まってしまった。かつてはたいそう賑わい、都市の人々の生活を支えていたが、もう機能を失っている。商店の跡地は駐車場になったところもあれば、無駄も余裕もないすっきりした集合住宅になったところもある。

戦災にあっていない都市であれば、江戸時代や明治時代につくられた古い商家の町並みが残っているかもしれない。漆喰の壁が修復されたり、落ち着いた色の敷石が敷かれて歴史的な景観が整備された町並みもあるだろう。そこに観光客の人波を見ることができるだろうか。その一方で歯が抜けるように町並みの一体性が崩れ、新しい建物が混在しているところもある。

商店街にかわって人々の暮らしを支える商業施設を探してみよう。まずスーパーマーケットと呼ばれるそこそこ大きな店舗があちこちにあるはずだ。それは都市の縁辺部ではなく、住宅地の近くや駅前のやや広い道路沿いにあることが多い。カートを引っ張った近所の人たちが日々の買い物に訪れており、自動車で乗り付けて食材をまとめ買いする人もいる。

しかしスーパーマーケットですら若い人にとっては馴染みのない古ぼけた場所かもしれない。コンビニエンスストアとショッピングモールを探してみよう。コンビニはあらゆるところに立地している。どの店にもひっきりなしに客が出入りしており、都市にコンビニが不要だなんて唱える人はいないだろう。都市の縁辺部や大規模な工場の跡地にはショッピングモールと呼ばれる巨大な商業施設がある。商店街の全てとスーパーマーケットを足し合わせたものよりも大きく、そのまわりにつくられた巨大な駐車場に自動車がひっきりなしにやってきて人々が中に吸い込まれていく。映画館も備えたそれは、ちょっとした都市といってもよく、人々はそこで飽きることなく1日を過ごすことができる。幹線道路沿いには、カテゴリーキラーと呼ばれる巨大な専門店がある。洋服の専門店、靴の専門店、スーツの専門店、大工道具の専門店、薬の専門店、ピザの専門店など、さながらそれは自動車でまわる商店街である。そして中心部の商店街と同様、そこここに空き店舗が見えるようにもなってきた。

少し視点をずらして、これらの商業施設の周辺を見てみよう。たくさんの行儀がいい、整えられた住宅が地を埋め尽くすように建ち並んでいるが、よく見ると空き家や空き地がポツポツと出ているところがある。住宅は同じように見えて、細かなところが少しずつ異なり、近くに寄って丁寧に見るとそれがいつごろに建てられたのかを想像することができる。古ぼけたモルタルが塗られた建物は昭和40年代、50年代のもの、明るい茶色のタイルがあしらわれた無国籍風の住宅は平成の前半から中盤に建てられたものだ。都市は中心から外側に広がっていったので、外に行けば行くほど、新しい意匠をまとった住宅が建っている。

中心地から離れれば離れるほど、住宅の密度はだんだんと下がり、農地の存在感が増す。都市に農地が混ざり込んでいる風景は、やがて農村に宅地が混ざり込んでいる風景へと変化していく。水を張った田圃、野菜をつくる畑、梨や林檎の果樹園、そしてところどころにある放棄された農地に囲まれるようにして農村集落があり、そこに真新しい住宅が5軒、10軒とまとまって混ざり込んでいる。真新しい自動車が2台とまっており、家の前に一輪車が投げ出してあることをみると、そこには若い家族が暮らしているようである。

農業だけでは人々が食べていくことができなかったので、多くの都市は工業を育てたり誘致したりした。市街地から少し離れたところ、あるいは川のそば、あるいはインターチェンジのそばを見てみよう。そこに「工業団地」と呼ばれる、工場が集積した地域がある。広い敷地に一つずつ工場が建っているが、近寄ってみると業種は雑多であることがわかる。精密機械の部品をつくっている工場の隣がお弁当の工場だったり、その隣が荷物の配送センターだったり、お互いに何の脈絡もない工場が並んでいる風景がそこにあるはずだ。

最後に視点を引き上げ、都市全体を眺めてみよう。住宅地、商業地、工業地の外側に農地があり、さらにその外側に山林や海といった自然がある。この風景は、つまらなく、個性もなく、美しくもないかもしれないが、さりとて決定的に不幸な風景でもない。人口は平成20（２００８）年に最大となったので、見えているものは「頂点の風景」とも呼ぶべき、我が国の都市が最大であったころの風景である。それは平成期、つまり頂点に向かう最後の20年間と、頂点を過ぎてからの最初の10年間に、住宅地、商業地、工業地、農地の４つの空間と自然がせめぎ合いながら作り出した風景でもある。そのせめぎ合いを調停した都市計画を「土地利用の都市計画」と呼ぶ。それがどのようにはたらいてきたのかを見ていこう。

2　4つの空間と自然

国土は４つの空間と自然で構成されている（図10－1右）。都市は、人々が暮らしと仕事を組み立てるために作り上げてきたものである。住宅地は暮らしのための空間と、商業地、工業地、農地は仕事のための空間と言い換えることもできる。仕事のための空間を有名なクラークの産業分類に合わせて言い換えると、商業地は第三次産業の空間、工業地は第二次産業の空間、農地は第一次産業の空間である。国土からこれらの空間を引き去ったものが自然である。

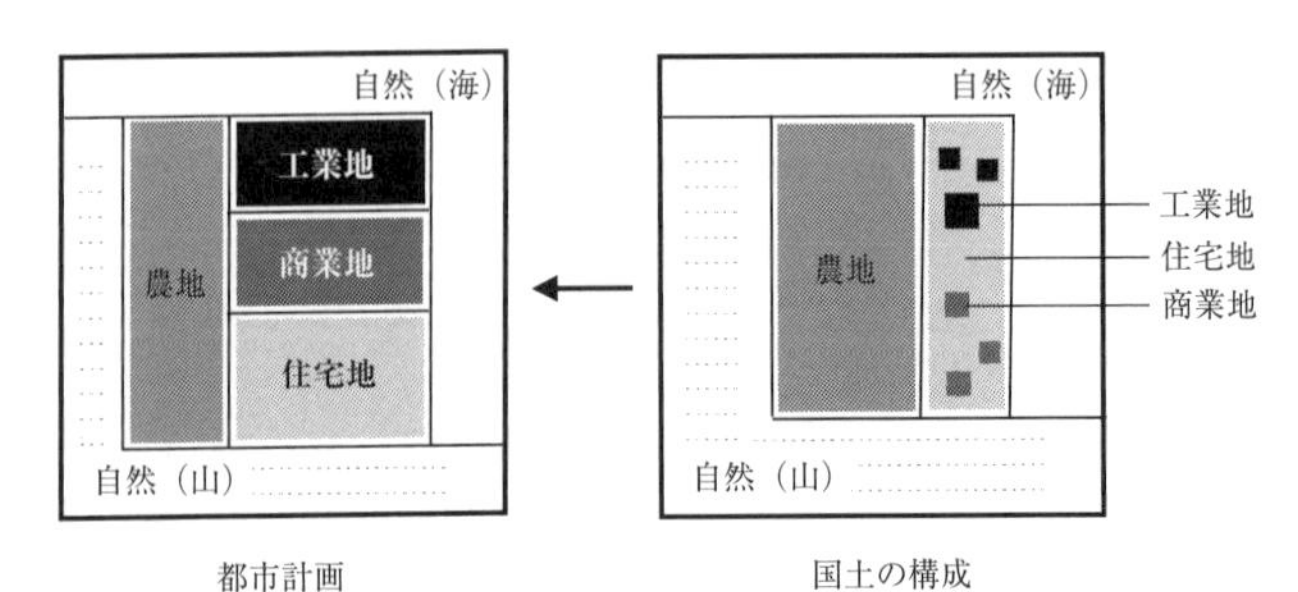

図 10-1　国土の構成と都市計画

4つの空間と自然は、限られた国土の中で常にせめぎ合っており、土地利用の都市計画はそのせめぎ合いを調停しながら、都市の空間を整えてきた。せめぎ合いをつくりだしているのは人々の意思である。豊かな暮らしをしたいと考える人は大きな住宅を、豊かな仕事をしたいと考える人は大きな商店、大きな工場、大きな農地を必要とする。その意思は、本書で言うところの住民の制度と市場の制度を作り出し、せめぎ合いは、こういったより豊かな暮らしをしたい、より豊かな仕事をしたいという制度がぶつかる中で生まれる。

せめぎ合いには2種類がある。例えば戸建住宅とタワーマンションのせめぎ合いのように、それぞれの4つの空間の内部におけるせめぎ合いと、4つの空間と自然のそれぞれ同士のメタなせめぎ合いである。どちらのせめぎ合いにおいてもそれを調整するように制度が勝手に育つことは難しい。そこに法としての都市計画が、制度のせめぎ合いを調停する仕組みとして発達した（図10-1左）。平成期にその調停の仕組みがどのように育ったのだろうか。まずは調停の対象となる4つの空間の制度と自然がそれぞれどのような振る舞いを持っているのか、進化と新陳代謝の速さに注目して見ていくことにしよう。

（1）商業地の制度

商業地の進化は速く、新陳代謝も激しい。昭和30年代、40年代に全盛を誇った商店街は平成期の間にすっかり廃れ、代わってスーパーマーケットやコンビニエンスストアやカテゴリーキラーが小売業の主役になる。スーパーマーケットとて安定した形態ではなく、それをはるかに超える規模のショッピングモールが増え、それらも平成期に急成長したインターネットを通じた通信販売に取って代わられつつある。このめまぐるしさの理由は、商業の進化が競争によって引き起こされているからである。進化は先行するライバルの弱点を見つけ、それを徹底的にたたくことで成功する。

その進化はどこで起きているのか。仕入れの方法や品揃えはもちろんであるが、都市計画の視点から重要なのは、店舗の立地、規模、そして進化の速度の違いである。

自動車交通の発達により、それまで商業が立地しなかったようなところに、それまでになかった規模で商業地がつくられ、それが古い商業地を打ちのめし、商業の地図を塗り替えていく。古い商業地の一つひとつの商店は家業によって担われていることが多く、家族の制度と相互に依存しあっていた。そのことが商店街の持続性に寄与していたわけだが、新しく進化した商店はそこに「経営」を持ち込み、家族の制度との依存関係を排除して持続性をなくし、経営の効率化によって進化の速度を上げ、競争に打ち勝てるようにした。かつての商店街は変化が遅くわかりやすいものであったが、平成期において進化と新陳代謝の速度が速くなり、土地利用の都市計画はその目まぐるしい変化を調停しないといけなくなったのである。

（2）工業地の制度

商業地の進化と新陳代謝はある程度パターン化が可能だが、工業地の進化と新陳代謝はより複雑である。商業の「売るもの」の多様さに比べて、工業で「作るもの」のほうが圧倒的に多様だからだろう。例えばスマートフォンは1000の部品で構成されており、その後ろにはそれらを製造する1000の工場があるということだ。平成期における家電、通信機器、自動車、建材……とプロダクトの進化を見るだけで、工業の進化と新陳代謝が目まぐるしかったことは想像に難くない。そしてその速さに合わせて工業地が使われたり、使われなくなったりするのである。

そこに法則はあるのだろうか。日本国内だけでなく、世界の地勢の中で立地を決定している企業もある。川や海のそばの立地を重視する企業もあれば、インターチェンジなどの流通の拠点を重視している企業もある。労働者の確保を重視している企業もあれば、親会社との関係を重視する企業もある。このようにいくつかの条件は明らかであるが、問題はこれらの条件の優先順位や組み合わせ方が企業によって異なり、工業の動向が不確実であるということである。

（3）農地の制度

農地の進化と新陳代謝はここまでの二つの空間にくらべると格段にゆっくりとした変化の仕組みを持っている。どういう作物を育てるのかという進化はあるが、農地の場所が変わることはない。それは農業が土地と分かち難く結びついた産業であるからだ。さらに、古い商業地と同様に、農業は家族の制度とも固く結びついて発達した。しかし商業地と違うのは、平成期の間にもほとんどその関係が解けることがなかったことである。「商家」という言葉は平成期の終わりになりつつあるが、「農家」という言葉がいまだ使われていることからも明らかであろう。家族の制度は近代以前から農業を安定させるために使われてきており、それは近代化から150年がたっても強く残っている。土地利用の都市計画が調停するのも、住宅地と農地の関係ではなく、その実態は、顔のない住宅地と顔のある農家の関係であった。

このように、農地の変化は土地と家族の二つに規定されるが、そのうちの家族の変化によって（たとえば跡取りがいないという問題によって）、農地から別のものにあっさりと変化をする。そして農地の特徴はこの変化が不可逆的であることである。農地が住宅地や工場地に変化することがあっても、住宅地や工場地が農地に変化することはない。農地は進化の速い他の空間とのせめぎ合いで負け続け、ゆっくりと減っていくのである。

（4）住宅地の制度

商業地と工業地に比べて進化も新陳代謝も遅く、農地に比べると速いのが住宅地である。住宅地を構成するのは住宅であるが、そこには戸建て住宅とアパートとマンション程度のバリエーションしかなく、それぞれの広さ、設備の進化はあるものの、本質的な進化は起こりにくい。そして住宅のストックとしての寿命は30～40年であると言われており、住宅地の新陳代謝はゆっくりである。身の回りを見渡してみても、何十年も近隣住民の顔ぶれが変わらないことがあるだろう。その新陳代謝は言うまでもなく家族の制度に規定されており、30～40年という時間も、多くの人たちの結婚、出産、子供の独立、高齢化、単身化、死去といった家族構成の変化の周期を平均したものだ。

（5）自然

我が国は温帯から亜熱帯にかけて国土があるため、植物があっという間に繁茂する。空き地を放置しておいたらあっという間に腰の高さまで雑草が生えていた、放棄された農地が数年後には周辺の自然と見分けがつかなくなったといった経験をしたことがある人も多いだろう。植生には「遷移」という概念がある。人の手が加わらなければ、長い時間をかけて植物の構成が変化し、やがて「極相」とよばれる安定した状態に変化していくことを指す。住宅地、商業地、工業地、農地から私たちが手を離したその瞬間から、遷移は始まる。極相に至るまでは何十年という単位の時間がかかるが、そこに至るまで、ゆっくりと変化し続けるのが自然である。急な、一度限りの変化ではなく、小さな変化が起こり続けているのが自然の変化であり、さらには人々がその気になれば、その変化をあっさりと無かったことにして、住宅地、商業地、工業地、農地にできる。つまり変化は可逆的である。

これらの進化と新陳代謝の速さが異なる4つの空間と自然のせめぎあいを調停してきたのが土地利用の都市計画である。その調停には「用途純化」という理念があり、150年間の歴史の中で、土地利用の都市計画は基本的にはそれぞれの空間と自然が混ざらないように調停してきた（図10－1左）。住宅地と工業地が混ざってしまうと公害が発生する。商業地と住宅地も騒音などの問題が起きてしまう。そして、住宅地の拡大、工業地の拡大、商業地の拡大の力を受けて、海を埋め立て、山を削り、農地を減らして都市に変化させることも都市計画が調停してきた。図10－1の右の状態から左の状態へと4つの空間と自然の関係を調停していったのである。では次に、土地利用の都市計画がどのような法によって構成されているのか、平成期が始まったころの組み立てを見てみよう。

3　土地利用の法

国土の中でなんの制約もなく都市が広がってきたわけではない。海の上に都市をつくることは簡単なことではないし、山を削ることも困難さをともなう。川の反対側に都市を広げるためには橋が必要だし、砂地や沼地のように建物を建てることが難しい土地もある。言わば自然が無言で空間のせめぎ合いを調停してきたのである。

しかし自然だけでは細かい調停が難しい。自然を改変する技術が進化し、自然による調停を破って都市が出来るようになったからであるし、そもそも住宅地、商業地、工業地の関係は、自然では調停することができないからだ。そこで自然に加え、人為的な区域をさだめてせめぎ合いを調停するために定められるのが土地利用の都市計画である。そこには「土地利用基本計画」「都市計画区域」「区域区分」「地域地区」の4種類の法が準備されており、その法が土地の状況にあわせて組み合わされる。それぞれの関係にも注意しながら、順に解説していこう。

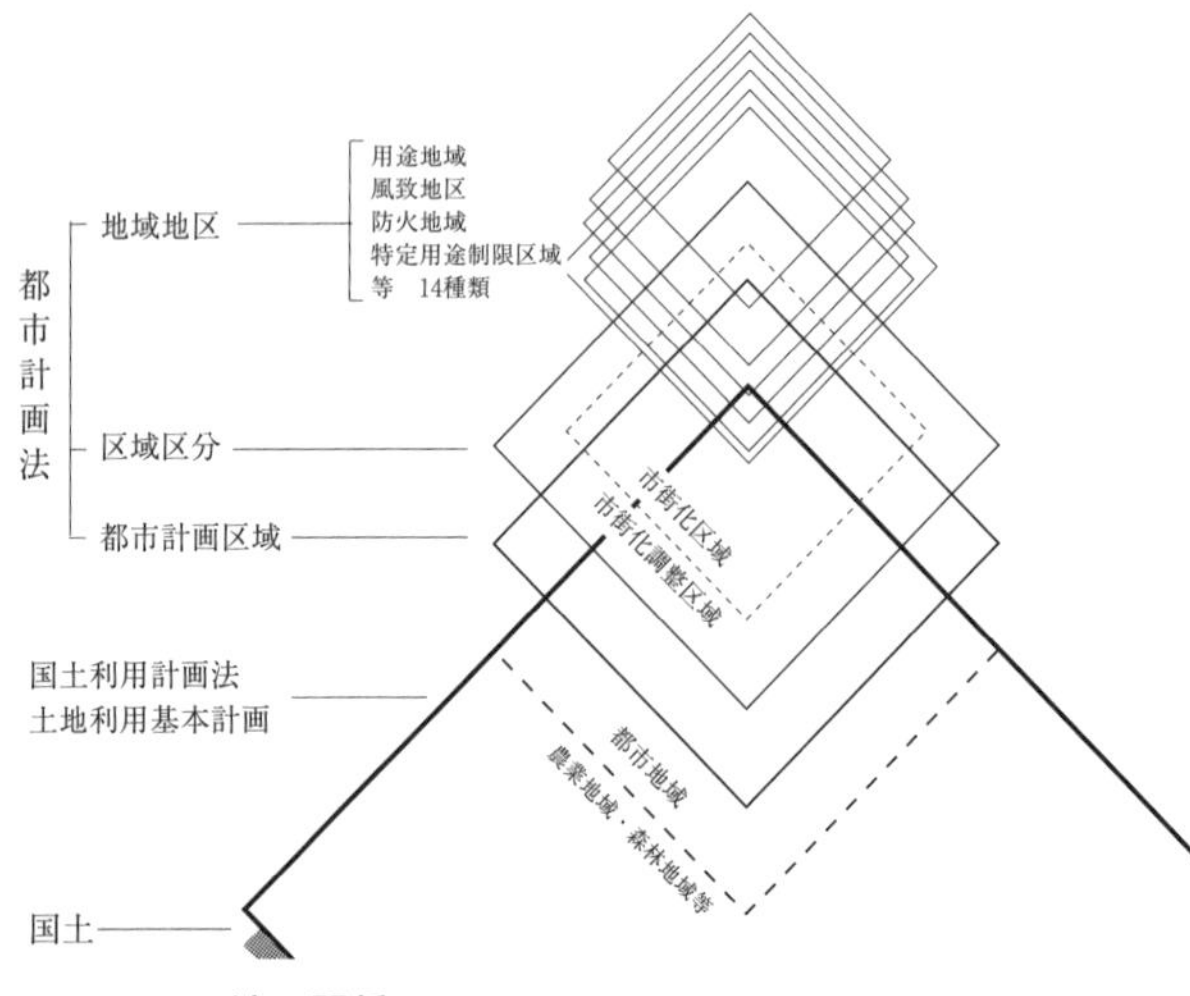

図 10-2　4つの法の関係

(1) 土地利用基本計画

土地利用基本計画は都市計画法のさらに上位にくる国土利用計画法に基づく計画である。都道府県が定めるもので、国土を「都市」「農業」「森林」「自然公園」「自然保全」の5つの地域に区分するものであり、定義は異なるが図10-1で示したくらいの大雑把さで国土を分けるものと考えればよい。

しかし、例えば土地利用基本計画で「農業」と区分されたからといって、そこに都市の建設が禁止されるわけではない。国土利用計画法には具体的な規制や誘導の方法が定められておらず、規制や誘導の方法は別の法に定められている。土地利用基本計画はあくまでもそれぞれの法が適用される範囲を決めるという役割を持っているにすぎない。そして土地利用基本計画における「都市」の規制や誘導の方法を定めるのが都市計画法である。

（2）都市計画区域

都市計画法では、土地利用基本計画で区分された「都市」の区域に対応させて、都市計画区域が定められる。都市に暮らしていると、国土の全てが都市であり、どこでも都市計画が立てられていると錯覚してしまうが、都市計画は都市計画区域の中でしか機能しない。都市計画区域の外側に建つ建物には都市計画の規制が適用されないし、そこで土地区画整理事業が行われることもない。都市計画区域は全ての国土の27・1％にすぎず、例えば東日本大震災の被災地もその大半は都市計画区域外であり、前章であげた点・線・面の手法のうち土地区画整理事業は使うことができない。

（3）区域区分・線引き

土地利用基本計画では自然と農地と都市を分けるが、その大雑把さゆえに都市にも農地が多く含まれている。都市計画区域における都市と農地を分け、一方を市街化する区域に、一方を市街化を抑制する区域に分ける法が「区域区分＝線引き」である。昭和43（1968）年にはじまったもので、都市を「市街化区域」と「市街化調整区域」に分け、「開発許可」という仕組みと合わせて都市と農地を調停するものである。

都市に人が押し寄せて、農地が際限なく都市化してしまうと、そこに劣悪な都市空間がつくられてしまう。線引きと開発許可は、立地基準と技術基準という二つの基準でもって都市拡大の圧力を飼い慣らし、良好な都市空間をつくっていくものである。立地基準は「ここにつくってはいけない」という基準で、市街化調整区域に適用される。技術基準は「つくるのであればこのような都市空間をつくらなくてはならない」という基準であり、市街化区域と、立地基準をクリアした市街化調整区域における開発に適用される。

線引きは都市計画区域の全てに定められるものではなく、それが定められているのは全ての都市計画区域の51・2％、全ての国土の13・9％である。一度決めてしまったら二度と変えられないものではなく、人口の動向などをもとに5年ごとに細かく見直される。

（4）地域地区

地域地区は都市における住宅地と商業地、工業地の関係を調停する法である。現在は14種の地域地区があるが、その基本は何と言っても「用途地域」と呼ばれる地域地区である。これは地域を定めてそこに建ててよい建物の用途と形態を規制するものである。平成期が始まったころには8種類の用途地域があり、平成期途中に12種類に、平成期の末期に13種類に細分化していった。

用途地域も都市計画区域の全てに定められるものではなく、それが定められているのは全ての都市計画区域の18・2％、全ての国土の4・9％である。線引きとの関係でいうと、線引きを行った場合は市街化区域に用途地域を定めなくてはならないが、線引きをしていないところに用途地域を定めることもできる。

（5）法の組み合わせ

これらの法が組み合わされて土地利用の都市計画が構成されているが、都市計画区域、線引き、用

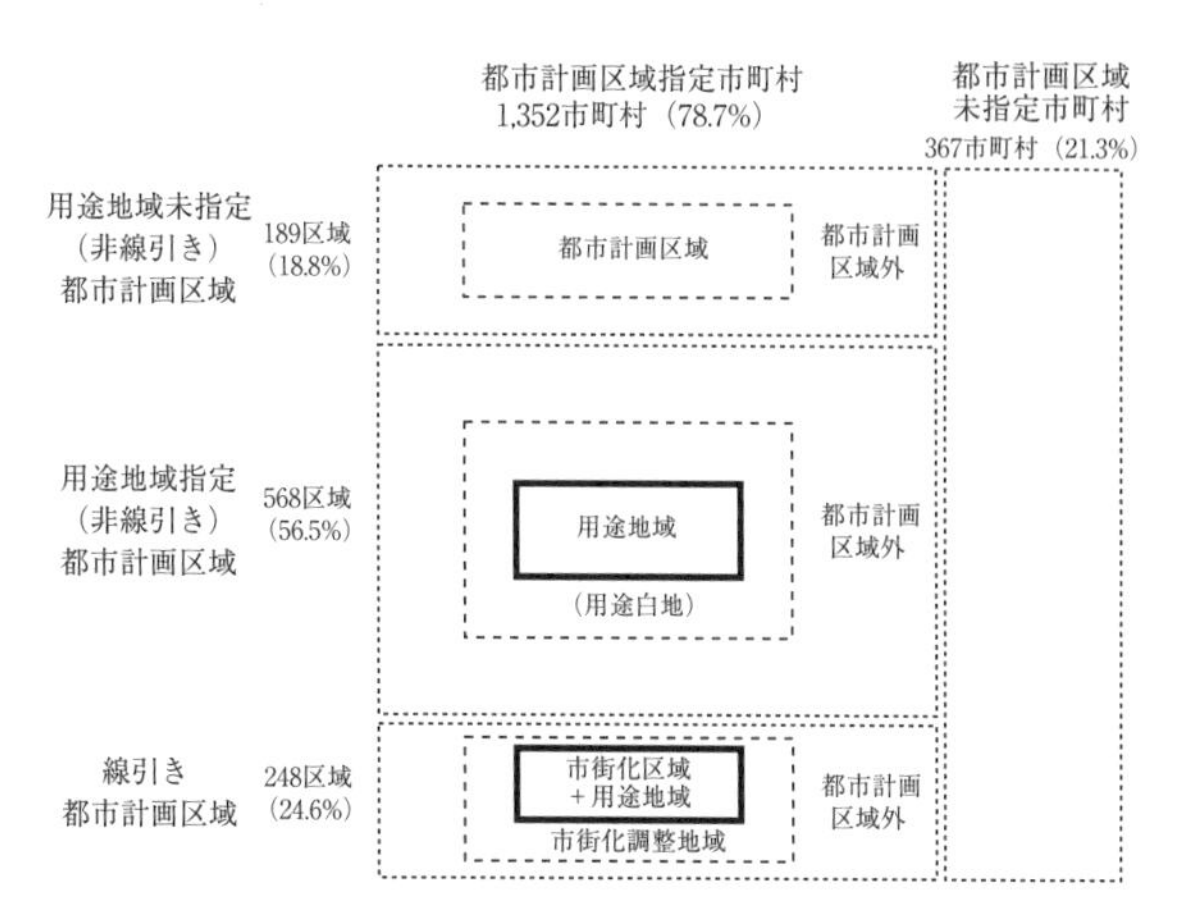

図 10-3　都市計画区域のタイプと指定状況

出典：川上（2010）の枠組みを使い、筆者作成。市町村数、都市計画区域数は平成 30 年 3 月 31 日現在の数値に修正した。

途地域が全ての都市に定められているわけではない。川上（2010）はそれを4つの組み合わせに整理している（図10−3）。都市計画年報（国土交通省（2018））の最新のデータを使ってそれぞれの割合を見ておくと、一つ目の組み合わせは都市計画区域が指定されていない市町村であり、全体の21・3％（367市町村）がこれにあたる。[1] 残る78・7％（1352市町村）の都市計画区域が指定されている市町村には、1005の都市計画区域が指定されている。[2] そのうち用途地域と線引きの両方が指定されている都市計画区域が24・6％（248区域）、用途地域だけが指定されている市町村が56・5％（568区域）、用途地域も線引きも指定されていない市町村が18・8％（189区域）である。

（6）法の使われ方の変化

同じく都市計画年報のデータを使って、それぞれの法の使われ方の大きな変化も見ておこう。昭和43

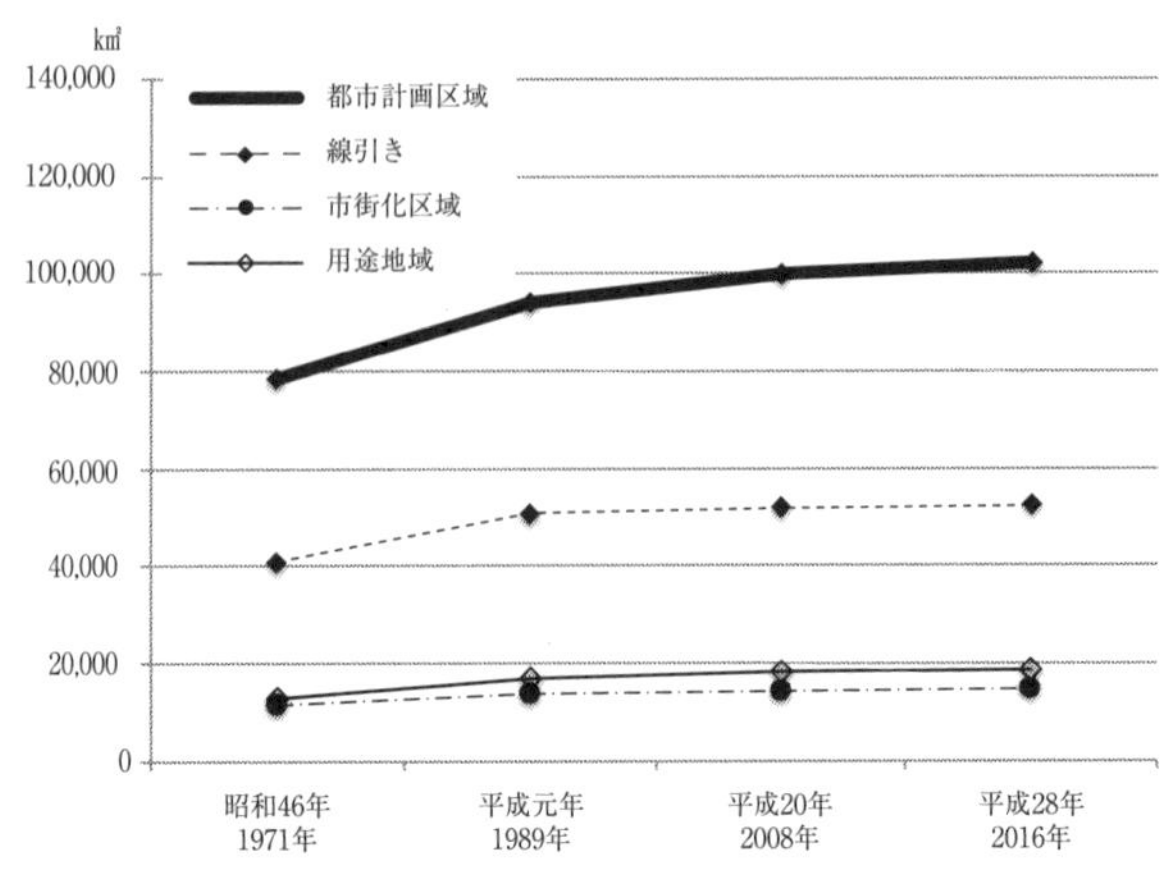

図10-4　４つの法の変化

（１９６８）年に創設された線引きの指定作業が終わった昭和46（１９７１）年のデータを起点にして、そこから平成元（１９８９）年までの18年間、人口が最多となった平成20（２００８）年までの20年間、最新の都市計画年報が公開されている平成28（２０１６）年までの8年間の変化である。

都市計画区域は昭和46年には7万８５８４㎢であり、平成元年には9万３９２４㎢に、平成28年には10万２３２８㎢へと増えていく。平成期の増加の理由は、自動車交通の発達などにより、国土のあちこちに都市的な土地利用が展開し、広い範囲で農村や自然とのせめぎ合いを調停しなくてはならなくなったからである。山奥にできたインターチェンジのすぐそばに巨大なショッピングモールができた、流通の拠点ができたという例に思い当たる人もいるだろう。

線引きは昭和46年に4万９２３㎢が指定され、平成元年には5万７４１㎢にまで広がるが、平成期の末は5万２４１５㎢にとどまる。平成期の間にはほとんど広がらなかったということである。そのうち市街化区域は当初は1万1414㎢が指定され、平成元年には1万3672㎢に増えるが、平成期の末には1万4569㎢とこれも平成期にはほとんど広がっていない。

用途地域は昭和46年に1万2706㎢が指定され、平成元年には1万7113㎢に、平成期の末には1万8654㎢へと変化する。線引きがない都市計画区域にも指定されるので市街化区域よりは広い面積をカバーしているが、やはり平成期の間には殆ど広がらなかった。

このように都市計画区域は広がったが、線引きと用途地域の広がりには変化がなかったのが平成期の変化である。線引きと用途地域の面積がほとんど広がらなったことの理由は、人口増加の圧力が鈍化したからだろう。平成期において、自然や農地と都市のせめぎ合いを調停する都市計画区域が広げられた一方で、都市計画区域内の農地と住宅地と商業地と工業地のせめぎ合いについては、平成元年時点に定められた区域の内部の規制を変化させることで土地利用の都市計画が組み立てられたということである。

ではいよいよ、平成期における個々の法の変化を見ていこう。おおよそ時間軸にそって平成期の土地利用の都市計画の変化を解説しながら、それがどのようなせめぎ合いの変化を引き起こしたのかを見ていく[3]。

4　用途地域の充実化

1回目の変化は、バブル経済崩壊後に行われた平成4（1992）年の用途地域の充実化である。それはバブル経済期に問題となった地価高騰を防ぎ、乱開発から住宅の空間を保護する、という意図を持つものであった。具体的にはそれまでの8種類の用途地域のうち、住宅に関する3種類の用途地域を7種類へと細かくし、合計で12種類の用途地域にするという変化である。きめの細かい規制によって住宅を保護することが意図された。

バブル経済の中心にあったのは不動産開発であったが、特にその中心にあったのがオフィスや商業空間など商業地の開発であった。その舞台となったのは、大規模な工場跡地だけでなく、すでに人々が暮らしていた住宅や商業が混在した市街地であった。地上げにより穏やかだった住宅地に突如として巨大なオフィスビルや商業ビルができる、住宅地と商業地の軋轢があちこちで起きていたのである。用途地域の充実化の目的は、この軋轢の調停であった。

この軋轢はどのように調停されていったのか、その後の平成期を見ておこう。平成期の間に住宅地はどんどん増えていった。ドーナツ化現象に悩まされていた東京をはじめとする大都市では、都心回帰現象が平成12（2000）年ごろから見られるようになる。高度経済成長期からバブル経済期にかけて商業地に占拠されていった都心に集合住宅が建ち、減少する一方だった人口が増加していくという現象である。これは用途地域の細分化の効果ではないかと考えてしまうが、用途地域は定められた用途を積極的に作り出すような能動的な都市計画ではなく、そこで用途が適合しているかをチェックする受動的な都市計画であるので、住宅系の用途地域が増えたから住宅地が増えたという理解は正しくない。バブル経済期において、オフィスや商業空間の開発で失敗した開発業者が、住宅という堅実な商品（＝高く売れるわけではないが、誰もが欲しがる商品）へと開発の軸足を移していったという理解が正しい。バブル経済崩壊によって地価が下落し、オフィスに比べて相対的に販売価格が安い住宅であっても利益が出るようになったことも住宅の開発を後押しした。第6章や第7章で述べた通り、タワーマンションをはじめとする集合住宅が多くつくられていき、バブル経済崩壊のあと少しだけ落ち込んだ住宅の建設は、やがてそれまでの調子を取り戻す。そして用途地域はこれらの住宅地と商業地、住宅地と工業地の関係をさばき続けたのである。

しかし皮肉なことに、住宅地は勢い余って、住宅があまり想定されていない用途地域にまで進出していった。**図10-5**は用途地域に建てられる用途をまとめた表であるが、住宅は工業専用地域を除く12種の用途地域のどこにも建てることができる。それは用途地域が誕生した時から、住宅地が商業地や工業地から守るべき庇護の対象だったからである。用途地域において住宅地に商業地や工業地が進出することは厳しく制限されていたが、商業地や工業地への住宅地の進出にはほとんど制限がなかった。商業地の商業者、工業地の工業者は、ひたひたと迫ってくる住宅地に怯えることになる。既に述べた通り住宅の寿命は長く、一度つくられるとなかなか新陳代謝が起きない。そしてそこで暮らす人たちは、商業地や工業地に対して騒音がひどい、異臭がする、危険であるといった攻撃を始めることがある。それに押されるようにして、新陳代謝が速い商業地や工業地が駆逐されていったのである。

	用途地域内の建築物の用途制限 ○　建てられる用途 ×　建てられない用途 ①、②、③、④、▲、■：面積、階級等の制限あり	第一種低層住居専用地域	第二種低層住居専用地域	第一種中高層住居専用地域	第二種中高層住居専用地域	第一種住居地域	第二種住居地域	準住居地域	田園住居地域	近隣商業地域	商業地域	準工業地域	工業地域	工業専用地域	備考
住宅、共同住宅、寄宿舎、下宿		○	○	○	○	○	○	○	○	○	○	○	○	×	
兼用住宅で、非住宅部分の床面積が、50㎡以下かつ建築物の延べ面積の2分の1未満のもの		○	○	○	○	○	○	○	○	○	○	○	○	×	非住宅部分の用途制限あり。
店舗等	店舗等の床面積が150㎡以下のもの	×	①	②	③	○	○	○	①	○	○	○	○	④	① 日用品販売店舗、喫茶店、理髪店、建具屋等のサービス業用店舗のみ。2階以下 ② ①に加えて、物品販売店舗、飲食店、損保代理店・銀行の支店・宅地建 物取引業者等のサービス業用店舗のみ。2階以下 ③ 2階以下 ④物品販売店舗及び飲食店を除く。 ■農産物直売所、農家レストラン等のみ。2階以下
店舗等	店舗等の床面積が150㎡を超え、500㎡以下のもの	×	×	②	③	○	○	○	■	○	○	○	○	④	
店舗等	店舗等の床面積が500㎡を超え、1,500㎡以下のもの	×	×	×	③	○	○	○	×	○	○	○	○	④	
店舗等	店舗等の床面積が1,500㎡を超え、3,000㎡以下のもの	×	×	×	×	○	○	○	×	○	○	○	○	④	
店舗等	店舗等の床面積が3,000㎡を超え、10,000㎡以下のもの	×	×	×	×	×	○	○	×	○	○	○	○	④	
店舗等	店舗等の床面積が10,000㎡を超えるもの	×	×	×	×	×	×	×	×	○	○	○	○	×	
事務所等	事務所等の床面積が150㎡以下のもの	×	×	×	▲	○	○	○	×	○	○	○	○	○	▲2階以下
事務所等	事務所等の床面積が150㎡を超え、500㎡以下のもの	×	×	×	▲	○	○	○	×	○	○	○	○	○	
事務所等	事務所等の床面積が500㎡を超え、1,500㎡以下のもの	×	×	×	▲	○	○	○	×	○	○	○	○	○	
事務所等	事務所等の床面積が1,500㎡を超え、3,000㎡以下のもの	×	×	×	×	○	○	○	×	○	○	○	○	○	
事務所等	事務所等の床面積が3,000㎡を超えるもの	×	×	×	×	×	○	○	×	○	○	○	○	○	
ホテル、旅館		×	×	×	×	▲	○	○	×	○	○	○	×	×	▲3,000㎡以下
遊戯施設・風俗施設	ボーリング場、スケート場、水泳場、ゴルフ練習場等	×	×	×	×	▲	○	○	×	○	○	○	○	×	▲3,000㎡以下
遊戯施設・風俗施設	カラオケボックス等	×	×	×	×	×	▲	▲	×	○	○	○	▲	▲	▲10,000㎡以下
遊戯施設・風俗施設	麻雀屋、パチンコ屋、射的場、馬券・車券発売所等	×	×	×	×	×	▲	▲	×	○	○	○	▲	×	▲10,000㎡以下
遊戯施設・風俗施設	劇場、映画館、演芸場、観覧場、ナイトクラブ等	×	×	×	×	×	×	▲	×	○	○	○	×	×	▲客席及びナイトクラブ等の用途に供する部分の床面積200㎡未満
遊戯施設・風俗施設	キャバレー、個室付浴場等	×	×	×	×	×	×	×	×	×	○	▲	×	×	▲個室付浴場等を除く。
公共施設・病院・学校等	幼稚園、小学校、中学校、高等学校	○	○	○	○	○	○	○	○	○	○	○	×	×	
公共施設・病院・学校等	大学、高等専門学校、専修学校等	×	×	○	○	○	○	○	×	○	○	○	×	×	
公共施設・病院・学校等	図書館等	○	○	○	○	○	○	○	○	○	○	○	○	×	
公共施設・病院・学校等	巡査派出所、一定規模以下の郵便局等	○	○	○	○	○	○	○	○	○	○	○	○	○	
公共施設・病院・学校等	神社、寺院、教会等	○	○	○	○	○	○	○	○	○	○	○	○	○	
公共施設・病院・学校等	病院	×	×	○	○	○	○	○	×	○	○	○	×	×	
公共施設・病院・学校等	公衆浴場、診療所、保育所等	○	○	○	○	○	○	○	○	○	○	○	○	○	
公共施設・病院・学校等	老人ホーム、身体障害者福祉ホーム等	○	○	○	○	○	○	○	○	○	○	○	○	×	
公共施設・病院・学校等	老人福祉センター、児童厚生施設等	▲	▲	○	○	○	○	○	▲	○	○	○	○	○	▲600㎡以下
公共施設・病院・学校等	自動車教習所	×	×	×	×	▲	○	○	×	○	○	○	○	○	▲3,000㎡以下
工場・車庫等	単独車庫（附属車庫を除く）	×	×	▲	▲	▲	▲	○	×	○	○	○	○	○	▲300㎡以下 2階以下
工場・車庫等	建築物附属自動車車庫 ①②③については、建築物の延べ面積の1／2以下かつ備考欄に記載の制限	①	①	②	②	③	③	○	①	○	○	○	○	○	
工場・車庫等		※一団地の敷地内について別に制限あり。													① 600㎡以下1階以下 ② 3,000㎡以下2階以下 ③2階以下
工場・車庫等	倉庫業倉庫	×	×	×	×	×	×	○	×	○	○	○	○	○	
工場・車庫等	自家用倉庫	×	×	×	①	②	○	○	■	○	○	○	○	○	①2階以下かつ1,500㎡以下 ② 3,000㎡以下 ■農産物及び農業の生産資材を貯蔵する ものに限る。
工場・車庫等	畜舎（15㎡を超えるもの）	×	×	×	×	▲	○	○	×	○	○	○	○	○	▲3,000㎡以下
工場・車庫等	パン屋、米屋、豆腐屋、菓子屋、洋服店、畳屋、建具屋、自転車店等で作業場の床面積が50㎡以下	×	▲	▲	▲	○	○	○	▲	○	○	○	○	○	原動機の制限あり。　▲2階以下
工場・車庫等	危険性や環境を悪化させるおそれが非常に少ない工場	×	×	×	×	①	①	①	■	②	②	○	○	○	原動機・作業内容の制限あり。 作業場の床面積 ① 50㎡以下　② 150㎡以下 ■農産物を生産、集荷、処理及び貯蔵するものに限る
工場・車庫等	危険性や環境を悪化させるおそれが少ない工場	×	×	×	×	×	×	×	×	②	②	○	○	○	
工場・車庫等	危険性や環境を悪化させるおそれがやや多い工場	×	×	×	×	×	×	×	×	×	×	○	○	○	
工場・車庫等	危険性が大きいか又は著しく環境を悪化させるおそれがある工場	×	×	×	×	×	×	×	×	×	×	×	○	○	
工場・車庫等	自動車修理工場	×	×	×	×	①	①	②	×	③	③	○	○	○	原動機の制限あり。 作業場の床面積 ① 50㎡以下 ② 150㎡以下 ③ 300㎡以下
工場・車庫等	火薬、石油類、ガスなどの危険物の貯蔵・処理の量：量が非常に少ない施設	×	×	×	①	②	○	○	×	○	○	○	○	○	① 1,500㎡以下 2階以下 ② 3,000㎡以下
工場・車庫等	火薬、石油類、ガスなどの危険物の貯蔵・処理の量：量が少ない施設	×	×	×	×	×	×	×	×	○	○	○	○	○	
工場・車庫等	火薬、石油類、ガスなどの危険物の貯蔵・処理の量：量がやや多い施設	×	×	×	×	×	×	×	×	×	×	○	○	○	
工場・車庫等	火薬、石油類、ガスなどの危険物の貯蔵・処理の量：量が多い施設	×	×	×	×	×	×	×	×	×	×	×	○	○	

図 10-5　用途地域による建築物の用途制限

こうした問題に対して、自治体が独自に異なる空間の共存、共生をはかるという取組みもなされてきた。例えば住宅地と工業地が混在した市街地を抱える東大阪市の「住工共生のまちづくり条例（平成25年）」では、工場が集積する地域を市が「モノづくり推進地域」として指定し、そこで住宅を建築する際には、騒音などの工場の影響を低減するための必要な措置を住宅がとること、不動産業者は、居住予定者等に対し説明を丁寧に行うことなどが定められている（泉（2009））。

こういった先進的な取組みを別として、全国的に見ると、工業地の跡地に住宅地ができることこそあれ、住宅の跡地に工業地ができることはなく、住宅地への変化は不可逆的な変化であった。かくして用途地域の意図せざる調停によって、平成期の都市は住宅地に埋め尽くされていったのである。

そして用途地域にはもう一つの想定外のミスがあった。それは用途地域が土地や建物が新たに使われるとき、あるいは使われ方が変化するときにのみ作用する規制であり、土地や建物が使われないとき、あるいは使われなくなる状態へ変化するときには作用できないということである。それまでの、人口が増えて都市が拡大する、つまり土地や建物が使われ続けることを前提としていた用途地域は、使われなくなることに対する変化には無力であった。平成期の間にぐっと存在感を増してきた空き家や空き地に対して、用途地域はなすすべを持たなかったのである。

受動的な都市計画である用途地域が住宅を増やしたわけではないことと同様に、用途地域が空き家や空き地を増やしたわけではない。平成期において住宅は増殖し、一方で空き家や空き地による低密度化も進んでいったのである。

5　まちづくり三法

バブル経済崩壊のあとに中心市街地の空洞化が問題になった。バブル経済崩壊後の景気悪化の中で、中心市街地に空き店舗だらけのシャッター商店街が出現したのである。第5章12節で述べたように家族の制度に結びついた商業地を改善するために、平成10（1998）年に中心市街地活性化法がつくられタウンマネジメントの仕組みが立ち上がったが、あわせて土地利用の問題を解決するために同年、都市計画法が改正され、平成12（2000）年に大規模小売店舗立地法（通称「大店立地法」）が新たに制定される。この3つの法は「まちづくり三法」と呼ばれる。

ここで提起された土地利用の都市計画の論点は単純で、中心市街地に集積している小型店と、都市の外縁に立地しようとする大型店のせめぎ合いである。概して中心市街地の商業者はその都市の顔役であることが多いので、外からやってくる大型店を中心市街地の小型店がどう迎え撃つのか、都市の外縁に立地する大型店の立地をどう規制するのかが土地利用の都市計画の論点になる。見方を変えればこれは商業地の進化と新陳代謝への介入であるが、進化を押さえつけるような介入は望ましくない。そこにどのような土地利用の都市計画が組み立てられたのだろうか。

小型店と新規に参入する大型店のせめぎあいはそれ以前から繰り広げられてきた。そこへの介入は昭和31（1956）年の百貨店法に始まり、昭和48（1973）年の「大規模小売店舗における小売業の事業活動の調整に関する法律」（通称「大店法」）へと引き継がれる。大店法は小型店の保護を目的とし、新たに作られる大型店の売場面積、開店日や時間といった営業形態までを調整するものだった。しかし、平成12年に大店法の後継として制定された大店立地法は、周辺地域の生活環境の保持を目的とするもので、新たに出店する大型店の建物の配置、周辺の交通渋滞、騒音、廃棄物の出し方などを調整するものであった。法の名称に「立地」という言葉が入ったことからもわかるとおり、個々の商店の営業には口を出さず、外側にだけ口を出す、という仕組みへの変化である。本書の言葉で言い換えると、商店の営業については商業地の制度による調整に委ね、法の役割を立地調整に縮小したということであり、それは規制緩和であり、民主化であった。

都市計画法では、平成4（1992）年の改正と同様に、地域地区の充実化でこの問題に対応しようとした。地域地区には「特別用途地区」という法がある。これは12種類の用途地域に重ねて指定することによって詳細な規制を可能にするというもので、それまでは「商業専用地区」「小売店舗地区」といった11種類が定められていたが、法改正によってその種類や名称を自治体で自由に定めることができるようになった。つまり、自治体がその気になったら、レディメイドではなくオーダーメイドの法を使って大型店を規制できるようになったのである。

これらまちづくり三法はどのように効果を発揮したのだろうか。大店法から大店立地法へと規制を緩和する一方で、都市計画法では規制強化を自治体の意思に委ね、用途地域そのものを一律に改正しなかったことが重要である。商業系の用途地域はもちろんのこと、第2種住居地域、準住居地域、工業地域といった用途地域における大型店の立地は可能なままであった。そして、オーダーメイドになったにもかかわらず特別用途地区はあまり使われなかった。結局のところ、規制緩和を受けて都市のあちこちに更に大型店が出店し、それは中心市街地の小型店を駆逐するとともに、商業地と住宅地、工業地の更なるせめぎ合いを引き起こしていく。中心市街地の空洞化に歯止めが効くことはなく、次々節に述べるようにまちづくり三法は平成18（2006）年に規制を強化する方向に改正されることになる。

6 線引きの改革

〝都市化社会から都市型社会〟、〝人口増加の鈍化と成熟社会の到来〟を掲げた平成12（2000）年の都市計画法改正では、都市と農地の関係を変えていく4つの法改正が行われた。①線引きの選択制の導入、②開発許可の弾力化、③準都市計画区域の創設、④特定用途制限地域の創設である。それぞれの関係に注意しながら順番に見ていこう。

まず①線引きの選択制である。線引きを行うかどうかについては、それまでは国の方針に従っていた。目安は人口10万人であり、それより大きな規模の都市計画区域については線引きを行わなくてはならず、それをやめることもできなかった。図10-4に示した通り、線引きの面積は増え続けてきていたが、この法改正はその流れに初めて逆行し、地方都市については線引きを廃止してもよい、というものであった。

ついで②開発許可の弾力化は、開発許可を行っている自治体があらかじめ立地基準を明示した条例を定め、それに合致すれば市街化調整区域において開発ができるという法改正である。それまで市街化調整区域の開発は、既存宅地制度や大規模既存集落制度[4]という例外を除いて原則禁止されていたが、この法改正はそれを例外ではなく一般化するものだった。条例の形式は自治体ごとに様々であるが、最も多いのが通称「３４１１条例」と呼ばれるものである。これは都市計画法の34条11号に示されている市街化調整区域での開発許可の条件を詳細に定める条例である。

言うまでもなくこれら二つの法改正も規制緩和の流れの上にある。[5]第6章では主に都市の縦方向の規制緩和＝容積率の規制緩和を扱ったが、これらは都市の横方向の規制緩和である。そしてこれらに対して、規制を充実化するものが次の二つの法改正である。

③準都市計画区域は都市計画区域外への土地利用の規制を行う仕組みである。自動車交通の発達により都市計画区域外であっても様々な建物が建ってしまうという状況があった。例えばロードサイド型の大型店舗や風俗店などである。準都市計画区域はこういった建物を規制するために定められるもので、当初は市町村が定めるものとされたが、積極的に使われなかったので後述する平成18（２００６）年の改正で都道府県が定めるものとなった。④特定用途制限地域は、この準都市計画区域や用途地域を指定していない地域において、特定の建築物の立地を制限できるという新たな地域地区である。

一方で規制緩和で法を減らし、一方で規制強化の法を増やす。一見して矛盾することをやっているようだが、どの法も一律に適用されるのではなく、ただ選択肢を増やしたという法改正であることに注意が必要である。線引きが地方都市で一律的に廃止になったわけではないし、全ての都市で準都市計画区域が定められたわけではない。この時期に進んでいた地方分権の流れにあわせて、これらの手法の採否、その組み合わせ、その詳細は自治体に委ねられており、規制緩和を選択するのも、規制強

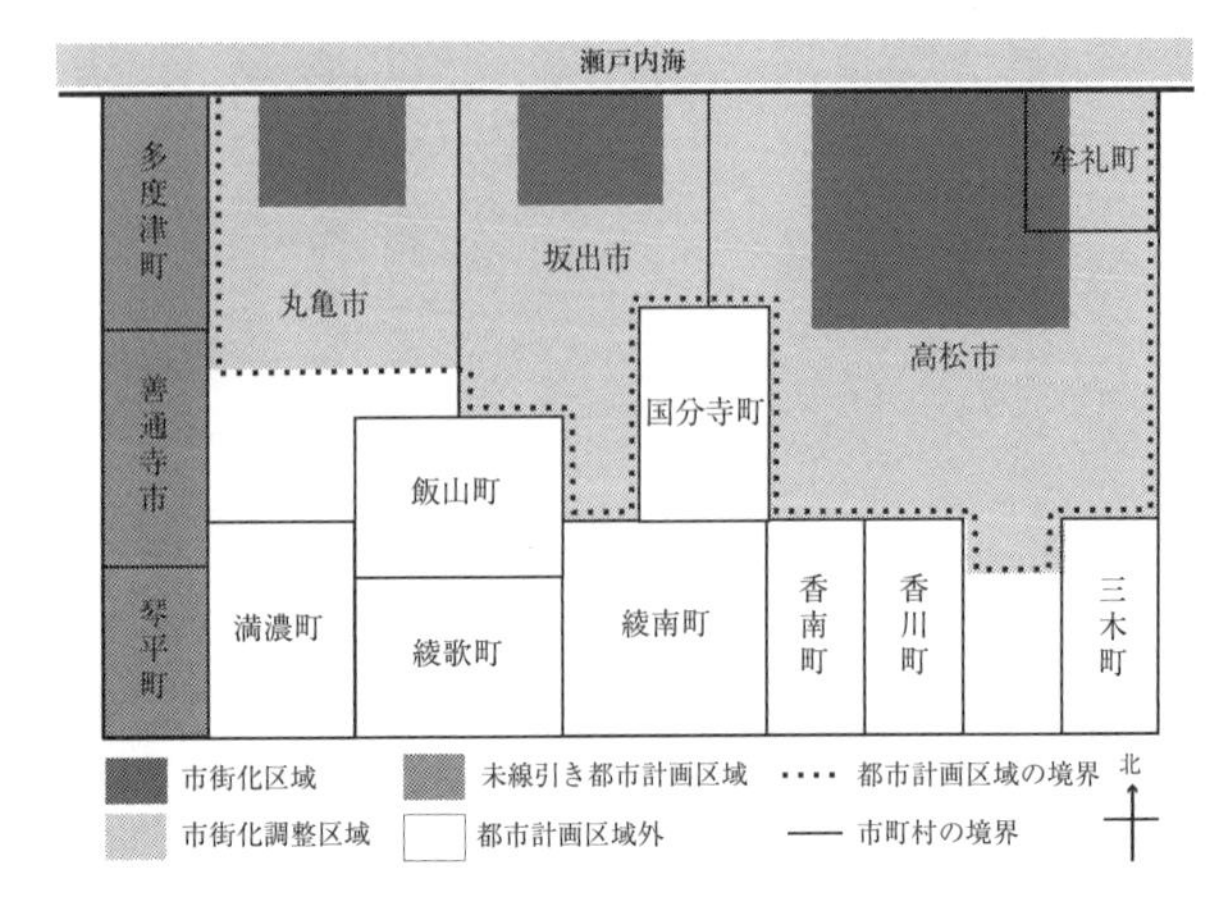

図 10-6　香川県中央都市計画区域の状況
出典：阿部（2010）をもとに筆者作成

化を選択するのも自治体であった。それは都市計画区域、線引き、用途地域という農地と都市を調停する大雑把な土地利用の都市計画を、自治体の手によってより丁寧にしていくことを可能にする法改正であった。

では4つの法改正は実際には自治体にどのように適用されていったのだろうか、対照的な2つの事例を見ていくことにしたい。

(1) 線引きを廃止した香川県

法改正をうけていち早く線引きを廃止したのは香川県である。[6]北を瀬戸内海に、南を讃岐山脈で区切られた香川県では、自然の空間は山に追いやられ、山裾のギリギリまで開発された平らな土地に、4つの空間がせめぎ合っていた。造船業を中心とする工業地は海沿いに立地していたが、他の平野部はそもそもが狭いうえに道路網が発達しており、どこにでも住宅地と商業地の開発の可能性があるという状況だった。そこには23の都市計画区域が設定され都市と農地の関係をさばいていたが、問題は全域が都市計画区域ではなかったこと、さらには線引き済みの都市計画区域とそうでない都市計画区域が混在していたことにあった。図を見るとその混在状況がわかる（図10－6）。阿部（2010）によれば、線引きの廃止を先導したのは坂出市であったという。同市は全域が線引き済みの都市計画区域であるが、隣接する丸亀市の都市計画区域が狭く設定されていたため、住宅地や商業地の開発が規制の緩い丸亀市の都市計画区域外に集中し、坂出市の人口が減少するという悪循環がおきていた。土地利用の視点から見ても、市街地の南側に開発ができない市街化調整区域があり、その南側の都市計画区域外に再び市街地がひろがる、というバランスの悪い状態であった。

法改正を受けて、平成16（２００４）年に香川県は線引きを廃止する。それによって市街化調整区域だったところの開発を可能にし、土地利用のバランスを回復しようという意図である。ただ廃止するだけでなく①都市計画区域の拡大、②用途地域の未指定区域の容積率と建ぺい率の見直し、③開発許可の対象面積の引き下げと最低敷地規模の指定といった法が組み合わされ、④用途地域外の幹線道路沿いなどに工場や風俗店の立地を禁止する特定用途制限地域も指定している。

（2）新たに線引きを指定した鶴岡市

一方で新たに線引きを選択したのが山形県の鶴岡市である。[7] 日本海に面する都市であるが、主要な市街地は内陸の庄内平野中央部に形成されており、そのまわりを農地がぐるりと囲むという構成を持っている。住宅地、商業地、工業地、農地のせめぎ合いはあまり厳しいものではなく、米どころであり、堅調な農業が長く市街地の拡大を抑えてきた。しかし、平成期に入って開発圧力が強まって農地の減少が顕著になり、危機感を抱いた市は都市計画マスタープランの検討とともに議論を重ね、平成13（2001）年に線引きの導入を宣言する。新たな規制が導入されることになるので、丁寧な住民向けの説明会が行われたが、市街地に近い農家から強く反対する声があがったものの、市街地から離れた農家からは賛成の声が多かったという。興味深いことに、稲作から特産品の「だだちゃ豆」とよばれる枝豆へと転換した農家は「稼げる農業」であったことから反対をしなかったということだ。

線引きは平成16（2004）年に決定されるが、あわせて平成17（2005）年に3411条例を含む開発許可条例を定め、市街化調整区域の丁寧な開発許可の仕組みをつくっている。具体的には市街化調整区域を「既成市街地」「工業団地」「既存工業地」「既存集落」「農地」の5種類に分類し、それぞれに整備や保全の方針を立て、その方針にそって開発を判断するという仕組みである。例えば既成市街地や既存農業集落の区域では、用途地域の第一種中高層住居専用地域相当の取り扱いをする、といった対応である。

片や線引きを廃止する、片や線引きをするという決定をしてから15年が経った。平成末の香川県の市街地と鶴岡市の市街地を比べてみると、その違いは明らかである。香川県では住宅地と農地がジグソーパズルのように組み合わさっており、かつての市街化調整区域を歩いてみても、この15年の間に虫食い状に開発が進んだことがわかる（図10-7）。一方の鶴岡市では、住宅地と農地がはっきりと分かれており、歩いていても目に見えない線引きを実感することができる（図10-8）。しかし、どちらの市街地も決定的に不幸であったり、問題を抱えているようには見えず、どちらかに軍配をあげることは難しい。ともかく重要なのは、平成期の中頃に形づくられた自治体独自の土地利用の都市計画が、

図 10-7　香川県の現状

図10-8　鶴岡市の現状
撮影：玉津卓生、撮影日：2015年10月

全く異なる力加減で都市と農地の関係をさばき、全く異なる空間を生み出した、ということであろう。

最後に、平成期の間に４つの法改正がどのように適用されたのか、全体を整理しておこう。線引きを廃止したのは筆者が確認できたところでは13の自治体にとどまっている。開発許可条例は代表的な３４１１条例に限ると、市街化調整区域を有する自治体の約半数、１４８自治体で制定されている。準都市計画区域は全国で43自治体、６４３・９㎢で指定されている。特定用途制限地域は全国で82自治体、３３１６㎢で指定されている。[8] 全国の１３５２自治体に１００５の都市計画区域があり、全ての自治体が新しい手法を導入したわけではないことがわかる。

7　集約型都市構造へ

話題は再び商業のせめぎ合いに戻る。平成10年のまちづくり三法が効果を発揮することができず、再び法が改正されることになった。平成18（２００６）年の「改正まちづくり三法」である。三法のうち中心市街地活性化法の改正については第5章ですでに述べ、大店立地法は改正されなかったので、ここでは都市計画法の改正を見ていきたい。

都市計画法改正のポイントは大きく三点である。一つ目は用途地域を改正し、大型店の立地を規制したことである。具体的には、商業地域、近隣商業地域、準工業地域の三つの用途地域のみに大型店を許可し、それ以外の用途地域と用途地域が定められていないところでの大型店の立地は原則不可となった。地方都市においては更に厳しく、中心市街地支援の要件として準工業地域であっても自治体が特別用途地区を指定し、大型店を抑制することが目指された（山崎（2019））。

二つ目は、それまで市街化調整区域において例外的に開発許可が不要であった公共施設について、その例外を廃止したことである。社会福祉施設、医療施設、学校などの公共施設が市街地の外側に建てられている状況を目にしたことがあるだろう。それは開発許可が不要であったため、安価な土地を求めて市街化調整区域につくられてきたからである。この法改正はこれらを開発許可の対象とし、無制限な立地に歯止めをかけるものだった。

三つ目は都道府県が大型店の立地を調整できる仕組みの創設である。競争関係にある隣りあう二つの都市があったとしよう。一方が中心市街地の小規模店の活性化を重視して郊外の大規模店の規制をし、もう一方が逆の政策をとったらどうなるだろうか。二つの都市は競争関係にあって調整することがないので、結果として後者の都市の郊外に大規模店が立地し、それがもう一方の都市の小規模店の活性化の取組みも台無しにしてしまうことになる。市町村同士の調整にまかせておくと、こういったことが起きてしまう。この法改正はそこに広域的な視点から都道府県が関与できる仕組みをつくるものだった。

この三つに共通することは、市町村にとっては地方分権の流れに逆行するような、市場にとっては規制緩和の流れに逆行するような強気の法改正だったことである。

なぜこういった強気の法改正ができたのだろうか。まちづくり三法の見直しの過程を振り返ってみよう。そこにはいくつかの流れがある。自民党は「まちづくり三法見直し検討ワーキングチーム」をつくり、平成17年に取りまとめをしている（以下「自民党報告」（自民党（2005））。また、総務省は平成16年に「中心市街地の活性化に関する行政評価・監視結果に基づく勧告」を出している。これらの議論を横目で見ながら国土交通省は平成16年に「中心市街地再生のためのまちづくりのあり方に関するアドバイザリー会議」で議論を行い（以下「アドバイザリー報告」）、それを踏まえて平成17年に、国の都市計画について審議する社会資本整備審議会に「新しい時代の都市計画」と「人口減少等社会における市街地の再編に対応した建築物整備」の二つの課題を諮問する。二つの課題は同審議会の中の別々の会議で検討され、同じ方向を向いた答申を出し（以下前者を「新しい時代報告」（国土交通省社会資本整備審議会（2006a））、後者を「市街地再編報告」（国土交通省社会資本整備審議会（2006b））、まちづくり三法の見直しはこの答申を踏まえて行われることになる。

これらの一連の流れで共通していることは、中心市街地の活性化が、小規模店の保護や育成といった問題だけでなく、来るべき人口減少時代に向けた、都市構造の再編の問題として捉えなおされたことである。鍵となるのは「都市構造改革」と「集約型都市構造」という言葉である。自民党報告とアドバイザリー報告には後者の言葉が、市街地再編報告には前者の言葉が使われている。新しい時代報告には「無秩序拡散型都市構造を見直し、都市圏内で生活する多くの人にとって暮らしやすい、望ましい都市構造を実現するための『都市構造改革』を行うことが必要」と述べられ、「地域にとってどのような都市構造が望ましいか、ということについては、地域の選択であって、一律に提示すべきことではない」としつつも、「都市圏内の一定の地域を、都市機能の集積を促進する拠点（集約拠点）として位置付け、集約拠点と都市圏内のその他の地域を公共交通ネットワークで有機的に連携させる」ものとして「集約型都市構造」が位置付けられている。このようにして、中心市街地は集約型都市構造における集約拠点として位置づけなおされたのである。

このように平成18年の法改正は平成10年の法改正に比べると大上段に構えた、来るべき人口減少時代を踏まえたものだった。そこでは、適正に都市の形態を変化させていくという新しい大義名分が組み立てられ、そのことが強気な法改正につながっていたのである。

次節で述べるが、この「集約型都市構造」は「コンパクトシティ・プラス・ネットワーク」という言葉にとって代わっていく。しかし、ここまで述べた通り、この言葉のはじまりが中心市街地の活性化、つまり商業地のせめぎ合いにあったこと、逆に言えば他の4つの空間、住宅地、工業地、農地、自然とのせめぎ合いの中から考えだされた言葉でないことは重要である。

8　立地適正化計画

平成26（2014）年に「立地適正化計画」という新しい仕組みが創設された。平成18（2006）年の法改正から東日本大震災を挟んで、いよいよ人口減少社会が具体的に姿を現してきたころの法改正であり、人口減少時代の都市計画の中心をなす仕組みである。

平成18年に「集約型都市構造」と呼ばれていた日本の都市が目指す都市像は、このころには「コンパクトシティ・プラス・ネットワーク」という言葉で呼ばれるようになっていた。他に「エコ・コンパクトシティ（国土交通省社会資本整備審議会（2009））」や「多極ネットワーク型コンパクトシティ（国土交通省（2015））」などと呼ばれていたりするが、現在ではほぼ定着しているこの名称を使っていくことにする。

立地適正化計画はコンパクトシティ・プラス・ネットワークを実現するためのものである（図10-9）。これは都市のダイエットに取り組むものと考えればわかりやすい。だらだらと広がった贅肉のような市街地を落としていくことが「コンパクトシティ」である。しかし、ただ贅肉を落としただけだとリバウンドで戻ってしまうことがあるので、太りにくい体をあわせてつくらなくてはならない。太る原因は自動車交通であり、太りにくい都市をつくるためには公共交通を鍛える必要がある。それが「ネットワーク」である。ネットワークを鍛えるために、時を同じくして「地域公共交通の活性化及び再生に関する法律」が改正され、地域公共交通網形成計画という計画もつくられることになった。

立地適正化計画の中心にあるのは、「都市機能誘導区域」と「居住誘導区域」の二つの区域である（国土交通省（2014））。

都市機能誘導区域とは、病院や図書館といった特定の都市機能を誘導していく区域である。誘導する都市機能は自治体によって設定することができ、公共施設だけでなく、民間が経営する施設も対象となる。その整備にかかる補助金や融資の優遇といったインセンティブも準備されているが、都市機能誘導区域の全域にわたって土地区画整理事業を実施するほどの資源投入がなされるわけでなく、立地を禁止するほどの強い権力があるわけではない。長期間にわたって誘導を積み上げていく制度である。

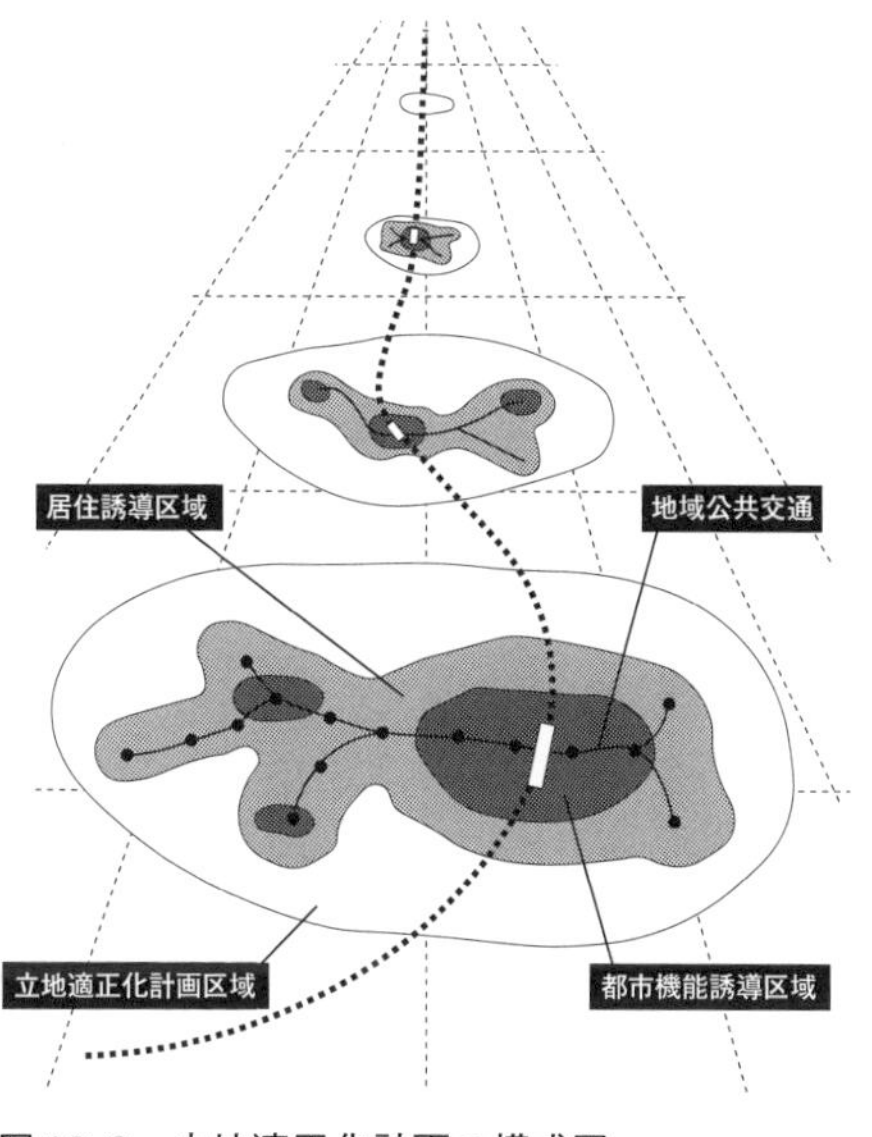

図 10-9　立地適正化計画の模式図

居住誘導区域も同じく強い権力を持たず、都市機能誘導区域の周辺に住宅を長期間にわたって誘導していく区域である。都市機能誘導区域により利便性が向上したところに居住誘導区域を設定し、そこに人々が移動してくることによってコンパクトシティを実現しようという意図である。

都市に単純な2本の線を引くという仕組みは線引きに少し似ており、「第二線引き」と呼ばれることもあった。人口増加による無秩序な拡大を制御するのが線引きであり、人口減少による無秩序な縮小を制御するのが立地適正化計画であるが、いたずらに線を増やすのではなく線引きの仕組みそのものを改革するべきだった、という議論もあったものの、結果的には立地適正化計画は線引きに比べるとはるかに弱い権力を持たされることになった。それはこれから市街化する土地には地権者が少なく、そこに新しく建物が建ち上がるという「強い力」に対する規制であるのに対し、すでに市街化したところの土地には地権者が多く、そこにすでに建ち並んだ建物が減少していくという「弱い力」に対する規制であるからだ。「強い権力を持たせるべき」という議論もあったが、筆者としては住民からの反発が起きないよう、弱い力をつぶしてしまわないよう弱い規制をかけた、ということではないかと考えている。

少し注意が必要なことは、立地適正化計画が都市計画法ではなく、都市再生特別措置法に位置付けられていることである。都市再生法は第6章で述べた通り、平成14（2002）年に都市再生特区のためにつくられた法であるが、その後1、2年おきに改正を重ねて充実化してきていた。とはいえ、**図10-10**にまとめた通り、新しい課題に対応させた手法を位置づけるためのアドホックな立法が多く、都市再生法の中でそれぞれの手法が体系立てて連携しているわけではなく、都市計画法の手法と連携させることが前提の手法である。都市計画法を太い幹だとしたら、その枝葉を彩る法律の一つが都市再生法である。立地適正化計画を実現していくためにも都市計画との連携、すなわち線引きや用途地域などの地域地区との連携が必要であるし、立地適正化計画と連動して都市計画法に「居住調整地域」「特定用途誘導地区」という新たな地域地区のメニューも創設されている。

改正年	主な内容
平成14年	都市再生本部・都市再生基本方針・緊急整備地域・地域整備方針・民間開発業者の計画申請から認定までの期間の大幅短縮・民間都市再生事業計画の認定制度による金融支援
平成16年	まちづくり交付金制度
平成17年	まちづくり交付金のエリアを対象とした民間都市再生整備事業計画の認定制度による金融支援・税制特例
平成19年	都市再生整備推進法人の指定制度、民間都市再生事業計画の認定申請期限の５年延長
平成21年	歩行者ネットワーク協定制度
平成23年	国際競争力強化を図るための特定都市再生緊急整備地域制度、都市利便増進協定制度
平成24年	防災機能の向上を図るための都市再生安全確保計画及び都市再生安全確保施設に関する協定制度
平成26年	市町村によるコンパクトなまちづくりを支援するための立地適正化計画に関する制度
平成28年	国際競争力強化に資する施設整備への支援充実、低未利用土地利用促進協定制度の創設
平成30年	都市のスポンジ化対策措置、都市再生駐車施設配置計画制度、公共公益施設の転用の柔軟化に関する制度

図 10-10　都市再生特別措置法の改正

しかし平成期の間に、都市計画が立地適正化計画を踏まえて変更された事例は数えるほどしかない。立地適正化計画と都市計画の関係のあり方について、筆者は未だ挙動がよくわからない人口減少時代の土地の動きに実験的に介入する特区のようなもので、実験の結果を見極め、少し時間がたってから都市計画に反映させていくものではないかと考えている。都市計画との連携がはかられるのは先のことであり、平成最後の５年間でまずは３００近い市町村で立地適正化計画の策定が終わり、次の展開は令和期に持ち越されたのである。

さて、５つの空間のせめぎ合いという視点で見るときに、立地適正化計画はどのせめぎ合いを調停するものなのだろうか。前節にも述べた通り、もともとは中心市街地の活性化に端を発したものであり、商業地のせめぎ合いを調停するものであった。立地適正化計画は人々の暮らしを支える機能がある商業地を「都市機能誘導区域」と再定義し、そこに優位性を与えたのである。そして立地適正化計画がもう一つ取り込んだのが、住宅地のせめぎ合いの調停である。居住誘導区域は、都市の外側に向けて広がり続けた住宅地のせめぎ合いを調停しようとする。そしてその調停は、商業地とのせめぎ合いの力を借りるものであった。それまでの調停は、主に用途地域を使って住宅地と商業地を分けたり、共存させたりするものだったが、立地適正化計画は住宅地と商業地が「くっつきたがる」という習性を逆に利用する。機能性の高い商業地をつくり、その周りに住宅地を引き寄せることが狙いだったのである。

繰り返しになるが、それが狙い通りに動いたのかは、残された平成期の時間では明らかになっていない。筆者なりに懸念（饗庭（2018））を提出しておくと、こうした経緯から、商業地の検討が先行し、住宅地の検討があとを追う形で立地適正化計画がつくられていることが多くあることだ。このことは「住宅地を維持するための商業地」をつくるのではなく「商業地を維持するための住宅地」をつくるという優先順位を作り出してしまう。商業地と住宅地の進化と新陳代謝は異なる。本来は速度が遅いもの（＝住宅地）をカバーするように速度が速いもの（＝商業地）が動くのが正しいと思うのだが、それが逆であることが心配であり、計画がうまく動かないということになるのかもしれない。

いずれにせよ、住宅地と商業地のせめぎ合いの調停が、用途純化を目指して二つをただ分けるだけでなく、二つをくっつけていくことを目指した複雑な調停になったことは、重要な進化である。しかしその一方で立地適正化計画は、工業地や農地や自然とのせめぎ合いについては調停する意図も手法も持たされていなかった。これらのうち、都市と農地の調停については、ほぼ同じ時期に並行して調停の仕組みが改善されたので次に見ていこう。

9　農地のモラトリアムの終わり

都市と農地のせめぎ合いにも長い歴史があるが、都市計画におけるその大きな変化は昭和43（1968）年の線引きである。それは都市と農地のせめぎ合いを調停するものとして導入された。すこし厳密に表現すると、その線は昭和43年時点の「都市」と「農村」の間に引かれたものではなく、「都市化したい農地」と「農地」の間に引かれたもの、つまりは現状維持の計画ではなく拡大の計画であった。そして線引き以後にせめぎ合いの前線になるのは、この「都市化したい農地」＝市街化区域内農地であった。市街化区域は「おおむね10年以内に優先的かつ計画的に市街化を図るべき区域」であるので、それに全ての農家が従えば10年間で市街化区域内農地は市街化し、せめぎ合いには片がついたはずである。しかし結果的にそのせめぎ合いは平成期の終わりまで50年以上続く。平成期の変化を中心に農地と都市のせめぎ合いの歴史を整理しておこう（水口（1997）、農林水産省（2020））。

線引き後に行われたことは都市化の促進である。その中心となったのは昭和47（1972）年の「宅地並み課税」という税制改正である。農地の固定資産税の税率は宅地に比べて10分の1程度だが、市街化区域内農地の税率を一律的に宅地並みにし、都市化を推進しようとしたものである。なぜこのような回りくどい手法がとられたのか。それは農地が個々の農家に所有されており、農地を都市化する判断は、たとえ市街化区域であっても農家に委ねられていたからである。我が国の土地の所有権は強く守られており、法で強制的に農地を都市化することはできない。そこで、高い税率に音をあげた農家が土地を売却したり、自分で開発したりして都市化することを期待した手法がとられたのである。

しかし、農家の側はこの大雑把な手法に対抗した。農家も様々であり、すぐに都市化をしたい農家もあれば、自分の代までは農業を続けたいという農家もあり、全員が同じタイミングでの都市化を望んでいなかったからである。その中で発明された新しい概念が「生産緑地」である。生産「農地」ではなく生産「緑地」であることが重要である。都市の中に農地があると、住宅地、商業地、工業地と混在することになる。混在を解消すること、用途純化を基本とする都市計画にとって、農地を認めるということは混在に拍車をかけ、問題を複雑にすることを意味していた。しかしそれが緑地だったらどうだろうか。住宅地の緑地は住環境を改善するし、住宅地と工業地の間に緑地があれば、それは混在を緩和する。そして、都市が拡大する時代において、都市の緑地は慢性的に不足していた。市街化区域内農地が目をつけたのはそこであった。農地は緑地のように見えなくもない。そこで農地に緑地の表札をつけ、都市の中での存在価値を主張することにしたのである。農地を生産緑地に指定する生産緑地法は昭和49（1974）年に制定され、生産緑地に宅地並み課税を免除するといった規制緩和策が展開されるようになる。加えて長期営農継続農地制度[9]（1982年）などの規制緩和策もつくられ、これらによって、昭和期の終わりにかけて、都市と農地の間のモラトリアムが作り出された。ここまでが平成期に入るまでの歴史である。

しかし平成期に入ってそのモラトリアムは一変する。きっかけはやはりバブル経済である。土地の価格が高騰し、その不満は、線引きから20年近くが経っても都市の中に居座っている農地に集中した。

土地不足なのに農地は税制上も優遇されており不公平だといった批判が強くなり、平成４（１９９２）年に生産緑地法が改正される。これは「第二次農地改革」と呼ばれたほどの大きな改革であり、三大都市圏の市街化区域内農地に「農業」か「都市化」の選択を迫るものだった（アーバンフリンジ研究会（1994））。農業を選んだ農地は生産緑地に指定され、税制の優遇は継続される。しかしそのかわりに農業を続けなくてはならず、それは農家が死去するまでか、30年後までとされた。一方で都市化を選んだら、宅地並み課税が再開される。法改正後に踏み絵のような作業が行われ、三大都市圏にあった４６０㎢の市街化区域内農地のうち、３分の１にあたる１５０㎢が生産緑地として指定された。バブル経済の終焉とともに都市化の圧力は潮が引くようにおさまったが、平成期の都市と農地のせめぎ合いが、ここから始まるのである。

図 10-11　生産緑地の指定状況（濃い実線が生産緑地）

　生産緑地が都市において必要な緑地であるためには、都市計画の中に位置付けられなくては筋が通らない。都市計画ではすでに公園や緑地が位置付けられていたが、それらに加えた新しいタイプの緑地として生産緑地が加わることになった。それはどのように都市計画の中で指定されているのだろうか。**図10-11**は東京郊外のある場所の都市計画図に記載されている生産緑地である。緑地と聞くと、例えば大きな河川沿いに帯のように形成された緑地、都市の内部にまとまってつくられた緑地などを想像するが、生産緑地がバラバラの場所に、バラバラの規模で指定されていることがわかるだろうか。そこには既存の公園や緑地との連携は見られないし、生産緑地同士の連携も見ることができない。これは生産緑地が農家の意向に沿って指定されていったこと、そして指定作業のわずかな期間では計画的な調整が不可能だったことが原因である。平成期の都市と農地のせめぎ合いは、このやっかいな無秩序さを内に含むものだった。

その後、生産緑地に指定されなかった残りの3分の2、360㎢の三大都市圏の市街化区域内農地は着々と都市化していく。バラバラの農地もあったが、時にそこに土地区画整理事業も行われた[10]。平成28（2016）年までに250㎢が都市へと変わり、市街化区域内農地は110㎢まで減少した。一方の生産緑地は20㎢が減少したものの130㎢というボリュームであり、その比率は平成20年頃に逆転したのである。

確実に減っていく市街化区域内農地に対して、生産緑地は都市の中に無秩序な緑地として残り続けた。そのモラトリアムを終わらせようと、方向性を打ち出したのが社会資本整備審議会によって平成24（2012）年に発表された「都市計画に関する諸制度の今後の展開について」である。そこには基本的な考え方として、「集約型都市構造化」「民間活動の重視」と並んで「都市と緑・農の共生」が示され、生産緑地に対して「消費地に近い食料生産地や避難地、レクリエーションの場等としての多様な役割を果たしているものとして都市内に一定程度の保全が図られることが重要」との考え方が示されたのである。

「集約型都市構造化」の課題は前節で述べた通り平成26（2014）年の立地適正化計画に組み込まれた。しかし「都市と緑・農の共生」は立地適正化計画に組み込まれず、異なる道を辿る。平成27（2015）年にまず「都市農業振興基本法」が作られた。目的に「都市農業の安定的な継続」と「良好な都市環境の形成」の2点を掲げたことからもわかるように、この法は単なる土地利用の混在だけではなく、産業としての都市農業の継続を謳ったものである。都市と農地のせめぎ合いは、住宅地・商業地・工業地と農地のせめぎ合いであったが、住宅地・商業地・工業地を広げようとする力に対抗して、都市農業の力をつけることもあわせて目指されたのである。そして同法にもとづいて翌年に作られた都市農業振興基本計画は、それまで「宅地化すべきもの」とされてきた都市農地を、都市に「あるべきもの」ととらえることを明確にした。あわせて「都市農地賃借円滑化法」によって農家が第三者に農地を貸し出しやすくする仕組みが作られ、家族の制度に縛られていた農地の流動化もはかられるようになった。

これらを受けて平成30（2018）年に都市計画法が改正され、田園住居地域という新しい用途地域が創設された。それまで12種類だった用途地域が13種類になるという改正である。そこでは大規模な開発が規制される一方で、農業用の施設の立地は可能になる。例えばそれまでの住居系の用途地域では商店の立地が制限されているが、農産物の直売所や農家レストランの立地が可能になる。制度創設と同時に平成期が終わってしまったので続きは令和期に委ねられたが、「都市と緑・農の共生」を実現する土地利用の都市計画となることが期待されている。

このように昭和43年からの長いモラトリアムは、平成期の終わりに次の段階に入ることになった。

最後に令和期の見通しを考えておきたい。モラトリアムを担保していたのは平成4年の生産緑地法の改正であり、それは30年の営農と引き換えであった。当時はバブル経済期であり、人口は増えるもの、都市は広がるものと考えられていた。第三次ベビーブームが到来すると考えられていたはずである。つまりこの時点でのモラトリアムの意図は、都市化の優先順位を決め、まずは30年かけて可能なところを都市化し、後回しにするところはその後に考えようということだったのではないだろうか。要するに計画的な成長のためのモラトリアムである。しかし人口減少が決定的となった平成期の間に、そのモラトリアムは異なる意味を持つようになる。

平成期の末に新しい調停の仕組みが整えられているころ、「生産緑地の2022年問題」が話題となっていた。これは1992年に同時に指定された生産緑地のモラトリアムが30年後に同時に終わる、その時点で生産緑地をやめ、多くの農家が都市化を選択してしまうと、宅地が過剰に供給されて大きな混乱が発生するのではないかという問題提起である。これに対して、平成29（2017）年に生産緑地法が改正され、「特定生産緑地」という仕組みがつくられた。これは農家が希望すれば30年のモラトリアムを、さらに10年間先送りできる仕組みである。

この新たなモラトリアムがどれほど選択されるか、都市農業が産業として成立するか、2022年問題が果たして起きるのかはわからない。しかし明らかなことは、都市と農地のせめぎ合いは、強い力がぶつかるようなせめぎ合いではなく、弱い力のせめぎ合いになっていくということ、モラトリアムは計画的な成長のためのモラトリアムではなく、計画的な縮小のためのモラトリアムになっていくということである。[11]

10　工業地の法の解体

最後に工業地を中心としたせめぎ合いの仕組みの変化をまとめておこう。

一言でいうと平成期の変化は、昭和30年代に確立した3つのスケールからなる調停の仕組みの解体であった。一番大きなスケールは国土全体で工業地の再配置と建設を促進する「国土スケール」、ついで都市の内部のせめぎ合いを調停する「都市スケール」、最後は個別の敷地単位で周辺環境と調停する「敷地スケール」である。

国土スケールの仕組みは国土計画を根拠とするものであり、それは昭和37（1962）年に作成された全国総合開発計画である（本間（1992）、下河辺（1994））。ここでは「地域間の均衡ある発展」が目標とされ、都市の過大化の防止と地域格差の是正が課題とされた。そのために考え出されたのが、工業地を大都市ではなく地方に分散的に配置し、そこで雇用を生み出すという方法である。働く場所があれば人々は仕事を求めて都市に移動しなくなるし、そこできちんと稼ぐことができれば格差が是正されていく。それに基づいて全国15地域の新産業都市と全国6地区の工業整備特別地域が指定された。この指定はトップダウンで決まったものも多く、地域によっては乱暴に降りかかったこともあったようだ。同じころにつくられた工場等制限法（1959年・1964年）と、工業等再配置促進法（1972年）も同じ問題意識を共有したものであり、前者は首都圏と近畿圏において工場新設を制限するもの、後者は工業が集積した地域から集積が低い地域への工場の移転、新設を支援するものであ

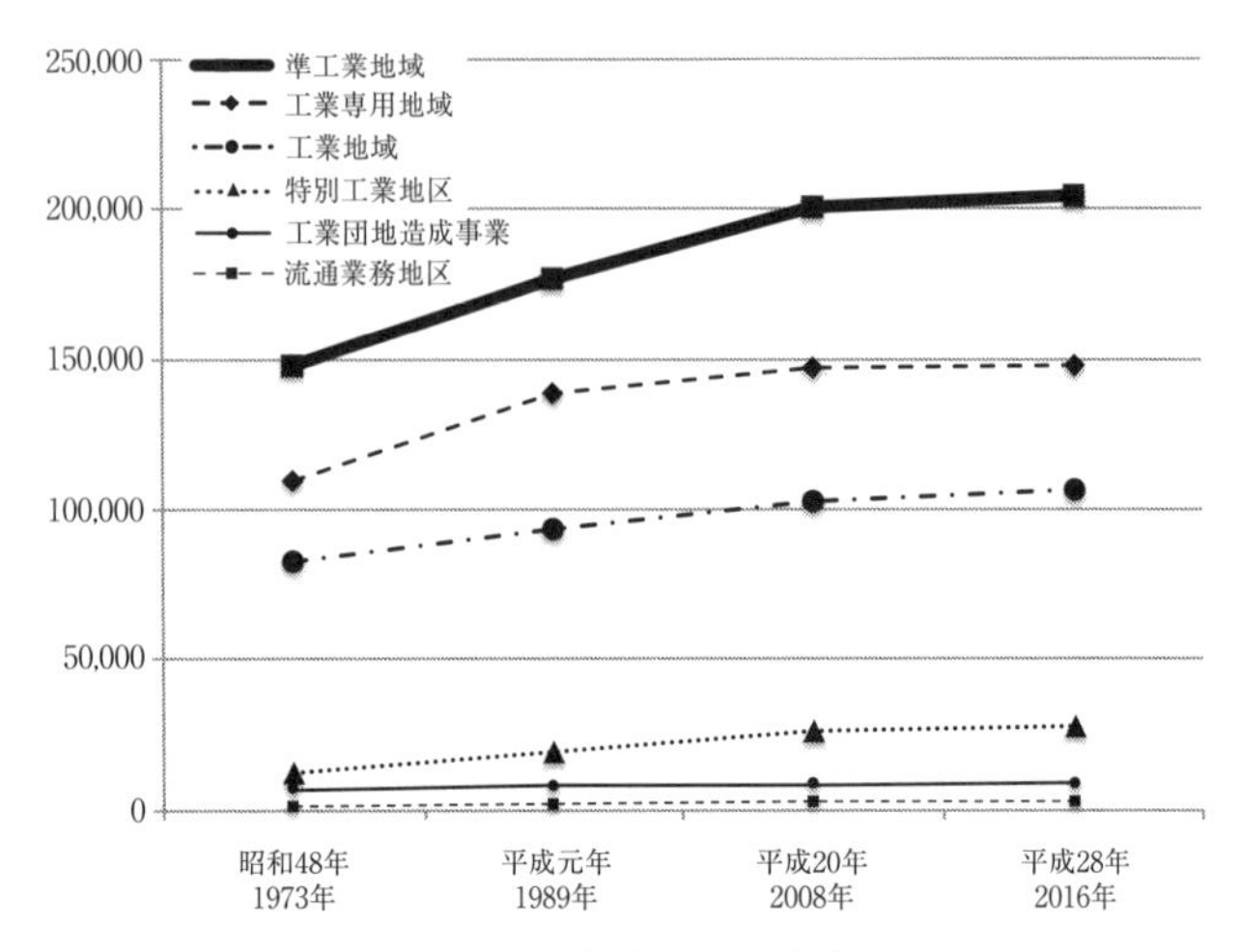

図 10-12　工業系都市計画の指定面積の変化

る（蓮見（2007）、藤井（2009）、梶田（2011））。

これら国土スケールの仕組みは成果をあげたものの、昭和50年代以降の製造業の海外移転に拍車をかけたものと考えられるようになり、平成期の中頃にあいついで廃止される。新産業都市と工業整備特別地域が平成13（２００１）年に、工場等制限法が平成14（２００２）年に、工業等再配置促進法が平成18（２００６）年に廃止され、国土スケールで工業地を調停する仕組みは平成期には姿を消してしまったのである（国土審議会（2001））。

都市スケールの仕組みを見ていこう。国土スケールで調停された工場は、それが立地する都市においては都市計画で調停される。用途地域のうち、準工業地域、工業地域、工業専用地域の工業系の用途地域に立地することになる。これらのうち工業地がほとんどを占める工業地域と工業専用地域の変化をみてみると、平成期の間に増加が鈍化していることがわかる（図10-12）。工業統計によると、製造業の事業所数は平成期の間に42万から19万にまで減少している。工業地そのものの新規立地が減少し、更には工場跡地が住宅地や商業地に変わってしまったことがうかがわれる。

敷地スケールの仕組みは、昭和48（1973）年の工場立地法で定められている。これは当時の公害問題を受けて作られたもので、工場の立地にあたって一定規模の緑地、環境施設の確保を義務づけるものであった。しかし、その義務が大きすぎると工業が衰退してしまうので、規制緩和が検討されるようになり、平成9（1997）年、平成16（2004）年にそれぞれ規制緩和が行われた。

このように、平成期の間に国土スケールの工業地の調停の仕組みはなくなり、都市スケールの調停の仕組みは用途地域による受動的なものから変化しなかった。敷地スケールの調停の仕組みも規制が緩和されつつある。昭和30年代に仕組みが作られたころは、工業地は強く住宅地や商業地とせめぎあっていたが、もはやそのせめぎ合いは過去のものとなってしまい、法が意味を失いつつある、そんなことが平成期の変化ではないだろうか。

11　調停の民主化

ここまで土地利用の都市計画がどのような仕組みを発達させ、それぞれが平成期の間にどのように変化をしたのかを見てきた。最後にもう一度、ゆっくりと飛び上がって、土地利用の都市計画が平成期のあいだに4つの空間と自然の関係をどのように整えてきたのかを眺めてみよう。

都市の内部には用途地域でコントロールされた整然とした住宅地が増える一方で、増殖した住宅地が商業地や工業地にも入り込み、場所によっては局地的な軋轢をおこしているはずだ。その一方で、用途地域ではコントロールできない空き家があちこちにまばらに増えているはずだ。商業地は規制が緩和されたり、規制が強化されたり、平成期のあいだに朝令暮改と言ってもいいほどルールが変わった。それに翻弄された商業地もあるだろう。局所的に賑わいと空き店舗が散在する、都市の全体を眺めたときに商業地が乱雑に見えるのは、そもそもの進化が速かったことに加え、調停の仕組みがころころと変わったからかもしれない。工業地は平成期以降にすっかり行儀がよくなった。公害をまきちらす工業地が都市計画の悩みの種だったのは昔のことで、工業地はゆったりとした緑地を持ち、もう勢いよく増えることもなく、都市の中におさまっている。もちろん事故が起きることも、健康被害を起こすこともあった。しかしそれらの多くが局地的な問題であると言い放てるほどには、全体としての工業地の行儀がよくなったのである。[12]

そしてこれら3つの空間＝都市と農地との関係を見てみよう。都市の中に混在していた農地は、長いモラトリアムを抜けて、平成期の最後にそのいくつかは都市の仲間として迎えられることになった。しぶとい家族制度と農地の関係もゆっくりと解除されていく。その一方で都市の外側において、農地への都市の混入が止まることはなかった。規制を緩和するか強化するかのさじ加減は自治体の手に委ねられることになったが、結果的に線引きという調停線を乗り越えて、都市が農村に深く混ざり込んでしまったところも少なくない。都市と農地のせめぎ合いの前線は平成期の間にさらに広がってしまったということだ。農地と自然がまだまだ残っている状態で、すなわち都市化の余地を残した状態で人口減少が始まってしまったことは重要である。つまり自治体のさじ加減によっては、この前線はあちこちでさらに広がりうる。そしてそれは人口増加の強い圧力ではなく、人口減少の弱い引き潮のような圧力を受けてでしか変化をしないので、都市と農地が混在した風景が、多くの都市の当たり前の風景になっていくかもしれない。

視点を地上近くまでぐっと下げて、住宅、商店、工場、農地といった一つひとつの空間をじっと見てみよう。それぞれの空間は固有の新陳代謝のリズムを持っている。それぞれはバラバラに意思決定されるので好き勝手に変化し、まれにしか協調的に動かない。その好き勝手さは、人々の生き生きとした暮らし、切実な暮らし、生き生きとした仕事、懸命な仕事によって生み出されたものである。その好き勝手さに対して、土地利用の都市計画の法は、時には規制を緩和して制度に都市計画を委ねたり、制度が力不足と見るとすかさず規制を強めるといった具合に、手綱を引いたり緩めたりしながら民主化を進めていった。少しの法と多くの制度が民主主義であった。最後に土地利用の都市計画における民主化が平成期にどのように進んだのか考えておこう。

298ページに整理したように、土地利用の都市計画が調停するせめぎ合いには、4つの空間の内部におけるせめぎ合いと、それぞれのメタなせめぎ合いがあるが、前者から見ていこう。

住宅地への法の介入は用途地域による控えめなものであった。12種類の用途地域は、発達した様々な住宅を前提としたものだったので、住宅地の制度はその法におとなしく従うことができたのである。商業地においては、法と制度のバランスはたびたび変化した。商業地の制度に委ねようと規制を緩和したところ、商業地の内部のせめぎ合いがうまく捌かれなかったので、再び法が強化されたのである。工業地への介入については、かつて存在していた法が徐々に姿を消し、制度に委ねるという民主化が進んだ。国土のスケールで立地を調整する法が消滅したので、国土のどこに工場が立地するのかは、それぞれの工場が持つ内部の制度に委ねられたのである。農地においては、線引きが導入されてから延々と法と制度が常に拮抗していたが、その調整が少しずつ図られていったということだろうか。

もう一つのメタな調停の制度を見ていこう。そもそもそれは制度によって担われるものなのだろうか。商業地と住宅地、住宅地と工業地、住宅地と農地といった関係が法の力を借りずに自ずと調停されていく、そんな奇特な制度は育っているのだろうか。例えば、ある住宅地の住民が高齢化した時に住宅地の中心部に自ずと高齢者向けの売店ができる、工場の移転にともなってそこで働く人たちの住宅地が移転する、農家の人たちが相談しあって住宅地の中に残す生産緑地の位置を決定する。こうしたことが制度による4つの空間の調停であるが、それはうまく育っているのだろうか。

始まったばかりでどのように機能するのかわからないが、人口減少時代の土地利用の都市計画の要として平成26（2014）年に創設された立地適正化計画は、このような制度と制度のメタな調整を期待してつくられた法と言えるかもしれない。そこでは商業地と住宅地がくっつきたがる、というメタレベルの習性が利用されていた。その立地適正化計画が、民間活力と都市計画の接点を作り出す都市再生特別措置法に基づくものであることは重要である。この計画は、制度による土地利用の調停の仕組みをうけとめ、それらを組み上げ、必要に応じて法へとフィードバックしていくものになりうるかもしれない。それがうまくいけば、立地適正化計画を中心に、土地利用の都市計画が多くの制度とわずかな法によって動かされる状態、つまり民主化された状態にたどり着けるかもしれない。これは令和の時代への期待でもある。

しかし、制度と制度のメタな調停はそれほど単純なものではない。そのためには、それぞれの都市で発達した、住宅地の制度、商業地の制度、工業地の制度、農地の制度すべての丁寧な読み込みが必要である。それぞれの制度は固有であり、その調停も固有になるはずである。多くの人たちは、コンパクトな都市をつくろうといったようなことを考えて生きているわけではない。それはこれまでもこれからも変わらないと考えられるので、それぞれの土地は、個別に変化するはずだ。それぞれの動きを丁寧に読み切り、さばき切った先にあるものがコンパクトシティなのではないだろうか。

人口が減少することによって、土地利用の都市計画を支える法も制度も減少していくはずである。制度のほうが属人性が強いので、人口が減るということは、法より先に制度が減るということでもある。国土の広がり、都市の広がりに対して、法の使い方、制度の使い方をもっと巧みに組み上げていく必要があり、それが令和の時代へと期待することである。

〈補注〉

1 東京23区は一つの市としてカウントしている。

2 都市計画区域は市町村をまたがって指定される場合、一つの市町村に複数指定される場合がある。

3 土地利用の都市計画の変化については、川上（2010）、浅野（2017）を参照した。また、両論が掲載されている川上他（2010）、日本建築学会（2017）および柳沢他（2007）は平成期の土地利用の都市計画に関する取組みを包括的にまとめたものであり、全般にわたって参照した。

4　既存宅地制度は、市街化区域に準ずる地域でかつ市街化調整区域になった際に宅地であった土地であれば建築できる、という特例の仕組み、大規模既存集落制度は、市街化調整区域に長年居住している者で、持家がなく世帯を有している者は自己用住宅を建築できる、という特例の仕組みである。

5　3411条例については多くの研究蓄積があるが、明石（2010）、松川（2010）、野澤（2016）を参照した。なお、明石（2010）は開発許可の弾力化を規制強化と捉えており、既存宅地制度による開発が年間1000haだったのに対し、3411条例による開発が2007年時点で年間445haであったので、一定の抑止効果があったという評価をしている。

6　香川県の線引き廃止については、石村（2006）、加藤（2007）、阿部（2010）、高塚（2017）に詳しい。

7　鶴岡市の線引指定については、有地（2007）、大西（2007）に詳しい。なお筆者は同市の都市計画マスタープランの策定を専門家として支援していた。

8　3411条例の制定数については国土交通省（2019）を参照した。平成30年4月末時点の状況で、11号条例の制定が可能な開発許可権者（都道府県、指定都市、中核市、特例市、全部処理市町村）のうち、市街化調整区域を有する自治体に対しアンケート調査を実施し、回答のあった284市町村について集計したものである。また、準都市計画区域、特定用途制限地域については、平成30年版国土交通省都市局「都市計画現況調査」を根拠とした。

9　10年以上の長期営農継続の意思があり、現に耕作の用に供されている場合には、宅地並み課税と農地相当課税との差をいったん徴収猶予し、5年経過後に税額を免除するという緩和措置。

10　農地と生産緑地を再編する緑住区画整理などの小回りがきく手法がそこで編み出された。

11　水口（2018）は、「生産緑地法の改定と田園住居地域の創設から残された課題」として、(1)生産緑地制度の歴史的な限界（市街化区域の概念が従来のままであること、生産緑地が筆地・敷地単位の指定であること）、(2)田園住居地域の限界（用途地域は、市街地全体の構成から客観的な土地利用特性に応じて、全市的に定めるものであり、農家や住民の協議と合意によって維持される都市農地の保全管理には、本来なじみにくいこと）と新しい地区計画の必要性、(3)農住共存まちづくりの担い手の仕組みが必要の3点を整理している。

12　平成期に公害が無くなったわけではない。工業が複雑化したことで、想定できない規模、種類の公害は起こりうる。平成12年には「荏原製作所引地川ダイオキシン汚染事件」が、平成17年にはアスベストによる公害問題が、平成23年には福島第一原発事故が起きている。このうち、特に原発事故については「局地的な問題」と言い放つことはできない。宮本（2014）を参照。

〈参考文献・資料〉

アーバンフリンジ研究会（1994）『「都市近郊」土地利用事典：「市街化区域」「市街化調整区域」の開発・整備・保全手法と事例』建築知識

川上光彦・浦山益郎・飯田直彦＋土地利用研究会（2010）『人口減少時代における土地利用計画――都市周辺部の持続可能性を探る』学芸出版社

下河辺淳（1994）『戦後国土計画への証言』日本経済評論社

日本建築学会（2017）『都市縮小時代の土地利用計画――多様な都市空間創出に向けた課題と対応策』学芸出版社

野澤千絵（2016）『老いる家　崩れる街――住宅過剰社会の末路』講談社

本間義人（1992）『国土計画の思想――全国総合開発計画の三〇年』日本経済評論社

水口俊典（1997）『土地利用計画とまちづくり――規制・誘導から計画協議へ』学芸出版社

宮本憲一（2014）『戦後日本公害史論』岩波書店

柳沢厚・野口和雄・日置雅晴（2007）『自治体都市計画の最前線』学芸出版社

饗庭伸（2018）「機能する立地適正化計画をつくる」『都市とガバナンス』第29号、pp.8-16、日本都市センター

明石達生（2010）「用途地域外における適切な土地利用管理のために必要なこと」『人口減少時代における土地利用計画』pp.35-40、学芸出版社

浅野純一郎（2017）「都市縮小問題と土地利用計画」『都市縮小時代の土地利用計画　多様な都市空間創出に向けた課題と対応策』日本建築学会編、pp.11-18、学芸出版社

阿部成治（2010）「線引きによる都市周辺部の発展と農地課税のあり方」『人口減少時代における土地利用計画』pp.70-75、学芸出

版社
有地裕之（2007）「山形県鶴岡市の線引き導入」『自治体都市計画の最前線』pp.65-71、学芸出版社
石村壽浩・鵤心治・中出文平・小林剛士（2006）「香川県線引き廃止に伴う土地利用動向に関する研究」『日本建築学会計画系論文集』71（６０７）、pp.103-110、日本建築学会
泉英明（2009）「モノづくりのまちを次世代へ継承する　操業環境を保全し住工共生する、東大阪市高井田地域」『住民主体の都市計画——まちづくりへの役立て方』pp.83-93、学芸出版社
大西章雄・松川寿也・岩本陽介・中出文平・樋口秀（2007）「線引き導入による関連施策の運用とその影響に関する研究：鶴岡市の開発動向と線引き導入に伴う関連施策の運用に着目して」『都市計画』42（3）、pp.787-792、日本都市計画学会
梶田真（2011）「新産業都市における『柵内地区』の動態　大分市明野地区を事例として」『人文地理』第63巻第1号、pp.60-77、人文地理学会
加藤源（2007）「香川中央都市計画区域の線引き廃止」『自治体都市計画の最前線』pp.52-64、学芸出版社
川上光彦（2010）「土地利用計画制度の現状と課題」『人口減少時代における土地利用計画』日本建築学会編、pp.7-13、学芸出版社
髙塚創（2017）「香川県における線引き廃止とこれからの都市づくり」『土地総合研究』第25巻第4号、pp.27-40、土地総合研究所
蓮見音彦（2007）「開発と地域社会の変動」『講座社会学3　村落と地域』pp.131-168、東京大学出版会
松川寿也（2010）「開発許可条例による市街化調整区域での規制と誘導」『人口減少時代における土地利用計画』pp.107-111、学芸出版社
山﨑篤男（2019）「まちづくり3法の見直し」『都市計画法制定１００周年記念論集』pp.271-296、都市計画法・建築基準法制定１００周年記念事業実行委員会（事務局（公財）都市計画協会）
和田信貴（2019）「立地適性化計画制度の創設について」『都市計画法制定１００周年記念論集』pp.317-327、都市計画法・建築基準法制定１００周年記念事業実行委員会（事務局（公財）都市計画協会）
建設省都市局（1966～）『都市計画年報』建設省都市局（２００８年より国土交通省都市局「都市計画現況調査」としてhttps://www.mlit.go.jp/toshi/tosiko/genkyou.html で公開されている）

国土交通省「『まちづくり三法』とは何か」「中心市街地活性化のまちづくり」国土交通省、https://www.mlit.go.jp/crd/index/outline/index.html、２０２０年４月最終閲覧

――（2005）「中心市街地再生のためのまちづくりのあり方について［アドバイザリー会議報告書］」国土交通省、https://www.mlit.go.jp/kisha/kisha05/04/040810/02.pdf、２０２０年４月最終閲覧

――（2014）「『都市再生特別措置法』に基づく立地適正化計画概要パンフレット　みんなで進める、コンパクトなまちづくり」国土交通省、https://www.mlit.go.jp/common/001171816.pdf、２０２０年４月最終閲覧

――（2015）「改正都市再生特別措置法等について」国土交通省、https://www.mlit.go.jp/common/001091253.pdf、２０２０年４月最終閲覧

――（2019）「開発許可の運用状況等について」「国土交通省社会資本整備審議会第11回都市計画基本問題小委員会資料３」国土交通省、https://www.mlit.go.jp/policy/shingikai/content/001319702.pdf、２０２０年４月最終閲覧

国土交通省社会資本整備審議会（2006a）「新しい時代の都市計画はいかにあるべきか。（第一次答申）」国土交通省、https://www.mlit.go.jp/singikai/infra/toushin/images/04/021.pdf、２０２０年４月最終閲覧

――（2006b）「人口減少等社会における市街地の再編に対応した建築物整備のあり方について（答申）」国土交通省、https://www.mlit.go.jp/singikai/infra/toushin/images/04/031.pdf、２０２０年４月最終閲覧

――（2007）「新しい時代の都市計画はいかにあるべきか。（第二次答申）」国土交通省、http://www.mlit.go.jp/singikai/infra/city_history/city_planning/tousin/190720.pdf、２０２０年４月最終閲覧

――（2009）「都市政策の基本的な課題と方向検討小委員会報告（案）」国土交通省、https://www.mlit.go.jp/common/000043871.pdf、２０２０年４月最終閲覧

――（2012）「都市計画に関する諸制度の今後の展開について（中間取りまとめ）」国土交通省、https://www.mlit.go.jp/common/000222986.pdf、２０２０年４月最終閲覧

国土庁国土審議会（2001）「工業等制限制度をとりまく現状と課題について」国土審議会第二回首都圏整備分科会資料、https://www.mlit.go.jp/singikai/kokudosin/shuto/2/images/shiryou4.pdf、２０２０年４月最終閲覧

自由民主党政務調査会中心市街地再活性化調査会まちづくり三法見直し検討ワーキングチーム（2005）「まちづくり三法見直しに関する最終取りまとめ」自由民主党、https://www.jimin.jp/election/results/sen_san22/seisaku/2005/pdf/seisaku-020.pdf、２０２0年3月最終閲覧（リンク切れ）

農林水産省（2020）「都市農業をめぐる情勢について」農林水産省、https://www.maff.go.jp/j/nousin/kouryu/tosi_nougyo/attach/pdf/t_kuwashiku-8.pdf、２０２０年7月最終閲覧

農林水産省・国土交通省（2015）「都市農業振興基本法のあらまし」農林水産省・国土交通省、https://www.maff.go.jp/j/nousin/kouryu/tosi_nougyo/pdf/kihon_hou_aramasi_3.pdf、２０２０年4月最終閲覧

藤井さやか（2009）「新産業都市や工業整備特別地域における土地利用整序の再検討に関する研究」『平成21年度国土政策関係研究支援事業研究成果報告書』国土交通省、http://www.mlit.go.jp/common/000112934.pdf、２０２０年4月最終閲覧

水口俊典（2018）「線引き制度の再構築を抜きにした『ポストモダン都市論』は根無し草」都市計画学会「都市計画法50年・100年記念シンポジウム」（第1弾）基調講演配布資料、https://www.cpij.or.jp/com/50+100/docs/1st01mizuguchi.pdf、２０２０年4月最終閲覧

終章　都市計画の民主化

1　民主化の到達点

人口が増加し、都市が拡大するときに、人々が制度だけを使って都市をつくってきたのならば、つまり都市に集まった人々が素早く自分たちの制度を組み立て、住宅をマッチングする、景観を整える、災害に強い都市をつくる、土地利用のルールをつくるということができたのだったら、都市計画の法は不要だった。しかし、市場の制度も、住民の制度も不十分であり、その成長を待っているうちに、ひどい環境をもった都市がつくられてしまう。そこで先手を打って、先見の明のある官僚たちが、法を使って都市に呪いをかけ、それが大雑把に都市をつくってきた。

そして、昭和43（1968）年からはじまる都市計画の成熟期は、呪いを解きながら制度を増やして法を減らし、多くの制度とわずかな法による都市計画の民主主義を実現していく時代であった。時間をかけたその変化は「革命なき民主化」と呼べるかもしれない。平成期はその後半の30年にあたり、そこではビジョン＝設計と規制の組み合わせが模索され、ビジョンを実現する権力の形＝法と制度のバランスを見つけるせめぎ合いが繰り広げられてきた。

(1) ビジョンのかたち

都市計画のビジョンは、時に設計的な態度で「図」を描き、規制的な態度で「地」を底上げし、図と地を繰り返し塗り重ねることによって平成期の都市を作り込んできた。それは様々な道具を使って、巨大な石のかたまりから彫刻を作り上げていくような作業である。規制という道具で大雑把に形を整え、設計という道具で詳細を作り込んでいく。平成期の間、規制の道具も、設計の道具も進化したが、都市はどのように作り込まれていったのだろうか。

住宅の都市計画では、三本の柱が大雑把な作業で削り取られ、大雑把に市場とセーフティネットの形が削りだされた。詳細な「ストックのマッチング」の作り込みはまだまだこれからである。

景観の都市計画は、制度が先行して法が後追いをするという民主的な発展をとげた。そこでは詳細な設計の道具と規制の道具が発達した。それは巨大な石のかたまりのごく一部を作り込んだだけであり、大部分は手付かずである。そこをどのような道具で作り込んでいけるだろうか。

災害は成熟していたはずの都市を壊し続け、都市計画は大雑把な規制によって新しい地を大雑把に整えようとしてきた。全ての人々が否応なしに災害に巻き込まれ、災害の都市計画の実現のために、法と制度が常に動員されている。

土地利用の都市計画は、規制の道具を発達させて4つの空間を調停し、都市の地を作り込んできた。調停を重ねて見えてきたのが、コンパクトシティ・プラス・ネットワークというビジョンである。規制でそれをどのように作り込んでいけるのか、そしてそこに設計はどのように使われるのだろうか。

このように概観すると、平成期を通じてビジョンは多くの規制とわずかな設計で構成されてきたことがわかる。そして、それによって作り込まれた都市は、美しい都市でもないし、かといって醜い都市でもない。新しい設計で都市の全てをつくりあげることはもうできないが、規制でがんじがらめになって、私たちのこれからの設計が押さえつけられているわけでもない。

このビジョンを実現する権力の構成はどのように変化したのだろうか。

(2) 権力のかたち

都市計画の権力に明確なかたちがあるわけではなく、専門家のあいだで「こうあるべき」という理想像が共有されていたわけではない。平成期のあいだ続いてきた法と制度のせめぎ合いは、サッカーの試合のようにあらかじめ決められた平面の中でのせめぎ合いではなく、大海原でくりひろげられるヨットのレースのように、競い合いながらそれぞれが力をつけ、それぞれが海のなかでコントロールできる範囲を増やしていく、そういったせめぎ合いであった。

第3章から第6章まででみたように、平成期の間に地方分権によって市町村が法の使い手となり、コミュニティという言葉のもとで住民の制度が育ち、規制緩和と特区によって市場の制度が育った。住民の制度は尖ったアソシエーションと弱いコミュニティで構成されるようになり、市場の制度は「地の規制緩和」にひっぱられた制度となってしまったが、住民と市場の制度は、たくさんの複雑なビジョンを実現することができるようになった。

タワーマンションの開発、歴史的町並みの保存、商業地の活性化、津波災害からの復興、工業地の拡大、普通の町並みの整序、耐震改修の促進……など、様々なことを可能にする権力が30年間の「革命なき民主化」の到達点である。

2　これからの都市計画

最後に第1章で使った二つの図に再び登場してもらい、これからの都市計画について考えておくことにしよう。

図1-2の縦軸は法の多さ、横軸は制度の多さである。平成期の到達点は第Ⅲ象限と第Ⅳ象限のあいだくらい、つまり「都市社会の成熟」と「民主主義」の中間地点くらいであろうか。そしてこれからは二つの変化が考えられる。

一つは住民の制度と市場の制度がさらに増え続けるという変化、つまりより一層の民主化が進み、より充実した民主主義が実現されるという変化である。人口は減少局面になったとはいえ、成熟した都市空間において人と人の関係は増えていき、関係の密度もあがっていく。まだまだ、より複雑な制度が作り出せるのではないか、という考え方である。

もう一つは、人口の減少とあわせて制度がゆっくりと減り、少ない法だけが残っていくという変化、つまり民主主義から「原野」への変化である。原野は都市ではない。それは外見上は都市なのかもしれないが、都市計画が不要になる世界である。人々は争うことなく空間を手に入れることができ、空間をめぐるお互いの調停は最小限で済む。人口が減少すると空間の密度が何もせずとも下がっていくので、苦労して道路、公園、緑地をつくらなくても、都市計画が実現されていくという世界である。

この二つの変化は排他的ではなく、おそらくしばらくは最初の変化が起こり、やがては二つ目の変化が起こってくるということではないだろうか。民主化と、その先にある原野化である。

図1－5の横軸は法と制度のバランス、つまり民主化の度合いであり、縦軸は設計と規制のバラン

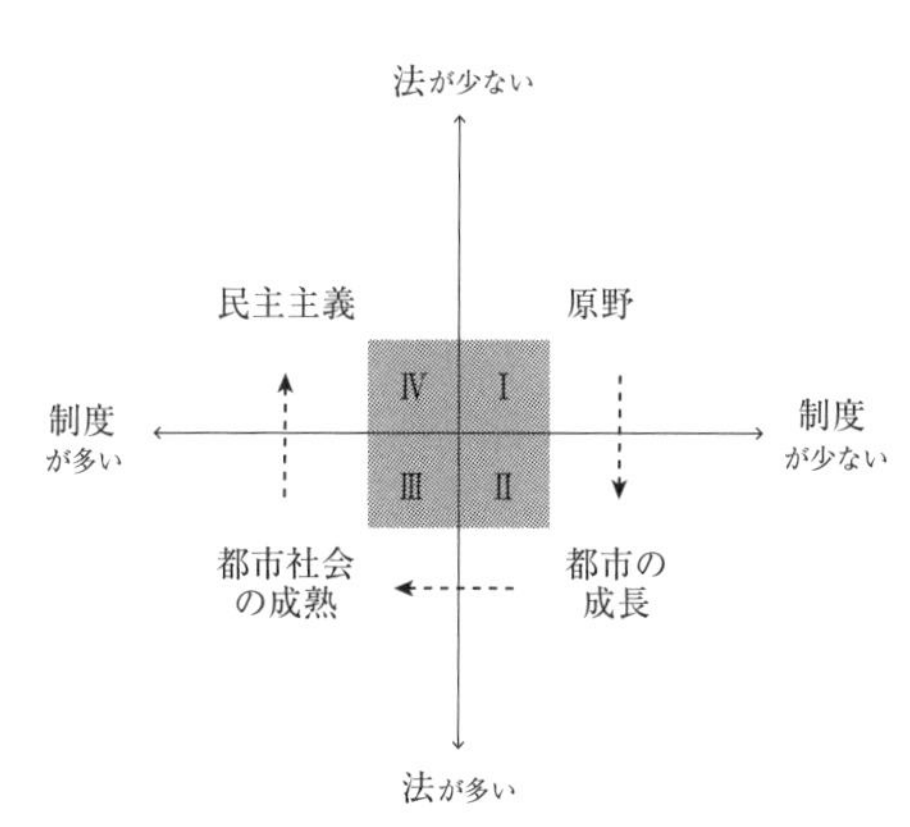

図 1-2　法と制度

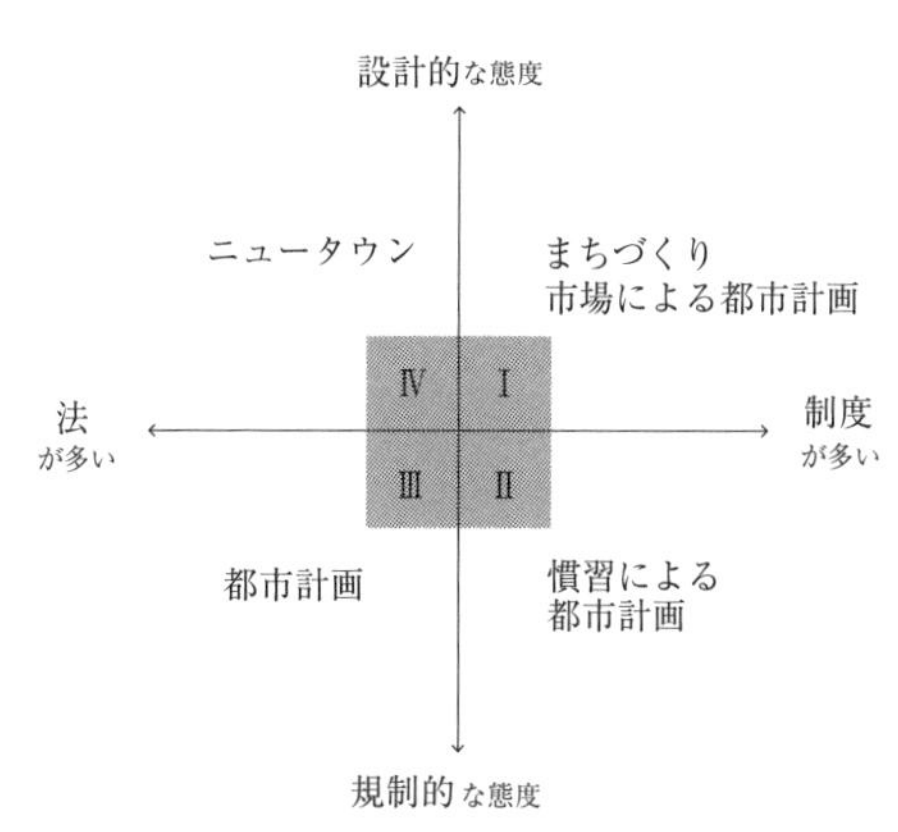

図 1-5　制度と法、規制と設計

ス、つまりビジョンの構成である。これからしばらく、もう少し民主化が進むということは、第Ⅰ、第Ⅱ象限が発達するということ、つまり「制度による設計」と「制度による規制」の双方が発達するということである。民主化と原野化の二つは継ぎ目なくつながっており、先行する民主化が原野化を規定するので、これからしばらくの、市場の開発業者、住民のアソシエーション、住民のコミュニティそれぞれが発達させる設計と規制の仕組みが、「よりよい原野」のありようを規定していくのだろう。

次なる時代において、私たちはどのように都市計画の法と制度を発達させることができるのだろうか。そしてそれを使って、どのように都市を作り込んでいくことができるのだろうか。そしてその都市は、私たちと私たちの内にある「困っている人たち」の暮らしと仕事をどのように支え、よりよい方向に成長させられるのだろうか。その出発点となる都市計画の現在地を、本書で示したつもりである。

あとがき

大型船のつくりかた

平成28（2016）年にどうやら平成期が終わりそうだ、ということになってきた。平成期とはなんだったのか、という議論をあちこちで見聞きするようになり、自分が専門としている都市計画の平成史はどのように描けるだろうか、と考えるようになった。筆者は歴史家ではないので、大それたことのようにも思えたが、平成期が終わった瞬間の出来立てほやほやの歴史の、その活きのよさを瞬間凍結したような文章を、一人で書いてみたくなったのである。

とはいえ30年という時空間のサイズは大きく、それを見渡すことは、大型船を一人でつくっているような作業でもあった。船の設計図をぼんやりと頭の中に描き、材料となる書籍や論文を集め、その大きさとかたちを整え、一つひとつの材料を組み合わせて船をつくっていく。そんなことを重ねているうちに平成が終わってしまい、令和の船出には間に合わなかったが、やっと大型船を完成させることができた。あとは船が早々に沈没しないことを祈るばかりであるし、願わくばあと30年くらいは、この船が筆者も含む何人かの人たちを、航路を大きく違えることなく運んでくれることを祈るばかりである。

平成期の意味

「元号なんて適当なもので歴史をくくるんじゃないよ」、これはある歴史学者にいただいた忠告である。天皇の代替わりによってたまたま区切られた時代であり、区切りにそれ以上の意味があるわけではない、ということだ。その通りだと思うが、歴史を乱暴に区切ってみると、30年という手ごろな長さといい、近代都市計画史との関係といい、作業は実にやりやすかった。そして、令和2年に発生した新型コロナウイルスによって、結果的に平成期と令和期ははっきりと区切られることになったのではないかと思う。

筆者は平成とともに大学に入学した。あまり真面目な学生でなかったが、平成期は筆者が専門性を持った何者かになろうとした時期でもある。その歴史を描くことは、その時々に自分が立っていた場所、向かおうとしていた方向を確かめることでもあった。知っていたことよりも知らなかったことの方が圧倒的に多く無知を恥じるばかりであったが、ともあれ、なんとか大きな船を作り上げることができたのは、あちこちの都市計画の現場に関わるなかで、そこで出会った人たちがどこへ向かおうとしていたのかという実感が掴めていたからだろう。ネタバレをすると、本書にはあちこちの現場で経験したことが書いてある。神奈川県川崎市（序章）、まちづくり情報センターかながわ（第5章）、東京都世田谷区のまちづくりファンド（第5章）、東京都中央区晴海地区（第5章）、多摩ニュータウン（第8章）、神戸市野田北部地区（第9章）、山形県鶴岡市（第10章）である。筆者が何者でもないころから、都市計画の現場に携わらせてくださった人たち、そしてこのうちのいくつかに関わる機会をくださった恩師の佐藤滋先生には記して感謝したい。

反計画と住民主体

都市計画の歴史といえば、勤務校の大先達でもある石田頼房先生の『日本近代都市計画の百年』（1987年）と、それを発展させた『日本近現代都市計画の展開』（2004年）という名著がある。そこでは近代都市計画の135年間が9期に区分されている。このうち本書で扱ったのは、「第8期　反計画・バブル経済期」（1982～1992年）、「第9期　住民主体・地方分権の都市計画へ向けて」（1992年～）の二つの時期である。

第9期とその後を生きる筆者にとって、この「反計画」から「住民主体・地方分権」への転換はずっと気になるものだった。それは、「計画」の正統な担い手が住民や地方自治体だけなのかという疑問であり、「計画」なるもので、人々の暮らしと仕事を支える都市をつくることができるのだろうか、という疑問である。石田先生は第9期の答え合わせをされないまま2015年に亡くなられているので、後出しじゃんけんのようになってしまうが、第9期において「住民主体・地方分権」はそれほどうまく広がったわけではなく、一方で豊かな成果をあげた市場の都市計画もあった。

どのように歴史を描き出そうかと悩みながら考えついたのは、「政府」と「住民」に加えて「市場」を都市計画の担い手とすること、その担い手のせめぎ合いではなく、担い手が動かされている「法」と「制度」のせめぎ合いとして都市計画の歴史を描くこと、そして「計画」という言葉を「設計」と「規制」に分け、やはりそのせめぎ合いとして都市計画の歴史を描くことであった。

筆者の作業は、石田先生によって「反計画＋市場」と「計画＋住民と自治体」の両極に2分された事象を、切り口の違う2つの軸で4つに分けて説明しようとした、ということなのかもしれない。

さて、その石田先生が残されたものをはじめとして、勤務校にはたくさんの資料が蓄積されている。平成期から現在にいたるまでに勤務先の大学名は2回変わった。しかし民間企業のリストラとは違い、名称や組織が変わったとはいえ、研究者の入れ替えが起きるわけでもないし、資料が廃棄されるわけでもない。平成期の前からの蓄積は、遺伝子のように大学の中に残っている。川名吉エ門先生、石田頼房先生、高見澤邦郎先生、中林一樹先生、そして少し系統は違うが柴田徳衛先生といった先生方が残された資料を、本書は存分に活用させていただいた。この研究環境を残してくださった先生方と勤務校には記して感謝したい。

そしてこの本を書くために、筆者も本棚一つ分くらいの資料をそこに加えてしまったことになる。筆者がもたらした攪乱が、遺伝子のように研究環境の中に残り、将来の誰かの、何らかの作業の足しになることを祈るばかりである。背表紙に小さなラベルが貼り付けられた資料は、勤務校の図書館のそれぞれの場所に戻っていき、将来の誰かをそっと待っているはずだ。

2つの軸のつくりかた

2つの軸で4つの象限をつくって複雑な事象を整理する方法は、筆者がよく使う方法である。なぜ1つの軸ではないのか、と問われたら「全ての方向に動けるようになるから」と答える。1つの軸で考えてしまうと、左にいくか右にいくかという選択肢しか持つことができない。2つの軸があることで、色々なところに思考を飛ばせるようになるし、2つの軸を使ってできる4つの象限が気づいていなかったことを教えてくれることもある。

そしてなぜ3つの軸ではないのか、と問われたら「2次元の平面＝紙に書きやすく、説明しやすいから」という理由しかない。複雑な事象に対して「事象を説明しやすそうな代表的な軸」を2つに絞って説明しているだけである。単純に4つの象限で説明できない事象も多いし、分かりやすすぎる軸が、現実社会のいらぬ対立を引きおこすことにつながるのには注意しなくてはならない。

なぜ、こんな単純な方法で議論を進めているのかというと、それは研究室に入ってくる学生たちに「考えるための道具」を提供したいと考えているからだ。平成19（2007）年に研究室を開いてから、様々な専門分野の勉強をかじった学生が大学院に入ってくるようになった。2年間という時間で筆者が教えられることは少なく、こちらができるのは、専門家として生きていく彼らに、考えるための道具を提供することにある。本書で使った2つの軸も、研究室の学生やスタッフとの、毎週の議論の中で繰り返し使われ、磨かれてきたものである。彼らにも記して感謝をしたい。

最後に感謝を

本書の内容は、いくつかの研究プロジェクトの成果とそこにおける研究者仲間との議論に助けられている。科学研究費「東アジア巨大都市における新自由主義型都市計画制度の成果と形成過程」をうけた東京の都市計画の現代史を研究する研究会、サントリー財団の支援をうけた「平成アーバニズム研究会」、第一住宅建設協会と大林財団の支援をうけた「立地適性化計画研究会」のメンバーと、それぞれの財団、日本学術振興会には記して感謝をしたい。

また、佐々木晶二さん（前国土交通省）、菊池雅彦さん（国土交通省）には、全体を読んでいただき、丁寧なアドバイスをいただくことができた。卜部直也さん（真鶴町役場）には第8章3節（3）を、河合節二さん（野田北ネット）には第9章4節を読んでいただき事実関係の確認をいただいた。記して感謝をする次第である。いただいたアドバイス、コメントを全て活かし切れたわけではなく、本書の文責はもちろん筆者にある。

出版は前著『都市をたたむ』を出版いただいた花伝社にお願いした。前著は人口減少時代の都市計画について提案的に方法をまとめたもの、本書はその足元をしっかりと固めるようなものである。編集の佐藤恭介さんには手際よく作業を進めていただいた。記して感謝をする次第である。

平成期につくられた筆者の家族も、いつか「平成家族」と誰かに名付けられるかもしれない。最後に、妻と平成生まれの3人の子供たちにも感謝を捧げておきたい。

饗庭 伸（あいば・しん）
1971 年兵庫県生まれ。早稲田大学理工学部建築学科卒業。博士（工学）。同大学助手等を経て、現在は東京都立大学都市環境学部都市政策科学科教授。専門は都市計画・まちづくり。
主な著書に『都市をたたむ』（2015 年 花伝社）、『白熱講義　これからの日本に都市計画は必要ですか』（共著 2014 年 学芸出版社）、『東京の制度地層』（編著 2015 年 公人社）、『津波のあいだ、生きられた村』（共著 2019 年 鹿島出版会）、『素が出るワークショップ』（共著 2020 年 学芸出版社）など。
連絡は aib@tmu.ac.jp まで。

平成都市計画史——転換期の30年間が残したもの・受け継ぐもの

2021年2月10日　初版第1刷発行
2021年12月20日　初版第4刷発行

著者 ——— 饗庭　伸
発行者 —— 平田　勝
発行 ——— 花伝社
発売 ——— 共栄書房
〒101-0065　東京都千代田区西神田2-5-11出版輸送ビル2F
電話　03-3263-3813
FAX　03-3239-8272
E-mail　info@kadensha.net
URL　http://www.kadensha.net
振替 ——— 00140-6-59661
装幀 ——— 北田雄一郎
印刷・製本— 中央精版印刷株式会社

ISBN978-4-7634-0955-3 C0052